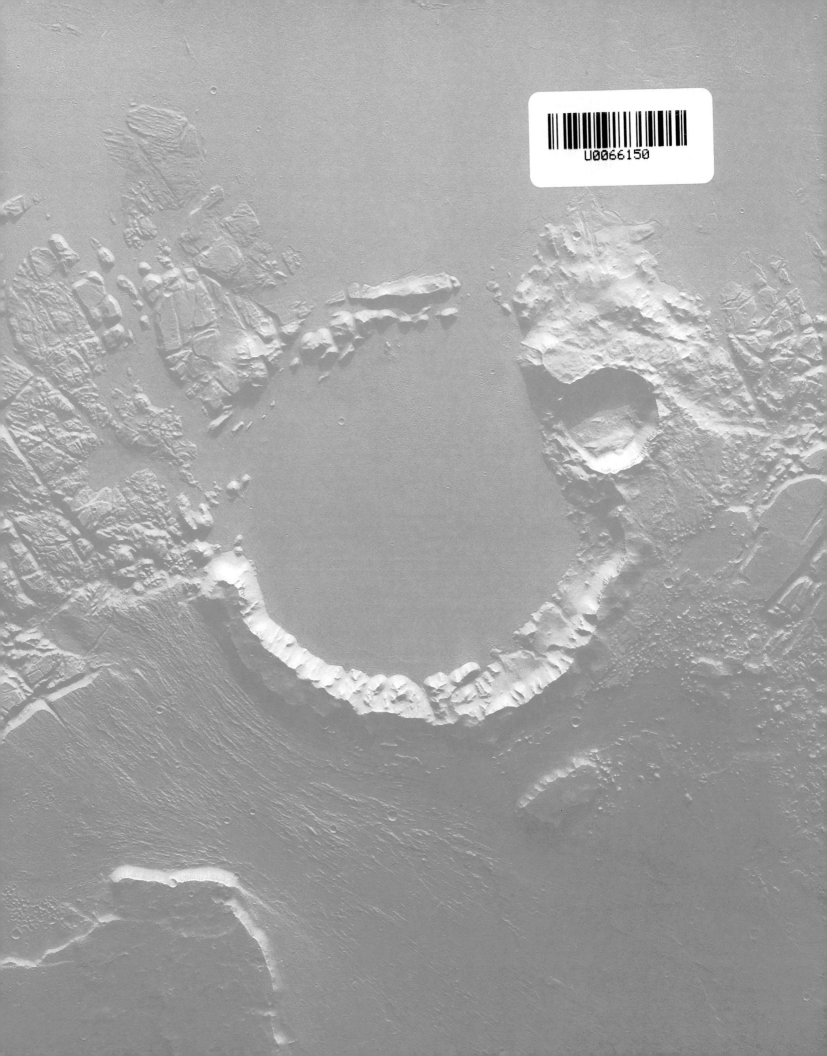

# THE PLANETS
# 圖解太陽系

## 最權威的太陽、行星與衛星導覽圖

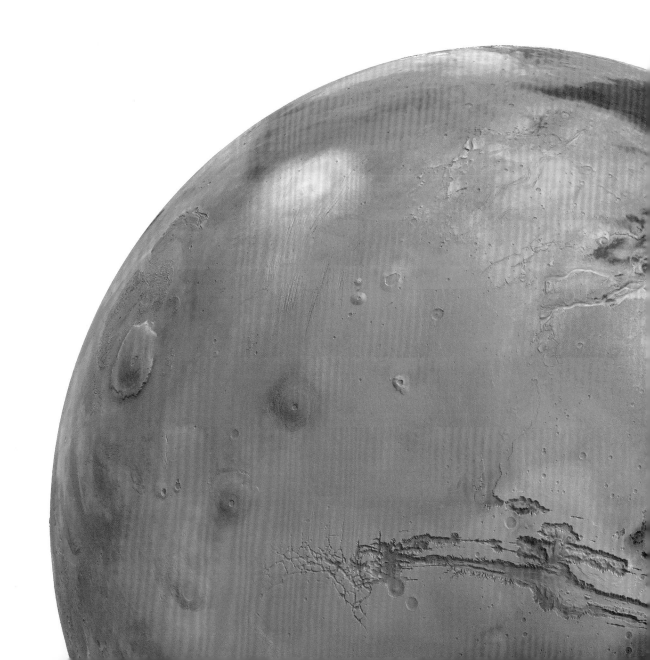

# THE PLANETS
# 圖解太陽系

最權威的太陽、行星與衛星導覽圖

希瑟・庫伯 Heather Couper 等／著

胡佳伶／翻譯

Boulder Media 大石文化

# 目錄

DK | Penguin Random House

圖解太陽系
最權威的太陽、行星與衛星導覽圖

作　者：希瑟・庫伯 Heather Couper 等
翻　譯：胡佳伶
主　編：黃正綱
資深編輯：魏靖儀
文字編輯：許舒涵
美術編輯：吳立新
行政編輯：秦郁涵、吳羿蓁

發 行 人：熊曉鴿
總 編 輯：李永適
印務經理：蔡佩欣
美術主任：吳思融
發行副理：吳坤霖
圖書企畫：張育騰、張敏瑜

出 版 者：大石國際文化有限公司
地　址：新北市汐止區新台五路一段 97 號 14 樓之 10
電　話：(02) 2697-1600
傳　真：(02) 8797-1736
印　刷：博創印藝文化事業有限公司

2023 年（民 112）7 月二版二刷
定價：新臺幣 1200 元
本書正體中文版由
Dorling Kindersley Limited
授權大石國際文化有限公司出版
版權所有，翻印必究
ISBN：978-626-96085-2-2（精裝）
＊ 本書如有破損、缺頁、裝訂錯誤，
請寄回本公司更換

總代理：大和書報圖書股份有限公司
地　址：新北市新莊區五工五路 2 號
電　話：(02) 8990-2588
傳　真：(02) 2299-7900

國家圖書館出版品預行編目（CIP）資料

圖解太陽系 - 最權威的太陽、行星與衛星導覽圖
希瑟・庫伯 Heather Couper 等 著；胡佳伶 翻譯 . -- 二版 .
-- 新北市：大石國際文化，
民 111.06　256 頁；23.5× 28 公分
譯自：The planets : the definitive visual guide to our solar
system
ISBN 978-626-96085-2-2（精裝）
1.CST：太陽系
323.2　　　　　　　　　　　　　111008556

Original Title : The Planets

Copyright © 2014 Dorling Kindersley Limited
Copyright Complex Chinese edition © 2022 Boulder Media Inc.
All rights reserved. Reproduction of the whole or any part of
the contents without written permission from the publisher is
prohibited.

A WORLD OF IDEAS:
SEE ALL THERE IS TO KNOW
www.dk.com

**本書顧問**

瑪姬・艾德林・波科克（Maggie Aderin-Pocock）：曾獲頒大英帝國員佐勳章（MBE），是位太空科學家，英國倫敦大學學院（University College London）的榮譽研究員，主持英國廣播公司（BBC）的電視節目《仰望夜空》（The Sky at Night）。

班・布西（Ben Bussey）：美國馬里蘭州巴爾的摩市（Baltimore, Maryland）約翰・霍普金斯大學（The Johns Hopkins University）的行星科學家和物理學家，專長為遙感技術，曾經參與近地小行星會合－舒梅克號（Near Earth Asteroid Rendez-vous-Shoemaker）任務，曾與他人合著有《克萊門汀月球地圖集》（The Clementine Atlas of the Moon）一書。

安德魯・K. 約翰斯頓（Andrew K. Johnston）：華盛頓哥倫比亞特區（Washinton,

DC）史密森尼美國國家航空及太空博物館（Smithsonian National Air and Space Museum）的地理學家，著有《從太空看地球》（Earth from Space）一書，另與他人合著有《史密森尼太空探索圖集》（Smithsonian Atlas of Space Exploration）一書。

**作者簡介**

希瑟・庫伯（Heather Couper）：曾獲頒大英帝國司令勳章（CBE），倫敦格林威治天文館（Greenwich Planetarium）前任館長，英國天文協會（British Astronomical Association）前任主席，她曾主持三個電視節目，著有超過35本天文書籍。3922號希瑟（Heather）小行星以她的名字命名。

羅伯特・丁威迪（Robert Dinwiddie）：專長是撰寫科學主題的教育圖文百科工具書，

特別感興趣的領域是地球和海洋科學、天文學、宇宙學和科學史。

約翰・范登（John Farndon）：著有許多有關科學、自然、和創造力的書籍，他的作品曾經四度進入兒童科學書籍獎名單（Children's Science Book Prize），也曾被作家協會教育獎（Society of Authors Education Award）提名。

尼傑・漢貝斯特（Nigel Henbest）：天文學家，曾任《英國天文協會會刊》（Journal of the British Astronomical Association）編輯，也是作家，著作超過38本，另撰有超過1000篇與太空天文有關的文章，將搭乘維珍銀河（Virgin Galactic）公司的飛機上太空。

大衛・W. 休斯（David W. Hughes）：謝菲爾德大學（University of Sheffield）的榮譽教授（Emeritus Professor），發表超過200篇

關於小行星、隕石和流星的學術文章，曾任職於歐洲、英國和瑞典的太空機構。

翟爾斯・史拜羅（Giles Sparrow）：作家和編輯，專長是天文和太空科學，也是皇家天文學會（Royal Astronomical Society）的會員。

卡洛爾・斯托得（Carolet Stott）：天文學家和作家，著有超過30本有關天文太空的書籍，曾任倫敦格林威治皇家天文臺（Royal Observatory）臺長。

柯林・史都華（Colin Stuart）：作家，專長為物理和太空，也是皇家天文學會的會員。

**火星上的坑**
像美國航太總署的火星勘察軌道衛星這樣
的太空船，讓我們得以近距離看見這些我
們無法親自到訪的世界。這張照片中的隕
石坑位於火星的阿拉伯地塊，畫面展現出
豐富的細節，包括塵埃往隕石坑中央流瀉
而形成的「彩繪」條紋。

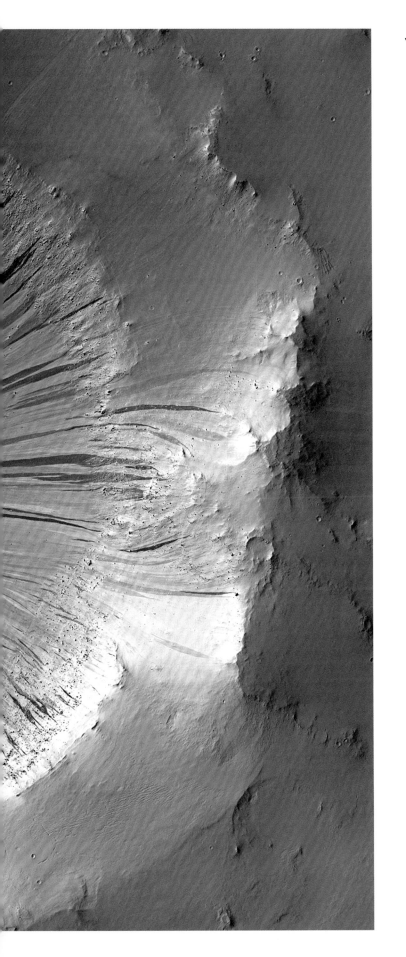

# 前言

人類從古代就已經開始觀察太空中離我們最近的鄰居。最早把夜空當作指南針和日曆的水手和農夫，認為行星就是行蹤不定的恆星，脫離了固定不變的星座，在天空中追尋自己的道路；這些任性的旅人往往被冠以神祇之名。火星的血紅色澤，讓古希臘人聯想到戰神馬爾斯；明亮的金星則是以掌管美麗的羅馬女神維納斯為名。

直到科學開始發展、望遠鏡發明之後，天文學家才明白原來那些漂泊不定的亮點，和我們的地球一樣是一個完整的世界，有的甚至比地球還要大很多。隨著科技進步揭露了愈來愈多的細節，我們也愈來愈好奇，開始猜想這些行星的面貌——或許火星表面奇特的條紋，是某個高等文明開鑿出來的運河；又或許金星濃密的雲層下隱藏著蓊鬱的森林，甚至是城市。

太空時代的來臨，驅散了這些漫無邊際的想像。已經有超過150艘太空船大膽跨出地球周圍，帶領我們實現探索行星的夢想。探測器在金星的雲層底下飛行，造訪熔爐般的金星表面；無人探測車行駛在酷寒的火星荒漠上，在這片不毛之地搜尋生命的跡象。這些無人太空船傳回來的影像，向我們揭露了許多充滿奇特美景的世界，有些超乎我們想像地陌生，有些卻又有說不出的熟悉，但全都了無生機、不適合生存。

這本太陽系圖解指南引用了美國航太總署（NASA）所拍攝到的最新影像和數據，帶你從熾烈的太陽出發，一路遊覽我們街坊鄰居中的每一個行星。行程中包含了地球，和那些離我們最近、無法居住的岩質行星——水星、金星和火星。接著穿過小行星帶的碎片，來到氣體巨行星的懷抱，最後抵達太陽系最外側的黑暗邊緣，這裡有行星形成之初留下的冰冷殘骸，構成了一大群休眠彗星。

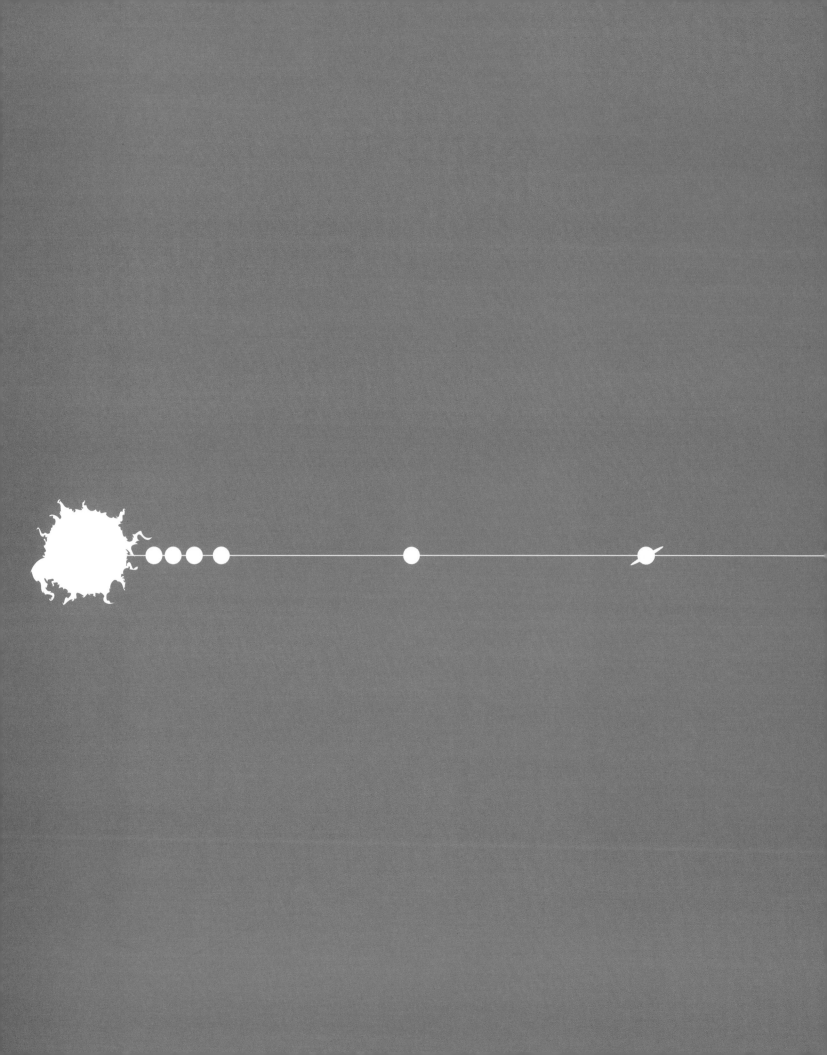

# 太陽系家族

我們的太陽位於銀河系這個巨大的螺旋星系中，只是整個星系內大約 2000 億顆恆星的其中一顆。太陽位於一條較小的旋臂上，約在旋臂長度一半的位置，以每秒 200 公里的高速，每 2 億年繞行銀河系中心一圈。太陽以及其他數以千計的恆星，都各自以重力拉住了

# 太空中的家園 ———————○

附近的一群小天體，讓這些小天體繞著它們旋轉，就像太陽自己也被銀河系的重力拉住一樣。這些繞行恆星的天體中最大的幾個，因為在夜空中徘徊不定，古人稱之為行星。在其他恆星旁邊發現到的行星，大部分的軌道都很奇怪，而且龐大又炎熱，不可能有生命存在。但我們的太陽系就不一樣了，八顆行星都以近乎圓形的穩定軌道繞行太陽。最內側的水星、金星、地球和火星，是由鐵和岩石構成的固態行星，個頭比較小；而外側的木星、土星、天王星和海王星，則是由液體和氣體形成的巨大行星，這四顆行星都帶著一大群衛星，就像自成一格的微型太陽系。除此之外，在太陽系的外圍深處，還有非常多難以看見的小天體，包括像冥王星這樣的矮行星，以及彗星和小行星——這些都是當初構成行星的原始雲氣遺留下來的碎片。

◁ **銀河**
科學家認為我們的星系是螺旋形的，但因為我們身在其中，只能看見它側面扁扁的樣子。如果能在暗黑清澈的夜空下，遠離都市燈光和其他的光害，銀河看起來就像是一條橫跨天空的絲綢。明亮的斑點是發光的巨大星雲，新的恆星和行星就是從這些發光的氣體塵埃雲中誕生。中間那條看起來像是把銀河一分為二的巨大裂縫，其實是一團距離地球約300光年的黑暗雲氣遮擋了後方遙遠的恆星光芒所致。

# 繞著太陽轉

**太陽的重力支配了各式各樣的天體。太陽系除了八大行星，和它們各自的行星環、衛星之外，還有數以十億計由石頭和冰塊構成的碎片。**

所有的行星都以相同的方向繞行太陽，而且也幾乎都位在同一個平面上。最靠近太陽的是水星、金星、地球、火星這四顆小小的岩質行星；而在太陽系較外圍的低溫處，則是木星、土星、天王星、海王星，這四顆巨大的行星大部分都是由比岩石容易揮發的物質組成，如氫、氦、甲烷和水。

　　小行星是行星形成時剩餘的岩石殘骸，大部分位在火星和木星之間。而在這個行星系統的邊緣，是冰冷的彗星和古柏帶（Kuiper Belt）天體的所在位置，它們從太陽系形成之初就一直存在至今。

▽ **軌道**
行星繞行太陽的軌道並不是完美的圓形，而是有點橢圓形（卵形）。通常較小的天體軌道會比較橢圓，也比較偏離行星繞太陽的平面。彗星的軌道最極端，從太陽系的最外側，循著非常狹長的橢圓形軌道移動，有一些彗星的軌道甚至垂直於行星繞太陽的平面。有幾顆彗星——包括哈雷（Halley）彗星，繞太陽的方向和行星相反。

土星

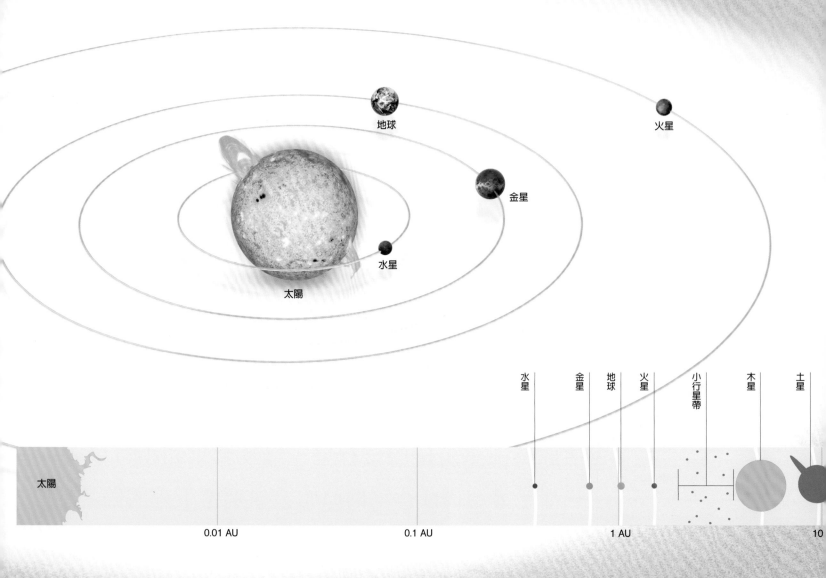

地球

火星

金星

水星

太陽

水星　金星　地球　火星　小行星帶　木星　土星

太陽

0.01 AU　　　　　　　0.1 AU　　　　　　　1 AU

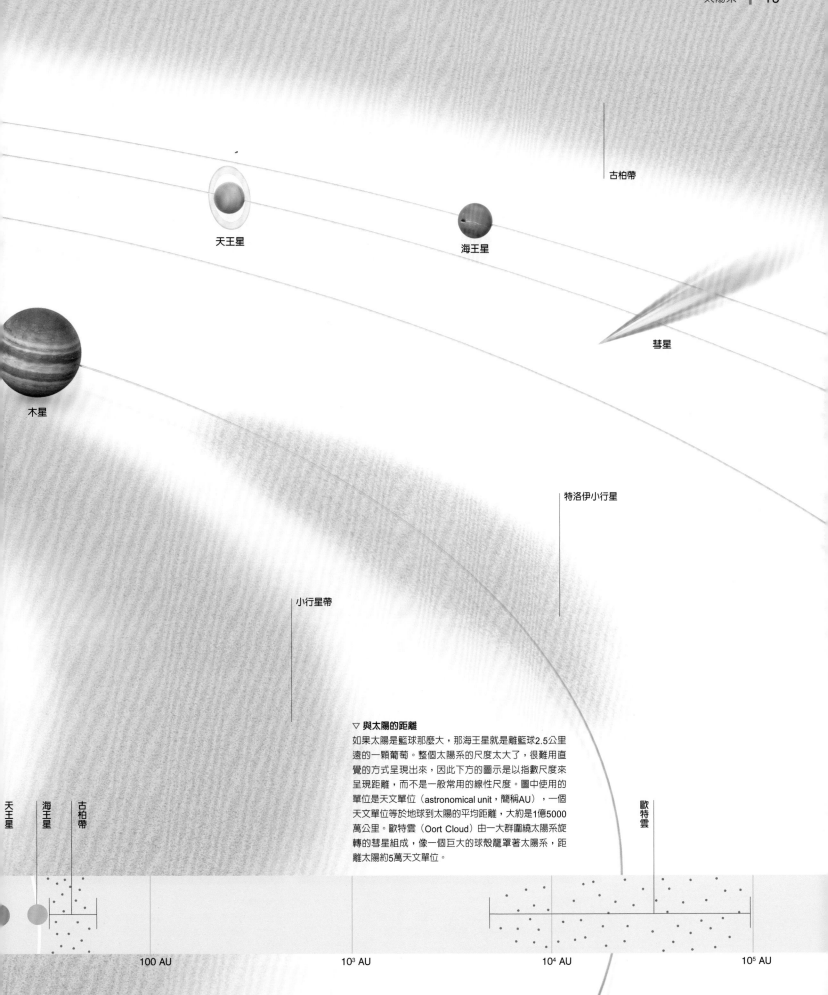

古柏帶

天王星

海王星

彗星

木星

特洛伊小行星

小行星帶

▽ 與太陽的距離
如果太陽是籃球那麼大，那海王星就是離籃球2.5公里遠的一顆葡萄。整個太陽系的尺度太大了，很難用直覺的方式呈現出來，因此下方的圖示是以指數尺度來呈現距離，而不是一般常用的線性尺度。圖中使用的單位是天文單位（astronomical unit，簡稱AU），一個天文單位等於地球到太陽的平均距離，大約是1億5000萬公里。歐特雲（Oort Cloud）由一大群圍繞太陽系旋轉的彗星組成，像一個巨大的球殼籠罩著太陽系，距離太陽約5萬天文單位。

天王星

海王星

古柏帶

歐特雲

100 AU

$10^3$ AU

$10^4$ AU

$10^5$ AU

# 太陽系的誕生

**太陽是從一團氣體和塵埃中誕生的。形成之後剩下的物質，在太陽周圍形成了碎屑環。這些物質從微小的粒子慢慢聚集變大，形成小行星、衛星和行星。**

50億年前，太陽系還沒形成，而我們的星系——銀河系，則是早在80億年前就存在了，其中一代又一代的恆星誕生又死亡，在太空中撒下了氣體和塵埃，形成巨大的暗雲。接著，銀河系外圍開始發生擾動，某一顆恆星以超新星的方式爆發，擠壓鄰近的暗雲。暗雲繼而因自身的重力開始塌縮，導致暗雲深處較密集的氣體團塊聚集，形成上千個原恆星（protostar）。原恆星收縮時溫度升高，直到核心開始產生核融合反應，恆星就此誕生。

很多新生恆星的周圍，都環繞著由氣體和冰質塵埃組成、不斷旋轉的圓盤，而我們知道，其中有一顆恆星就是新生的太陽，它周圍這些不斷旋轉的物質在經過數百萬年之後，就形成了太陽系的行星。

## 太陽系育嬰房

新生的太陽系藏身在巨大星際雲塵的深處，因此不受太空中危險的輻射侵擾。這些雲塵主要是大霹靂所留下的的氫和氦氣，再加上死亡恆星噴發出來的灰粒和宇宙塵埃。由於溫度很低，甲烷、氨氣和水蒸汽都在微小的塵粒上結凍，這些繞著年輕太陽的迷你冰雹，就是將來長成行星的種子。

▷ **神祕山**
時至今日，在巨大的星際雲氣中，仍有恆星和行星系統正在誕生。其中一個例子就是在船底座星雲（Carina Nebula）裡，一團名為神祕山（Mystic Mountain）的雲氣。雖然原恆星隱身在黑暗之中，但可見到噴流從一個年輕的行星系統往外噴射，看起來就像是一對延伸了2兆公里長的角（圖中最右）。

太陽系的總質量中，有99.8％都集中在太陽。

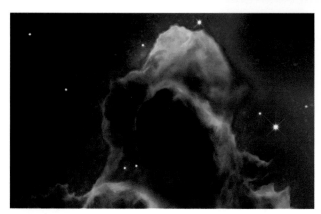

△ **太陽偷偷誕生**
在富含化合物的分子雲（molecular cloud）深處，有一團雲氣正在塌縮，準備醞釀成太陽。雲氣收縮會導致溫度升高，形成原恆星。

△ **雙極噴流**
原恆星開始旋轉，產生的強大磁場迫使氣流往相反的方向噴出。周圍塌縮的氣體旋轉速度愈來愈快，並開始變得扁平。

**△ 開始發光**
當原恆星的溫度高到足以點燃核反應，太陽就開始發光。高溫將附近的冰燒乾並往外吹，圓盤內側只留下岩質塵埃，但外緣仍有冰質微粒存在。

**▷ 太空碎石**
太陽系形成過程中留下的碎石仍不停的落在地球上，這就是我們知道的隕石。其中有一種罕見的石質隕石──碳質球粒隕石（carbonaceous chondrite），在行星形成後就不曾改變過。科學家藉由分析這種隕石內的放射性元素，能夠明確判斷出太陽系的年齡──45億6820萬年。太陽系形成時期的高溫將岩石融化，形成了稱為球粒（chondrule）的玻璃質微粒，藏身在這些最古老的隕石裡。

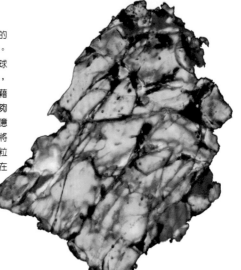

# 行星的形成

現在安穩地繞著太陽旋轉的八顆行星，其實是太陽形成後剩餘的碎屑，在漩渦中激烈碰撞而誕生的。

當初製造出太陽的星際雲氣，在太陽形成後並沒有全部用完，殘餘的碎屑構成圓盤狀的「太陽星雲」（solar nebula）繞著太陽旋轉，就像圍繞著土星的土星環一樣。這些物質最後形成了行星。

在太陽星雲外圍較低溫的地方，殘骸大多是由冰凍的水、甲烷和氨所組成的微小顆粒，這些氫化合物非常容易揮發，無法在太陽系內側凝結成冰。在比較靠近太陽的地方，太陽的熱會讓揮發性物質蒸發，只留下岩石和金屬的顆粒。因此，在太陽星雲不同區域所形成的行星，組成物質也就很不一樣。在太陽系裡，有一條所謂的「霜線」（frost line），在這條界線之外的太陽熱度較低，揮發性物質仍能存在。在霜線之內的岩質殘骸，形成了四顆擁有金屬核心的較小類地行星。在霜線之外，冰質殘骸與自轉的高溫液體球融合，太陽星雲中的氫氣和氦氣又讓這幾顆球膨脹成超大尺寸。

行星形成時期留下的殘骸，如今以小行星、彗星和古柏帶天體（位於海王星之外的冰質天體）的形式散布在太陽系中。這些冰質天體可能曾經受到木星和土星的擾動，為過去原本非常乾燥的地球帶來水分，繼而引發化學反應，使地球出現了生命。

**氣體巨行星占了繞行太陽的所有天體將近99%的質量。**

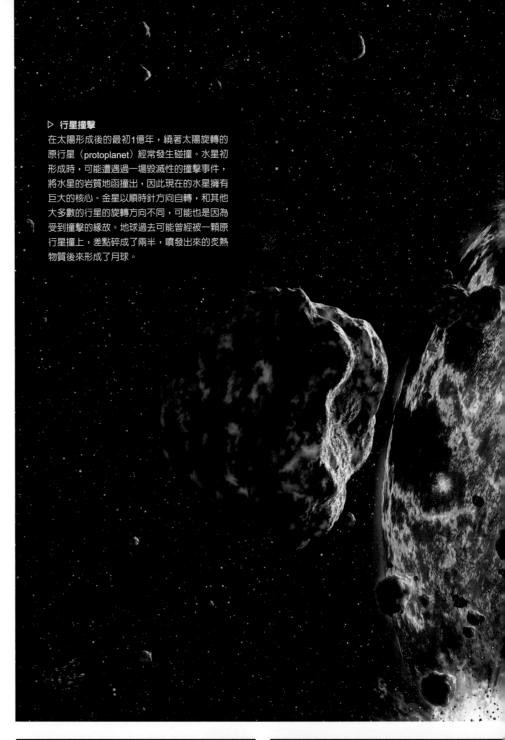

▷ **行星撞擊**
在太陽形成後的最初1億年，繞著太陽旋轉的原行星（protoplanet）經常發生碰撞。水星初形成時，可能遭遇過一場毀滅性的撞擊事件，將水星的岩質地函撞出，因此現在的水星擁有巨大的核心。金星以順時針方向自轉，和其他大多數的行星的旋轉方向不同，可能也是因為受到撞擊的緣故。地球過去可能曾經被一顆原行星撞上，差點碎成了兩半，噴發出來的炙熱物質後來形成了月球。

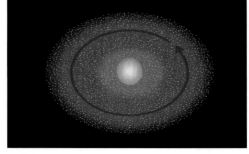

△ **太陽星雲**
一開始的太陽星雲，是由氣體和塵埃構成的均勻圓盤。塵埃在太空中互相撞擊時會產生靜電，於是就一個黏住一個。在比較接近太陽的地方，岩石和金屬顆粒逐漸形成大石頭，成分和小行星類似。在霜線之外，這些小顆粒就逐漸形成大塊的冰。

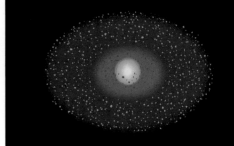

△ **形成微行星**
繞著太陽旋轉的兩團固體如果以高速相撞，雙方都會撞得粉碎；但若是以較低的速度接近，重力則會把這兩團東西拉在一起。整體來說，建設的情形比破壞更常發生，所以這些團塊會以每年幾公分的速度慢慢變大，最後形成直徑達數公里的微行星。

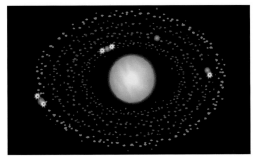

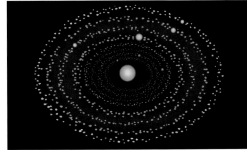

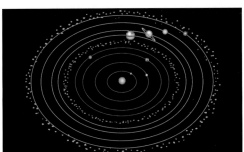

△ 岩質行星演化

在太陽系形成的100萬年後，靠近太陽的區域有50到100個大小和月球差不多的岩質天體。隨著這些原行星在太陽周圍橫衝直撞，像改裝賽車一樣撞成一團，撞擊也愈來愈猛烈。最大的原行星發展最順利，橫掃那些比較小的競爭對手。最後只有四顆存活下來，成了今天的岩質行星。

△ 氣體行星膨脹

在霜線之外的大量冰質物質，造就了較大的天體。迅速成長的木星發展出足夠的重力，拉攏太陽星雲內的氣體，形成一顆巨大的氫氦行星，土星也和木星的情況相同。但是在太陽系更外圍的地方，物質比較稀少，天王星和海王星也就成長得比較慢。在氣體巨行星周圍剩下的殘骸則聚集形成衛星。

△ 行星遷移到目前位置

一開始，天王星可能是最外側的行星，但木星和土星的軌道逐漸改變，當土星繞行太陽一圈的時間剛剛好是木星的兩倍時，所形成的重力共振，把海王星拋到比天王星還要更遠的地方。這些外側的行星，也會把冰質的微行星拋到太陽系各處，有些會撞擊內側的行星，有些則形成了今天的古柏帶。

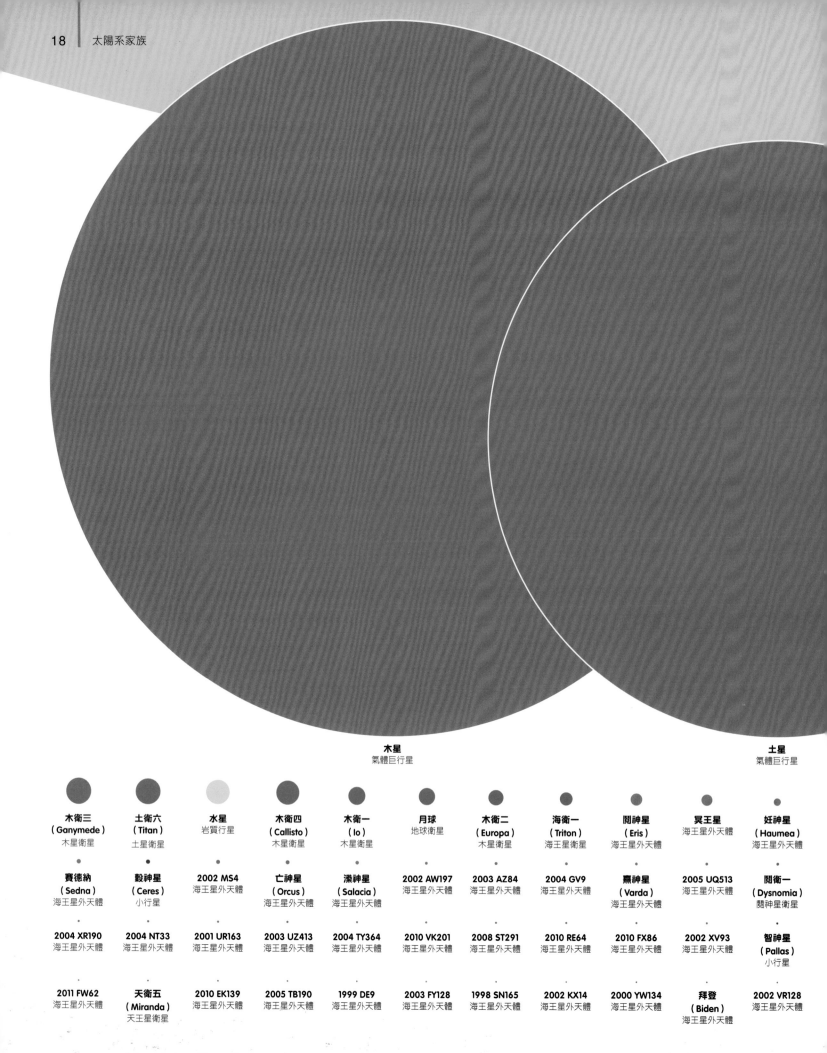

**木星**
氣體巨行星

**土星**
氣體巨行星

| 木衛三 (Ganymede) 木星衛星 | 土衛六 (Titan) 土星衛星 | 水星 岩質行星 | 木衛四 (Callisto) 木星衛星 | 木衛一 (Io) 木星衛星 | 月球 地球衛星 | 木衛二 (Europa) 木星衛星 | 海衛一 (Triton) 海王星衛星 | 鬩神星 (Eris) 海王星外天體 | 冥王星 海王星外天體 | 妊神星 (Haumea) 海王星外天體 |
|---|---|---|---|---|---|---|---|---|---|---|
| 賽德納 (Sedna) 海王星外天體 | 穀神星 (Ceres) 小行星 | 2002 MS4 海王星外天體 | 亡神星 (Orcus) 海王星外天體 | 潫神星 (Salacia) 海王星外天體 | 2002 AW197 海王星外天體 | 2003 AZ84 海王星外天體 | 2004 GV9 海王星外天體 | 熏神星 (Varda) 海王星外天體 | 2005 UQ513 海王星外天體 | 鬩衛一 (Dysnomia) 鬩神星衛星 |
| 2011 FW62 海王星外天體 | 2004 NT33 海王星外天體 | 2001 UR163 海王星外天體 | 2003 UZ413 海王星外天體 | 2004 TY364 海王星外天體 | 2010 VK201 海王星外天體 | 2008 ST291 海王星外天體 | 2010 RE64 海王星外天體 | 2010 FX86 海王星外天體 | 2002 XV93 海王星外天體 | 智神星 (Pallas) 小行星 |
| 2011 FW62 海王星外天體 | 天衛五 (Miranda) 天王星衛星 | 2010 EK139 海王星外天體 | 2005 TB190 海王星外天體 | 1999 DE9 海王星外天體 | 2003 FY128 海王星外天體 | 1998 SN165 海王星外天體 | 2002 KX14 海王星外天體 | 2000 YW134 海王星外天體 | 拜登 (Biden) 海王星外天體 | 2002 VR128 海王星外天體 |

**太陽**
恆星

# 尺寸與比例

這張圖畫出了太陽系中最大的 100 個天體的相對
比例,從太陽、行星一直到太陽系內為數眾多的
其他天體。

以宇宙的尺度來說,太陽是太陽系裡唯一的大天體,
和其他的天體比起來大了非常多,我們的地球在太陽
旁邊幾乎只是一個點而已。在行星中體積最大的都是
氣體行星,其中最大的是木星,能夠裝下 1300 個地球。
接下來是內側較小的岩質行星,再更小的是各式各樣
的天體如衛星、小行星,和占據海王星外圍區域的冰
質天體(稱為海王星外天體)。尺寸大小的順序並不
依照天體類別排列,例如冥王星就比七顆衛星還小,
連水星也比兩顆最大的衛星要小。最大的幾顆小行星
和海王星外天體因為質量夠大,足以成為球形,因此
也被分類為矮行星(dwarf planet)。

**圖例**

○ 恆星
● 氣體巨行星
○ 岩質行星
● 衛星
● 小行星
● 海王星外天體(Trans-Neptunian object,簡稱TNO)

| 0 | 10,000 | 20,000 | 30,000 公里 |

| 0 | 10,000 | 20,000 英里 |

**天王星**
氣體巨行星

**海王星**
氣體巨行星

**地球**
岩質行星

**金星**
岩質行星

**火星**
岩質行星

| 天衛三<br>(Titania)<br>天王星衛星 | 土衛五<br>(Rhea)<br>土星衛星 | 天衛四<br>(Oberon)<br>天王星衛星 | 土衛八<br>(Iapetus)<br>土星衛星 | 烏神星<br>(Makemake)<br>海王星外天體 | 2007 OR10<br>海王星外天體 | 冥衛一<br>(Charon)<br>冥王星衛星 | 天衛二<br>(Umbriel)<br>天王星衛星 | 天衛一<br>(Ariel)<br>天王星衛星 | 土衛四<br>(Dione)<br>土星衛星 | 創神星<br>(Quaoar)<br>海王星外天體 | 土衛三<br>(Tethys)<br>土星衛星 |
|---|---|---|---|---|---|---|---|---|---|---|---|
| 2005 RN43<br>海王星外天體 | 2002 UX25<br>海王星外天體 | 伊克西翁<br>(Ixion)<br>海王星外天體 | 2006 QH181<br>海王星外天體 | 2007 JJ43<br>海王星外天體 | 卡俄斯<br>(Chaos)<br>海王星外天體 | 2007 UK126<br>海王星外天體 | 2010 KZ39<br>海王星外天體 | 2004 XA192<br>海王星外天體 | 2010 RF43<br>海王星外天體 | 2002 TC302<br>海王星外天體 | 2005 RM43<br>海王星外天體 |
| 2004 PR107<br>海王星外天體 | 灶神星<br>(Vesta)<br>小行星 | 2003 VS2<br>海王星外天體 | 2003 QX113<br>海王星外天體 | 土衛二<br>(Enceladus)<br>土星衛星 | 伐樓那<br>(Varuna)<br>海王星外天體 | 2004 PF115<br>海王星外天體 | 2010 TY53<br>海王星外天體 | 2011 GM27<br>海王星外天體 | 2006 HH123<br>海王星外天體 | 2010 TJ<br>海王星外天體 | 2010 VZ98<br>海王星外天體 |
| 2002 WC19<br>海王星外天體 | 雨神星<br>(Huya)<br>海王星外天體 | 健神星<br>(Hygiea)<br>小行星 | 1999 CD158<br>海王星外天體 | 海衛八<br>(Proteus)<br>海王星衛星 | 2005 QU182<br>海王星外天體 | 2001 QF298<br>海王星外天體 | 1996 GQ21<br>海王星外天體 | 土衛一<br>(Mimas)<br>土星衛星 | 妊衛一<br>(Hi'iaka)<br>妊神星衛星 | 2002 CY248<br>海王星外天體 | 亡衛一<br>(Vanth)<br>亡神星衛星 |

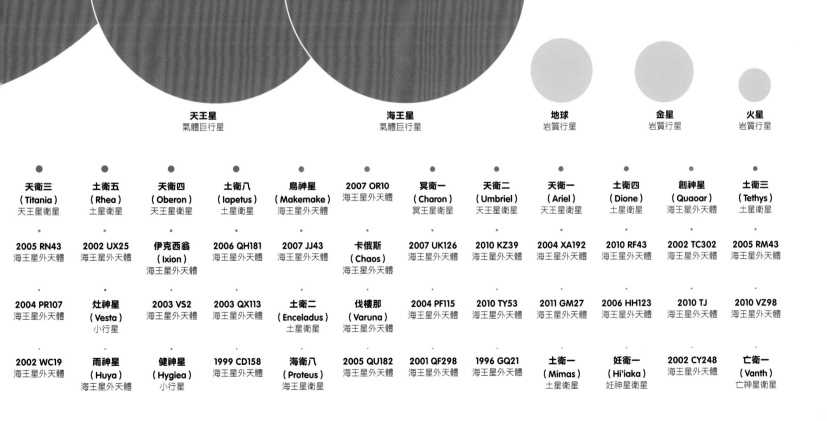

# 我們的太陽系

**過去曾有好幾個世紀，人類一直相信地球就是宇宙的中心，所有的天體都繞著我們運轉。當這個模型最後被推翻時，引發了一場科學革命。**

地球繞著太陽轉，而不是太陽繞著地球轉——這個突破性的想法改變了我們對太陽系的認知。但當時的人很難接受以太陽為中心的太陽系模型，因為直觀上，我們會覺得太陽在天空中移動；如果太陽是靜止的，那就代表看起來不會動的地球，非得移動和轉動不可了，而且古希臘以地球為中心的太陽系模型對行星運動有不錯的預測能力，更支持了這個錯誤的理論。雖然後來的日心說對行星運動的預測更準確，但那時主流的宗教觀念認為，地球位在上帝創造的宇宙中心，因此日心說遇到很大的阻力。

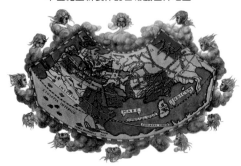

中世紀重新製作的古希臘世界地圖

### 約公元前3000年至公元前500年

**地平說** 早期埃及和美索不達米亞的哲學家相信地球是平的，四周有海洋圍繞，後來的希臘人也接受了這個概念。希臘哲學家泰勒斯（Thales）主張陸地漂浮在海洋上，而地震是巨浪造成的。

### ▶ 約公元前500年

**地圓說** 希臘哲學家畢達哥拉斯（Pythagoras）首度提出地球是圓球形的想法。大約公元前330年，亞里斯多德（Aristotle）提出了證據，諸如月食時能看到圓形的地球影子，以及人在地表上移動時，會看到地平線上出現新的恆星——這代表地球表面是有弧度的。

第一個發現的小行星：穀神星

牛頓的《自然哲學的數學原理》

史波尼克1號

### ◀ 1957年

**第一顆人造衛星** 蘇聯把第一顆人造衛星——史波尼克1號（Sputnik 1）送入環繞地球的軌道，自此開啟太空時代。兩年後，蘇聯太空船月球3號（Luna 3）傳回第一張月球背面的照片。

### ◀ 1801年

**發現小行星** 義大利天文學家朱塞普·皮亞吉（Giuseppe Piazzi）在進行例行觀測時，發現了一顆位在火星和木星之間的岩質天體，並將之命名為穀神星，這是人類發現的第一個、也是目前為止最大的小行星。這顆小行星在2006年被歸類為矮行星。

### ◀ 1781年

**土星之外的新發現** 德裔英籍的天文學家威廉·赫歇爾（William Herschel）在比土星更遠的地方，發現了一顆新的行星——天王星，這一下讓太陽系的範圍大了兩倍。1846年，天文學家因為觀測到天王星的軌道變化，而發現了海王星。

維京人1號拍攝的火星影像

阿波羅11號登陸月球

### ▶ 1962年

**航向金星** 美國航太總署的水手2號（Mariner 2）飛掠金星，成為第一艘飛掠其他行星的太空船。水手2號記錄了金星的酷熱高溫，發現這裡的溫度高到無法維持生命生存。1964年，水手4號飛掠火星，首度揭露了火星寒冷、荒蕪、滿布撞擊坑的地貌。

### ▶ 1969年

**首度登上月球** 美國太空人尼爾·阿姆斯壯（Neil Armstrong）成為首度踏上另一個星球的人類。科學家分析阿波羅（Apollo）計畫太空人帶回地球的月岩，發現月球可能是地球和另一顆行星發生巨大撞擊後所形成的。

### ▶ 1976年

**降落火星** 維京人1號（Viking 1）和維京人2號是最早成功降落火星的太空船，並且傳回令人驚嘆的照片。這兩艘太空船以超過兩個火星年的時間監測火星天氣，分析大氣組成，並檢驗土壤中的生命跡象，但沒有得到肯定性的結論。

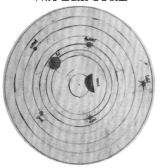

早期宇宙觀的地心模型

哥白尼的太陽系模型

### 約公元前400年

**中心之火** 希臘哲學家菲洛勞斯（Philolaus）認為，地球和太陽都繞著一團看不見的「中心之火」運轉。之後阿里斯塔克斯（Aristarchus）主張太陽才是宇宙的中心，而恆星因為距離我們太遙遠了，彼此間的相對位置不會改變。但他的想法未受到重視。

### 約公元前150年

**托勒米系統** 希臘天文學家和地理學家克勞狄烏斯 托勒米（Claudius Ptolemy）提出地心說，把地球放在宇宙的中心。在接下來的1400年，托勒米系統的想法主宰了天文學界。

### 1543年

**哥白尼革命** 波蘭天文學家和數學家尼可拉斯·哥白尼（Nicolas Copernicus）在過世前，發表了革命性的日心模型，把靜止不動的太陽放在太陽系的中心。

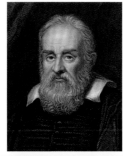

伽利略·伽利萊

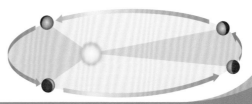

繞太陽的橢圓軌道

### 1687年

**解釋行星軌道** 英國科學家艾薩克·牛頓發表了劃時代的《自然哲學的數學原理》（Principia），這本書為現代物理學奠定了基礎，說明了重力怎麼讓行星以橢圓軌道繞行太陽，推導出三大運動定律，並解釋力的作用方式。

### 1633年

**天文學家受審判** 義大利天文學家伽利略·伽利萊（Galileo Galilei）因為傳授哥白尼的日心理論，而受到天主教廷審判。他首度使用望遠鏡觀察天空的結果支持日心模型，但教廷強迫伽利略撤回他的主張，並將他軟禁在家。

### 1609年

**克卜勒定律** 德國數學家約翰尼斯·克卜勒（Johannes Kepler）計算後發現，行星是以橢圓形的軌道繞行太陽，而不是圓形，而且繞行的速度會隨著與太陽的距離而改變。克卜勒定律解決了哥白尼模型的缺陷，後來還啟發了艾薩克·牛頓（Isaac Newton）發現新定律。

航海家1號拍攝的木星影像

哈雷彗星的彗核

卡西尼號拍攝的土星影像

### 1979年

**飛掠木星** 內美國的航海家1號（Voyager 1）太空船完成了一項開創性任務，飛掠木星和木星的衛星，發現木衛一有正在噴發的火山，木衛二有由冰組成的地殼。它的姊妹船航海家2號早兩年發射，分別在1986年和1989年飛掠天王星及海王星。

### 1986年

**近探彗星** 歐洲太空船喬陶號（Giotto）以每小時24萬公里的速度攔截哈雷彗星，首度近距離拍攝彗核影像。影像顯示哈雷彗星的彗核是一團直徑約15公里的冰塊，表面覆蓋著深色的物質。喬陶號後來又拜訪了另一顆彗星：葛里格－斯克傑利厄普（Grigg-Skjellerup）彗星。

### 2004年

**土星軌道** 美國航太總署在1997年發射了卡西尼－惠更斯號（Cassini-Huygens）太空船，進入環繞土星的軌道，之後放下一艘探測器登陸土衛六。卡西尼號觀察到土星雲層中的巨大風暴，並發現土衛二上有間歇冰泉噴發。

# 我們的恆星

# 太陽

**太陽是太陽系裡最熱、體積和質量最大的天體。炙熱的太陽表面照亮了家族裡的行星成員,強大的重力主宰了眾行星的軌道。**

太陽是一顆典型的恆星,和我們銀河系中其他數十億顆恆星相比,並沒有太大的不同。太陽主宰了周遭萬物,它的質量占了太陽系總質量的99.8%。太陽和其他行星比起來非常巨大,內部可以容納超過100萬個地球。即使是最大的行星——木星,體積也只有太陽的千分之一。不過太陽絕不是最大的恆星,屬於特超巨星(hypergiant)的大犬座VY星,就可以容納將近30億顆太陽。

太陽並不會永遠存在。目前它的壽命已經過了大約一半,再過50億年它就會變成一顆紅巨星,開始膨脹,並往行星的方向湧來。水星和金星會被蒸發掉,我們地球可能也難逃類似的命運。地球就算沒有被吞噬,也會因為和太陽的距離變近,而熱得像火爐一樣。最後太陽會分崩離析,外層消散在太空中,只留下一團似有若無的雲氣,稱為行星狀星雲(planetary nebula)。

## 太陽核心的能量要花10萬年才能抵達表面,以光的形式出現。

### 太陽基本數據

| | |
|---|---|
| 直徑 | 139萬3684公里 |
| 質量(地球=1) | 33萬3000倍 |
| 能量輸出 | 38.5萬兆吉瓦(gigawatt) |
| 表面溫度 | 攝氏5500度 |
| 核心溫度 | 攝氏1500萬度 |
| 與地球距離 | 1億5000萬公里 |
| 極區自轉週期 | 34地球日 |
| 年齡 | 約46億年 |
| 預期壽命 | 約100億年 |

太陽表面光球層的能量,會以可見光的形式散逸。

▷ **光球層**
如果以人類肉眼可見的波長對太陽進行攝影,太陽表面看起來是個光滑的球形,上面散布著一些稱為太陽黑子(sunspot)的較低溫區域。我們看見的外表稱為光球層(photosphere),但其實它並不是實體,而是太陽巨大的大氣層的一條界線,在這條界線上高溫的大氣開始變得透明,能讓大量的光通過。

▷ **色球層**
光球層再往上,會進入另一層溫度更高的色球層(chromosphere)。從美國航太總署太陽動力學天文臺(Solar Dynamics Observatory,簡稱SDO)拍攝的這張紫外線影像中,可以看到光球層和色球層的結構。熱氣體在太陽內部不斷上升和下沉的局部區域,形成稱為對流胞(convection cell)的顆粒狀圖案。

▷ **日冕**
從這張紫外線影像可以看到,太陽的色球層再往外延伸,有一層稀薄的外層大氣,稱為日冕(corona)。我們只有在日全食的時候才能用肉眼看見日冕。日冕的溫度甚至比色球層還要更高,也會發生電漿爆發的劇烈活動。

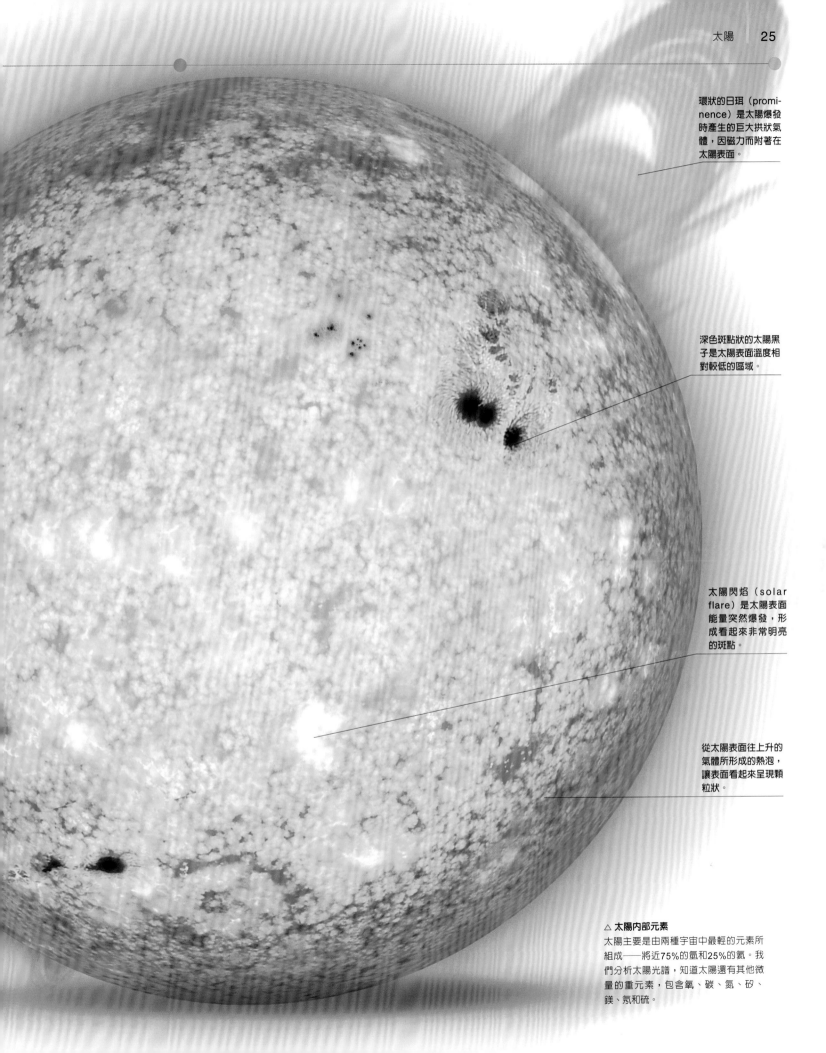

環狀的日珥（promi-
nence）是太陽爆發
時產生的巨大拱狀氣
體，因磁力而附著在
太陽表面。

深色斑點狀的太陽黑
子是太陽表面溫度相
對較低的區域。

太陽閃焰（solar
flare）是太陽表面
能量突然爆發，形
成看起來非常明亮
的斑點。

從太陽表面往上升的
氣體所形成的熱泡，
讓表面看起來呈現顆
粒狀。

△ 太陽內部元素
太陽主要是由兩種宇宙中最輕的元素所
組成——將近75%的氫和25%的氦。我
們分析太陽光譜，知道太陽還有其他微
量的重元素，包含氧、碳、氮、矽、
鎂、氖和硫。

# 太陽結構

**太陽看起來像一顆掛在天上的黃色圓球，好像沒有變化，但其實它非常活躍，就像一座巨大的核子反應爐，產生大量的能量充滿整個太陽系。**

太陽是由以氫為主的氣體所組成，沒有固態的表面。高溫和巨大的壓力讓原子分離成帶電粒子，形成稱為電漿（plasma）的帶電狀態物質。太陽內部愈接近核心，溫度和壓力也愈高，核心處的壓力可達到地球表面大氣壓的 1000 億倍。這是太陽系中獨特的極端環境，有核反應在這裡發生。在這種高溫高壓的狀況下，氫核互相融合形成氦核，其中有部分質量轉換為能量，緩慢地向太陽外層擴散，流入黑暗的太空，也讓地球有了光明和溫暖。

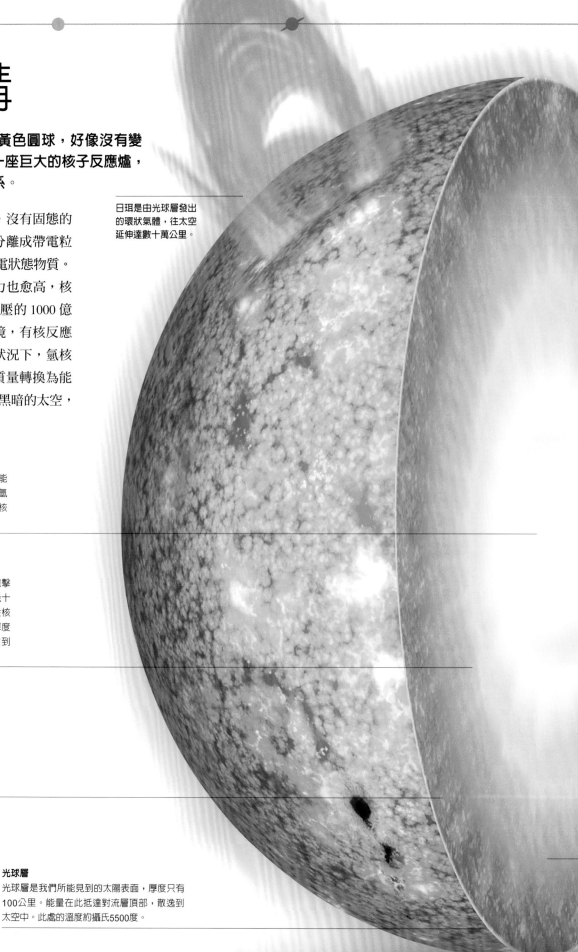

日珥是由光球層發出的環狀氣體，往太空延伸達數十萬公里。

### 核心（core）
太陽的核心占了半徑的五分之一，有99%的太陽能量都是來自此處發生的核反應。核心中心區域的氫已經融合成氦，因此核心大部分都是由氦組成。核心的溫度高達攝氏1500萬度。

### 輻射層（radiative zone）
能量以光的形式在輻射層中緩慢前進，光會在撞擊原子核後再度輻射出來，這樣的過程會重複好幾十億次。輻射層的物質聚集非常緊密，因此能量從核心出發，要花10萬年才能抵達表面。輻射層的厚度占了太陽半徑的70%，溫度介於攝氏150萬度到1500萬度之間。

### 對流層（convective zone）
在對流層內，一團團的熱氣體膨脹上升到太陽表面。這個稱為對流的過程能比輻射層更快速地把能量往上帶。這裡的溫度介於攝氏5500度到150萬度。

### 光球層
光球層是我們所能見到的太陽表面，厚度只有100公里。能量在此抵達對流層頂部，散逸到太空中。此處的溫度約攝氏5500度。

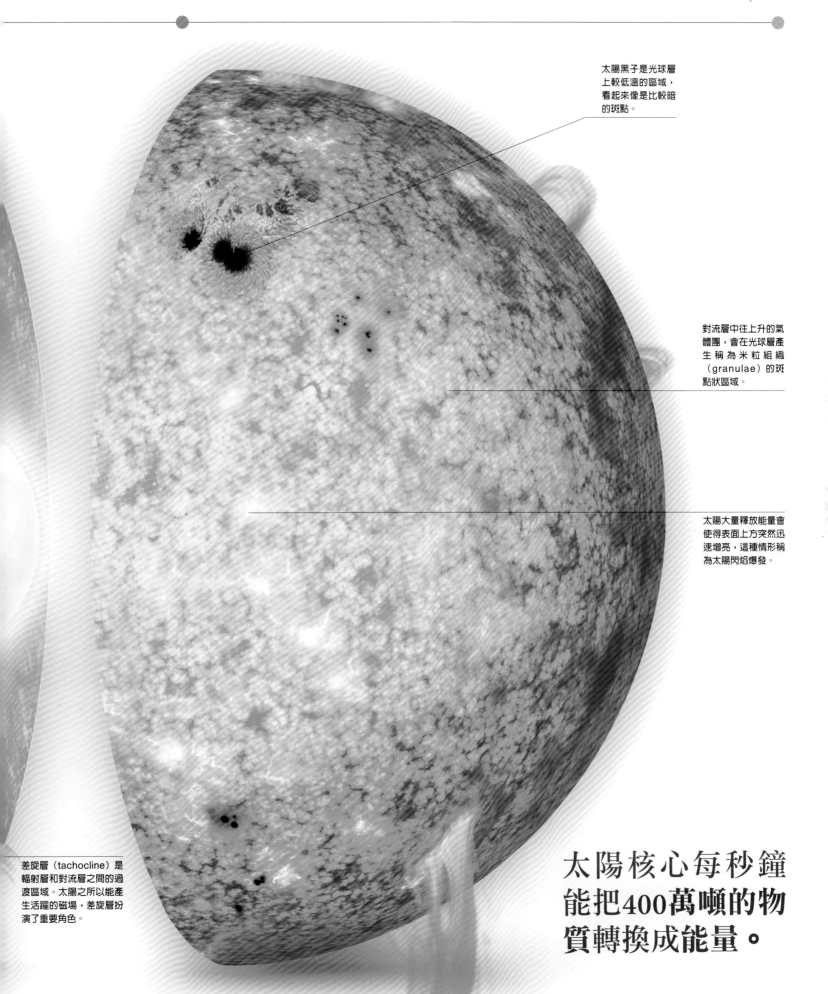

太陽黑子是光球層上較低溫的區域，看起來像是比較暗的斑點。

對流層中往上升的氣體團，會在光球層產生稱為米粒組織（granulae）的斑點狀區域。

太陽大量釋放能量會使得表面上方突然迅速增亮，這種情形稱為太陽閃焰爆發。

差旋層（tachocline）是輻射層和對流層之間的過渡區域。太陽之所以能產生活躍的磁場，差旋層扮演了重要角色。

太陽核心每秒鐘能把400萬噸的物質轉換成能量。

# 太陽風暴

**太陽是一顆炎熱的電漿球,每天都有不同的變化。太陽表面的磁場隨時都在騷動,產生太陽系內最強大的爆炸事件。**

太陽不只為它周遭的天體帶來光和熱,有時也會產生劇烈的太陽風暴,往太陽系拋出大量的帶電粒子。天文學家能從地球上觀察這類事件已經有 150 年之久,但一直要到過去這 20 年,我們往太空發射了一系列望遠鏡,才得以從更近的距離觀察太陽。地面望遠鏡因為地球自轉的關係而背向太陽時,太空望遠鏡仍然能夠持續對太陽進行監測。在今天這麼依賴科技的年代,徹底了解太空天氣非常重要,因為太陽活動的強烈爆發若是剛好朝向地球而來,可能會造成電網癱瘓,並破壞衛星電路。

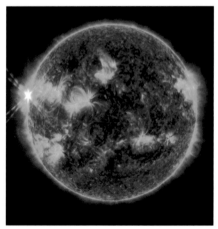

◁ **太陽閃焰**
太陽局部區域有時會忽然快速變亮,就像是有光線從閃爍的表面彈跳出來似的。這種事件稱為太陽閃焰,之後經常接續著突如其來的日冕巨量噴發(coronal mass ejection)。左圖這幅紫外線影像是美國航太總署的太陽動力學天文臺所拍攝,可以看到左側有太陽閃焰噴發。

▷ **日珥**
太陽的磁力線有時會因為過度糾纏而斷裂,釋放出蓄積的能量。這時延伸的電漿環會沿著磁力線從太陽表面爆發,形成巨大而美麗的環狀構造,稱為日珥,這是如同火焰一般的羽狀物,向太空延伸達50萬公里,能夠持續數天到數個月之久。日珥通常會呈現明顯的拱形,但有時也有其他形狀的日珥,像是柱狀或是金字塔狀。如果日珥朝向地球噴發,從我們的角度看,它的背景會是明亮的太陽,而不是黑暗的太空,我們把這樣的構造稱為絲狀體(filament)。這五張連續影像顯示出日珥噴發的過程,一開始只是在太陽表面的突起,接下來逐漸形成壯觀的爆發。

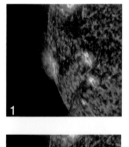
1

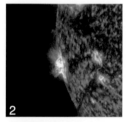
2

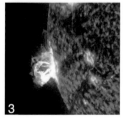
3

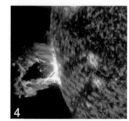
4

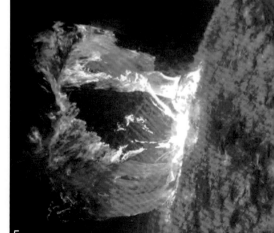
5

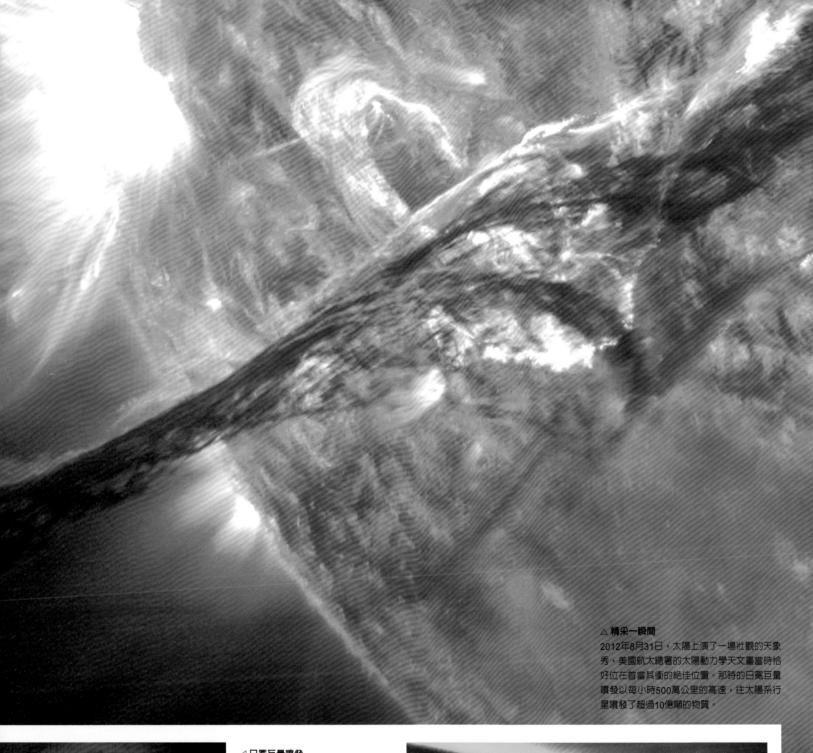

△ **精采一瞬間**
2012年8月31日，太陽上演了一場壯觀的天象秀，美國航太總署的太陽動力學天文臺當時恰好位在首當其衝的絕佳位置。那時的日冕巨量噴發以每小時500萬公里的高速，往太陽系行星噴發了超過10億噸的物質。

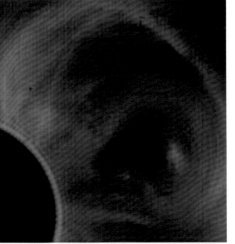

◁ **日冕巨量噴發**
太陽系裡規模最大也最壯觀的爆發事件，就是日冕巨量噴發。這是太陽發生劇烈爆發時，噴出大量電漿的現象。正如其名，日冕巨量噴發的電漿是從太陽大氣層（日冕）噴發出來，爆發的巨大力量會將太陽粒子加速到接近光速。日冕巨量噴發的物質抵達地球時，可能會引發地磁暴。在左邊這張紫外線照片中，可以看到太陽的日冕隆起，形成日冕巨量噴發，就像一個巨大的泡泡。

△ **北極光**
日冕巨量噴發造成的地磁暴會衝擊地球磁場，把能量往南北兩極引導，產生如上圖這張在冰島辛格韋德利國家公園（Thingvellir National Park）拍攝到的壯觀極光。進入大氣層的能量導致氧原子發光，形成這種閃亮的光幕。雖然通常要在極區才能看見極光，但在大型的日冕巨量噴發後，極光甚至可以一直延伸到熱帶地區。

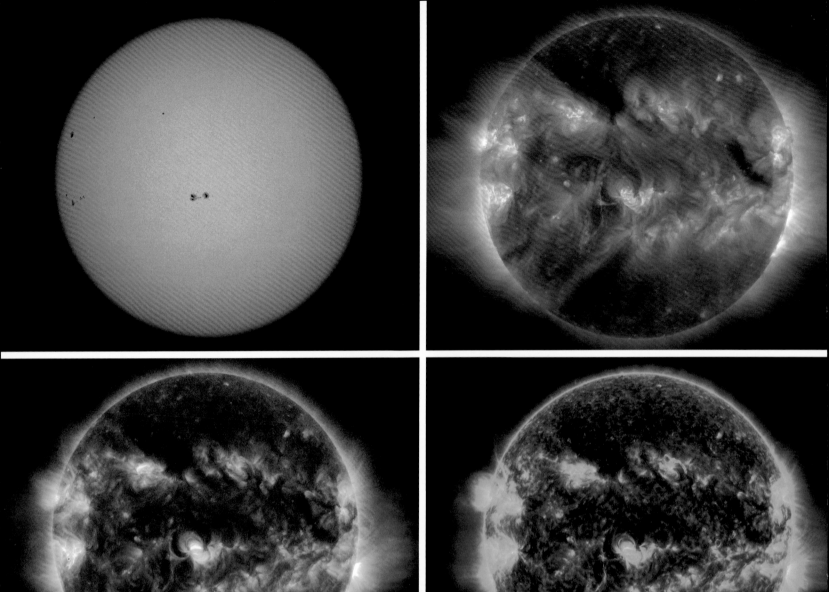

# 太陽射線

太陽除了會發出光譜中的可見光，也會發出人類肉眼無法見到的波長，像是無線電波、紅外光和紫外光。太陽觀測衛星能捕捉這些波長的光，拍攝到我們平常無法得以見到的太陽面貌。美國航太總署的太空望遠鏡「太陽動力學天文臺」每秒鐘都會拍攝最新的太陽影像，這裡展示的影像都是在2014年4月的一個小時內拍攝的。第一張照片顯示出若以肉眼直視會見到的太陽面貌，太陽光球層的耀眼光芒只剩下光滑的黃色圓盤，以及因磁力擾動讓表面降溫而形成的太陽黑子。接下來的大多數影像，都是由太陽動力學天文臺利用各種濾鏡，拍下不同波長的紫外線，我們可以看到在黑子上方的區域，太陽外層大氣產生了閃焰的現象。最後兩張則是由幾張不同波長的照片組合而成。

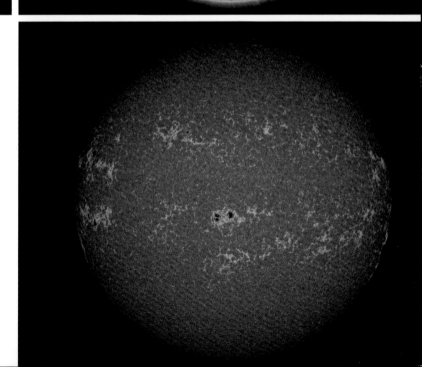

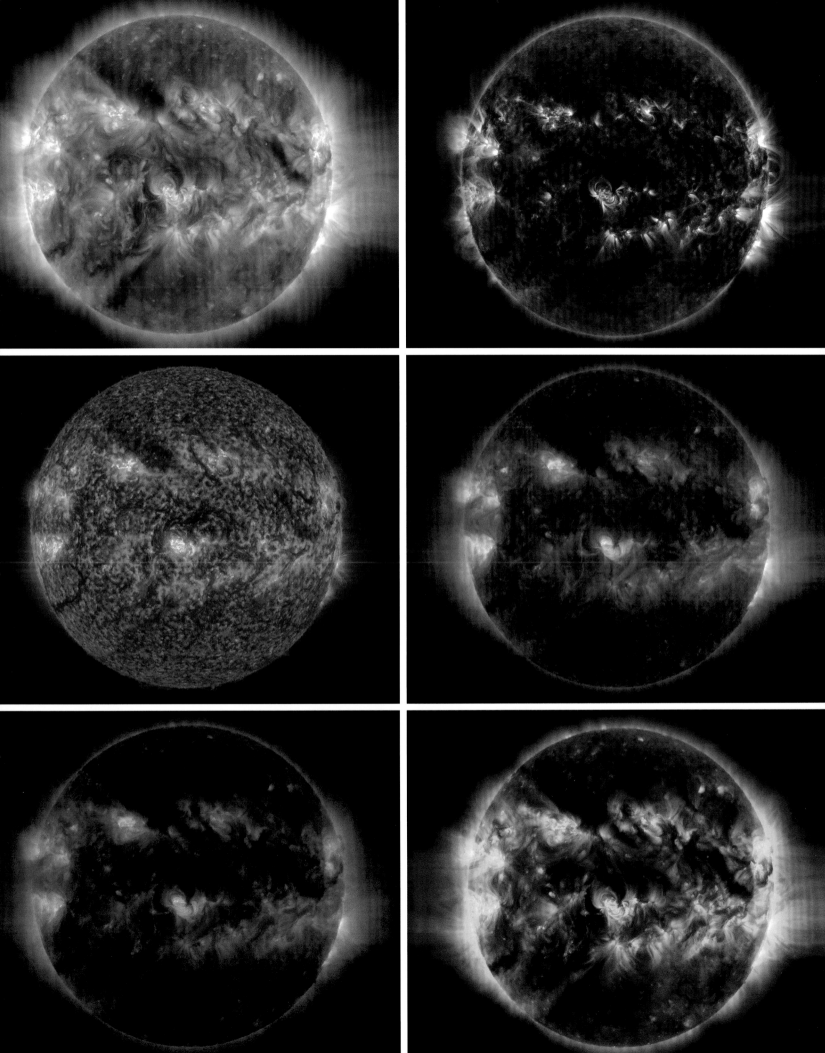

# 太陽週期

**太陽是一顆充滿變化的恆星，有時平靜，有時又會產生猛烈的爆發。這些變化遵循著明確的模式，每 11 年左右會有週期性的起落。**

過去四個世紀以來，科學家一直持續記錄太陽的活動。19 世紀初，一位原本是藥劑師的德國天文學家塞繆爾・海因利希・史瓦貝（Samuel Heinrich Schwabe），認為有一顆行星的軌道比水星更接近太陽，因此花了 17 年的時間嘗試觀測這顆行星。雖然他始終沒有在太陽盤面上看到這顆新行星的輪廓，但卻因此留下了太陽黑子的精確記錄。他在重新檢查過去的觀測記錄時，注意到太陽黑子的數量會有規律的變化，因此有了太陽週期的想法。現在有更多的地面和太空望遠鏡能夠持續監測太陽，就能更詳細研究這種反復出現的模式。

## 太陽黑子

過去曾有人認為太陽黑子是太陽大氣層中的風暴，但現在我們知道，黑子只是太陽表面溫度較低的區域。太陽黑子是局部強烈磁場活動造成的，經常成對出現，持續時間可達數星期之久。雖然最早的觀測記錄是在 17 世紀初，但可能更久以前就有人看過太陽黑子。科學家可以藉由研究樹木的年輪，回推太陽黑子過去的活動：太陽黑子較多的時候，年輪中的碳 -14 豐度較低；太陽黑子較少時碳 -14 豐度較高。

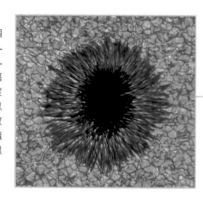

▷ **太陽黑子構造**
太陽黑子通常可以分成兩個部分：內部的本影區（umbra）和外側的半影區（penumbra）。較深色的本影區溫度較低，大約攝氏2500度左右；半影區的溫度則可以達到3500度，往往呈現條紋狀的纖維結構，稱為「小纖維」（fibril）。成對的太陽黑子通常像磁鐵的兩端一樣，具有相反的磁性。

**1947年發生的大太陽黑子，在日落時能以肉眼輕易看見。**

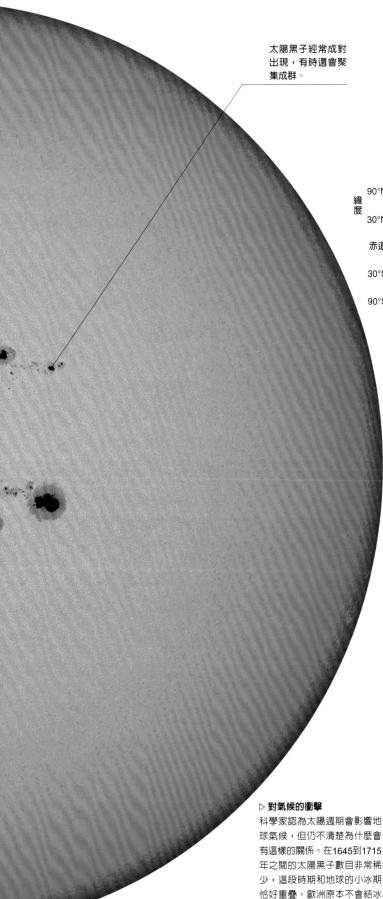

太陽黑子經常成對出現，有時還會聚集成群。

## 太陽週期

太陽的 11 年週期會從太陽黑子最少的太陽極小期（solar minimum），到太陽黑子最多的太陽極大期（solar maximum），然後周而復始地循環。太陽黑子的數量變化和太陽磁場變化有關，磁場在這個週期中會逐漸扭曲，之後斷裂，再重新形成。太陽的磁場每 22 年會反轉一次。太陽極大期不只黑子活動較旺盛，也有較多的太陽閃焰、日冕巨量噴發，地球上也會產生更為明亮的極光。

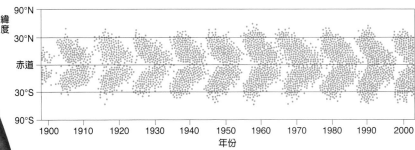

### △ 蝴蝶圖

如果把太陽黑子發生的年份對出現在太陽表面的緯度作圖，會產生這種稱為「蝴蝶圖」（butterfly diagram）的特殊圖案。當一個太陽週期開始時，太陽黑子會在中緯度出現，之後數量逐漸變多，並往赤道移動，這和太陽表面下方的電漿噴流流動方向相同。

### ▽ 差異自轉

太陽和地球不同，並不是由固體組成，因此太陽的不同區域會以不同的的速率自轉。太陽赤道的自轉速率比兩極快了20%。這樣的差異自轉會讓太陽的磁力線逐漸糾纏扭曲，就像扭轉橡皮筋一樣，會把能量貯存起來，直到忽然斷裂，磁場活動因此爆發。

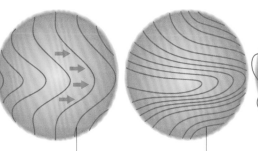
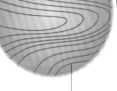

兩極區域的轉速比赤道區域來得慢。

不同的自轉速度會扭曲太陽磁場。

扭曲的磁力線在太陽表面形成環狀突起，環的兩端就是太陽黑子。

### ▷ 對氣候的衝擊

科學家認為太陽週期會影響地球氣候，但仍不清楚為什麼會有這樣的關係。在1645到1715年之間的太陽黑子數目非常稀少，這段時期和地球的小冰期恰好重疊。歐洲原本不會結冰的河流，在這段為期很長的小冰期內都凍結了。

小冰期時在英國泰晤士河上舉辦的冰凍博覽會（frost fair）

# 日食

**如果白天時，恆常穩定的太陽光忽然消失，我們一定會注意到。在這短短的幾分鐘裡，整個世界好像靜止了一樣。**

我們現在已經知道，史書中經常出現太陽忽然消失的故事，就是所謂的日食。月亮穩定地繞著地球運轉，有時在天空中會和太陽出現在完全相同的位置，由於月球離我們比較近，因此能夠完全擋住我們觀察太陽的視線，造成日食的現象。

## 日全食

在日全食發生時，月球盤面會完全遮住太陽，歷時幾分鐘。日全食或許可以說是大自然最壯觀的景象：天空會整個昏暗下來，溫度下降，鳥兒也會停止鳴唱。

如果月球每次都會經過太陽和地球的連線上，那麼每個月都會發生日食。但月球的軌道有 5 度的傾斜，因此每 18 個月左右才會發生一次日食。日食發生時，月球的影子只會落在地球表面一小部分區域，只有在影子裡的地方才能看到日食。

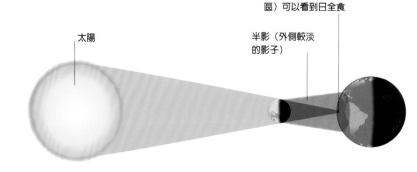

太陽

影子較內側部分（本影區）可以看到日全食

半影（外側較淡的影子）

日全食

△ **日全食的原理**
雖然月亮的直徑比太陽小了400倍，但也比太陽近了400倍，所以才能將太陽完全遮住。月球的影子落在地球上，較深的部分稱為本影區，在這個區域內的人能夠看到日全食；而半影區則可以看到日偏食。通常劃過地球的本影帶狀區域約1萬6000公里長，但寬度只有160公里。

▽ **日全食**
2012年11月，人群聚集在澳洲的翡翠海灘（Ellis beach），觀賞太陽和月亮會聚的日全食奇景。日全食是指月亮完全遮蔽住太陽的瞬間，最長只會持續7.5分鐘。2012年的這次日全食只持續了兩分鐘。

△ **鑽石環**
月球表面並不是完全光滑的，因此太陽光會穿過月球表面的山脈和峽谷，形成稱為「倍里珠」（Baily's beads）的景象。單一顆倍里珠，看起來就像一個壯觀的「鑽石環」，只有在日全食開始和結束時能夠看見。

**2014年－2040年的日全食地圖**

# 日環食

有時候月球的盤面無法完全遮住整個太陽，因此還能在月球的輪廓之外看到環狀的太陽邊緣，稱為「日環食」（annular solar eclipse），這個字起源於拉丁文的「annulus」，是「小環」的意思。還有另外一種非常罕見的「複合日食」（hybrid solar eclipse），這種日食發生時，從地球上的某些位置可以看到日全食，某些位置是看到日環食。

△ **日冕**
日冕是太陽廣大稀薄的外層大氣，平常隱身在光球層的耀眼光芒下，因此無法看見。但當月球遮蔽了太陽的盤面時，就能看到壯觀的日冕。天文學家用來研究日冕的太陽望遠鏡，有一片稱為日冕儀（coronagraph）的不透明圓盤，能夠用來遮擋住太陽的光芒。

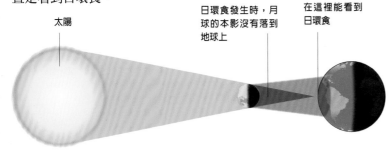

太陽

日環食發生時，月球的本影沒有落到地球上

在這裡能看到日環食

△ **日環食的原理**
月球繞地球的軌道不是正圓形，而是橢圓形。因此月球與地球的距離會一直改變，如果是在月球離地球最遠的時候發生日食，那麼月球看起來會比較小，無法完全遮住太陽，就會形成日環食。

▷ **火環**
如果投影在地球上的是由本影延伸出的偽本影（antumbra）區域，那麼在偽本影區裡的人就會看到日環食。日環食發生時，太陽在月球周圍留下了一圈壯觀的「火環」，由於這圈光環太過明亮，日環食時是無法看到日冕的。

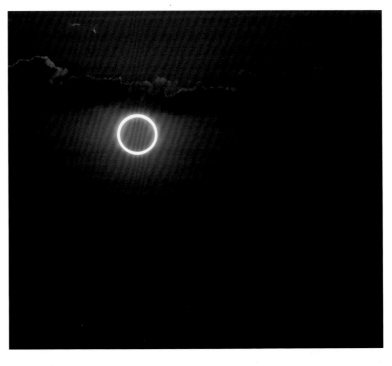

# 太陽研究史

幾個世紀以來，太陽在我們文化中的地位發生了巨大的變化。由於科學和實驗的發展，太陽從全能的神祇，轉變成一顆充滿氣體的炎熱恆星。

人類追蹤太陽運動已有數千年的歷史，許多古代文明都是利用太陽作為曆法的基礎，但是那時候的人也相信太陽繞著地球轉。一直要到 1543 年，哥白尼才提出太陽位於太陽系中心的想法。後來，牛頓的重力理論讓我們得以計算出太陽的巨大質量，而愛因斯坦在 20 世紀初的研究，解釋了太陽如何閃耀數十億年而仍未將燃料耗盡。現代的太空船更讓我們能夠仔細研究太陽，預測在太陽表面肆虐的風暴。

巨石陣

古埃及的太陽神崇拜

### 公元前3000年至公元前2000年

**天文日曆** 巨石陣（Stonehenge）遺址位在英國西南方，目前仍不清楚它的功能，但這些石頭在夏至和冬至時，會正對日出和日落的太陽位置，因此巨石陣很有可能是作為天文日曆使用。

### 公元前1350年

**太陽神阿波羅** 古埃及、希臘和後來的羅馬人都視太陽為神祇。羅馬人在冬至節時慶祝太陽神阿波羅的死亡和重生，在羅馬改信基督教後，這個節日就成了耶誕節。

J. 諾曼·洛克耶

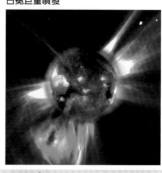

日冕巨量噴發

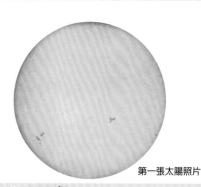

第一張太陽照片

### 1868年

**發現氦** 英國天文學家J. 諾曼·洛克耶（J. Norman Lockyer）發現了太陽光譜中一個未知的元素，他以希臘太陽神赫利奧斯（Helios）的名字將之命名為氦（helium）。直到1895年，科學家才在地球上發現這個元素。現在我們知道太陽有25%是氦氣。

### 1859年

**記錄太陽風暴** 英國天文學家理查德·卡林頓（Richard Carrington）首度觀察太陽閃焰，在這次閃焰之後伴隨發生了地球上有記錄以來最大的日冕巨量噴發，太陽風暴在數天之內襲擊地球，極光往南最遠延伸到夏威夷和加勒比海地區。

### 1845年

**第一張太陽照片** 法國天文學家路易斯·菲左（Louis Fizeau）和里昂·傅科（Lion Foucault）藉由攝影的新科技，拍攝下了第一張太陽的照片。他們利用銀版攝影術捕捉到這張太陽影像，在照片中還能看到清楚的黑子。

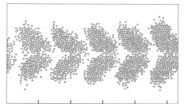

蝴蝶圖

愛因斯坦和愛丁頓

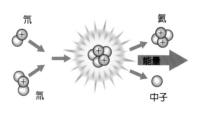

核融合

### 1904年

**描繪太陽黑子** 英國天文學家愛德華·芒得（Edward Maunder）繪製了黑子在太陽週期中的位置變化，創造了著名的「蝴蝶圖」。我們可以從圖中看出，隨著太陽週期接近高峰期，太陽黑子數量逐漸增加，並往太陽赤道移動。

### 1919年

**相對論** 英國物理學家亞瑟·愛丁頓（Arthur Eddington）在西非的普林西比（Principe）拍攝日全食，在照片中記錄下太陽附近的恆星位置，發現太陽會讓光線彎曲，證實了阿爾伯特·愛因斯坦（Albert Einstein）提出的廣義相對論。

### 1920年

**太陽核心的核融合** 亞瑟·愛丁頓在英國科學促進協會（British Association for the Advancement of Science）的主席就職演說中，正確指出太陽的能量來自核心的核反應，並在1926年發表這個理論的細節說明。

日食

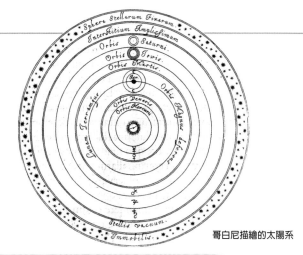

哥白尼描繪的太陽系

## 公元前364年

**太陽黑子的最早紀錄** 最早的太陽黑子觀測記錄出自中國的天文學家石申，他相信這種現象是某種形式的日食。現在我們已經知道太陽黑子是太陽光球層上比較低溫的區域。

## 968年

**日冕**
拜占庭的歷史學家利奧·提阿克努斯（Leo Diaconus）首度清楚描述太陽的日冕。他在君士坦丁堡——也就是現在的土耳其伊斯坦堡——觀察日食時，看到「在太陽的圓盤周圍有一圈狹窄的光環，發出昏暗微弱的光芒」。

## 1543年

**太陽系的中心**
哥白尼的《天體運行論》（On the Revolutions of the Heavenly Spheres）在今天德國的紐倫堡出版。在此之前，托勒米認為地球是太陽系中心的想法仍是主流，哥白尼則將太陽擺到太陽系的中心。

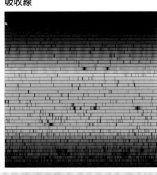

吸收線

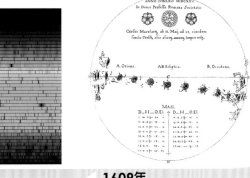

克利斯托夫·謝納爾描繪的太陽黑子

## 1843年

**太陽黑子週期** 德國天文學家海因利希·史瓦貝（Heinrich Schwabe）花了17年，嘗試尋找一顆假想的行星——祝融星（Vulcan），在此同時也為太陽黑子留下了詳細的記錄，並於1843年發表了他的太陽黑子研究。他發現太陽黑子的數目每隔十年左右，會有週期性的上升和下降，這就是我們現在知道的太陽週期（solar cycle）。

## 1802年

**發現吸收線** 英國化學家威廉·沃拉斯頓（William Wollaston）發現了太陽光譜中的吸收線。後來的科學家知道這些吸收線是太陽中的化學元素造成的，因此可以用來判斷太陽的化學組成。

## 1609年

**首度使用望遠鏡觀察太陽黑子** 望遠鏡的發明讓義大利科學家伽利略、德國物理學家克里斯托夫·謝納爾（Christoph Scheiner）和其他天文學家首度看清太陽黑子。伽利略對木星和金星的觀測成果，支持哥白尼的太陽系觀點。

海爾－波普彗星

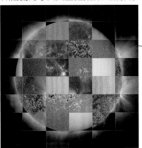

太陽動力學天文臺拍攝的太陽影像

航海家1號

## 1951年

**發現太陽風** 德國天文學家陸韋克·F. 比爾曼（Ludwig F. Biermann）因為觀察彗星而發現了太陽風。他注意到不論彗星往哪個方向運動，彗尾總是背離太陽，因此他認為一定有什麼東西把彗尾往那個方向吹。

## 1995年

**SOHO任務** 美國航太總署和歐洲太空總署（ESA）發射太陽和太陽圈探測衛星（Solar and Heliospheric Observatory，簡稱SOHO），這個衛星拍攝了許多太陽的壯觀影像，進行詳細的科學分析，到2012年已經發現了超過2000顆掠日彗星。

## 2010年

**太陽動力學天文臺** 美國航太總署發射太陽動力學天文臺，利用高解析度的技術觀測太陽。這個觀測衛星每隔十秒鐘就拍攝下太陽的多波段影像，每天傳回地球的資料量相當於50萬首音樂。

## 2012年

**航海家1號離開太陽圈** 航海家1號太空船是第一個離開太陽圈的人造物體。太陽圈是太陽風勢力範圍所及的廣大空間。

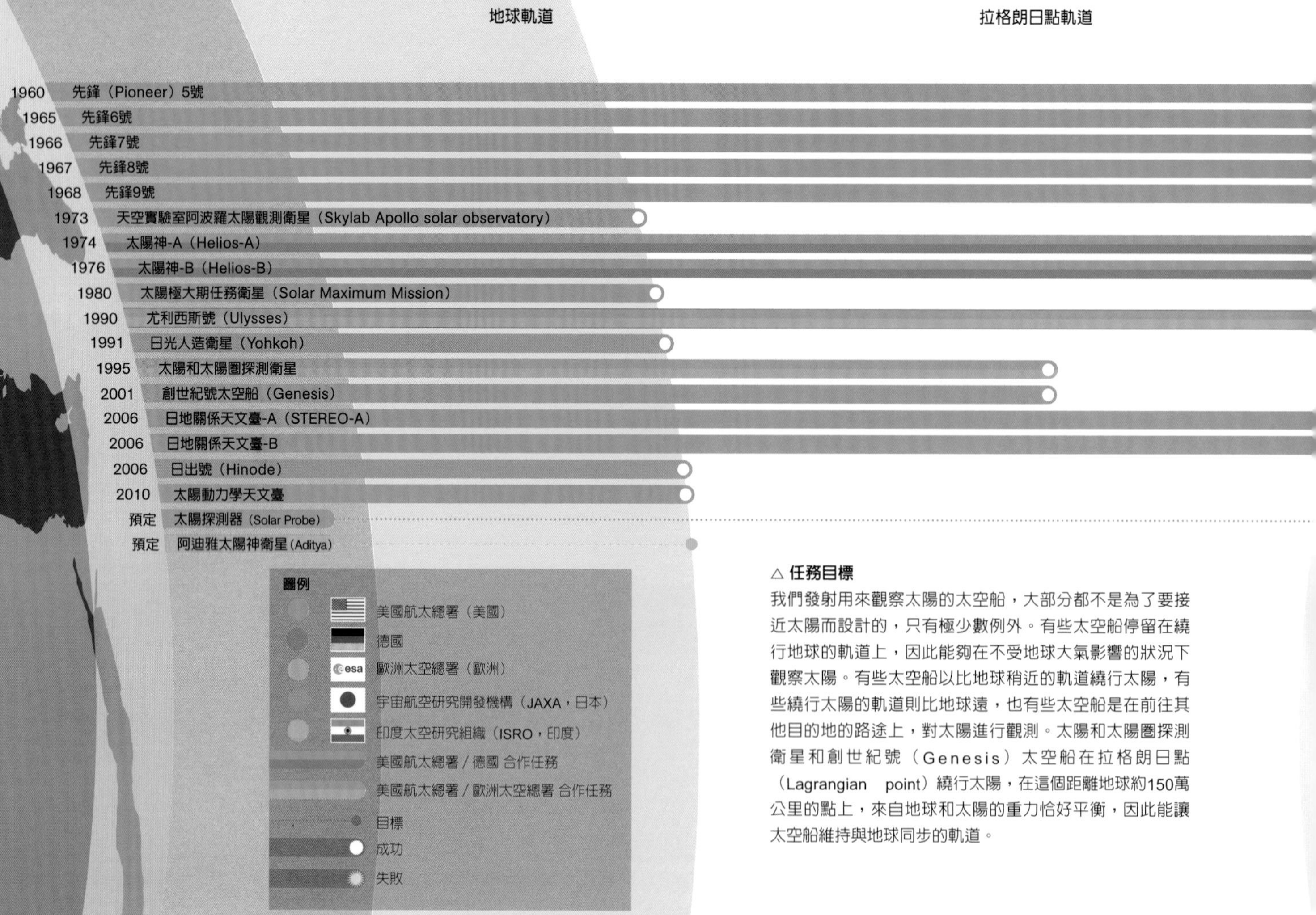
地球軌道
拉格朗日點軌道
1960 先鋒（Pioneer）5號
1965 先鋒6號
1966 先鋒7號
1967 先鋒8號
1968 先鋒9號
1973 天空實驗室阿波羅太陽觀測衛星（Skylab Apollo solar observatory）
1974 太陽神-A（Helios-A）
1976 太陽神-B（Helios-B）
1980 太陽極大期任務衛星（Solar Maximum Mission）
1990 尤利西斯號（Ulysses）
1991 日光人造衛星（Yohkoh）
1995 太陽和太陽圈探測衛星
2001 創世紀號太空船（Genesis）
2006 日地關係天文臺-A（STEREO-A）
2006 日地關係天文臺-B
2006 日出號（Hinode）
2010 太陽動力學天文臺
預定 太陽探測器（Solar Probe）
預定 阿迪雅太陽神衛星（Aditya）
圖例
美國航太總署（美國）
德國
esa
歐洲太空總署（歐洲）
宇宙航空研究開發機構（JAXA，日本）
印度太空研究組織（ISRO，印度）
美國航太總署／德國 合作任務
美國航太總署／歐洲太空總署 合作任務
目標
成功
失敗

△ **任務目標**

我們發射用來觀察太陽的太空船，大部分都不是為了要接近太陽而設計的，只有極少數例外。有些太空船停留在繞行地球的軌道上，因此能夠在不受地球大氣影響的狀況下觀察太陽。有些太空船以比地球稍近的軌道繞行太陽，有些繞行太陽的軌道則比地球遠，也有些太空船是在前往其他目的地的路途上，對太陽進行觀測。太陽和太陽圈探測衛星和創世紀號（Genesis）太空船在拉格朗日點（Lagrangian point）繞行太陽，在這個距離地球約150萬公里的點上，來自地球和太陽的重力恰好平衡，因此能讓太空船維持與地球同步的軌道。

▷ **先鋒5號**

這項很早期的任務並沒有攜帶相機，因此無法傳回影像，但這是第一艘真正的行星際太空船。先鋒5號太空船發射的路徑經過地球和金星之間，首度確認了行星際磁場的存在，並且研究太陽閃焰如何影響磁場。

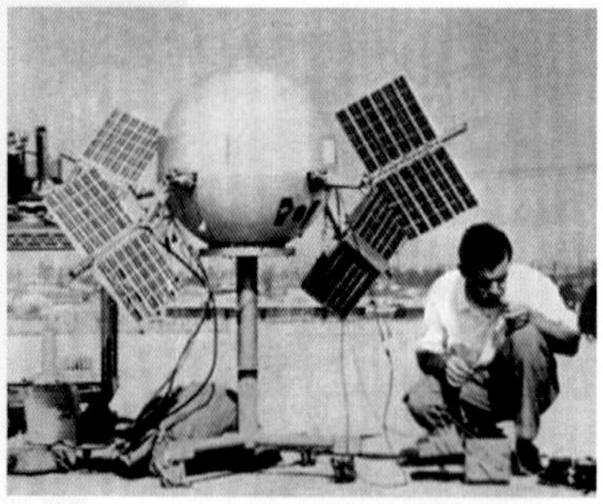

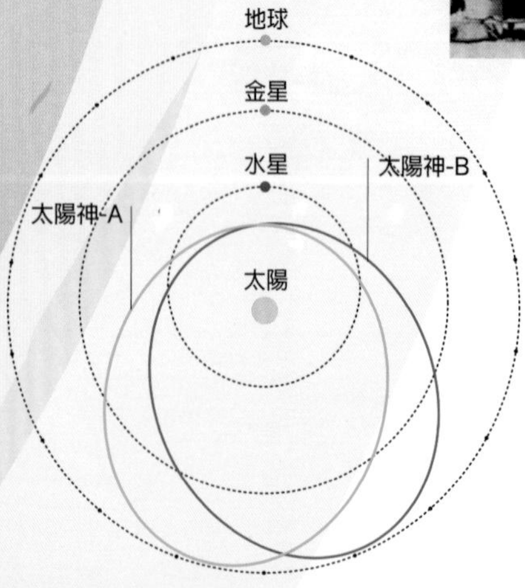
地球
金星
水星
太陽神-B
太陽神-A
太陽

◁ **太陽神-A和太陽神-B**

這兩艘太陽神太空船研究太陽風和磁場，創下了太空船最接近太陽的紀錄（比水星稍近一點），也是史上速度最快的人造物：最高速度可達每秒70公里。目前這兩艘太空船已經退役，但仍然留在軌道上，太空船的橢圓形軌道會在最高速時接近太陽，然後再向外飛往地球軌道。

▷ **尤利西斯號**

尤利西斯號是用來從高緯度觀察太陽，一開始先飛到木星，讓木星的重力把它甩到能通過太陽南北兩極上空的軌道上。在觀測期間，尤利西斯號發現進入太陽系的塵埃是先前認為的30倍以上。尤利西斯號與地球的通訊在2009年終止。

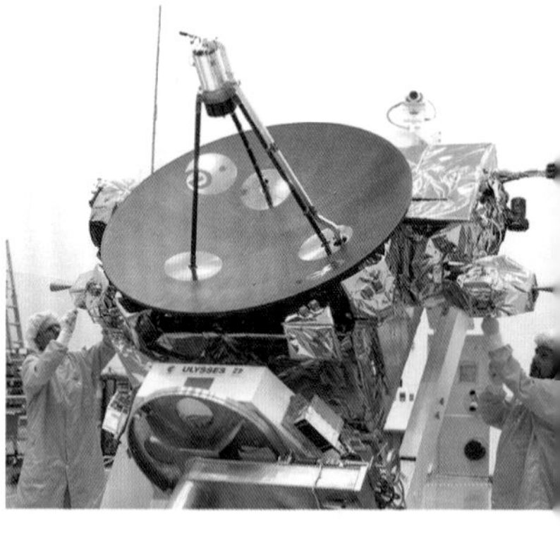

▽ **太陽和太陽圈探測衛星**

太陽和太陽圈探測衛星（SOHO）在1995年發射，這是第一個現代的太陽觀測站，目前仍在服役中。它從太陽軌道拍攝並傳回許多太陽劇烈天氣、色球層和日冕的壯觀影像。這個衛星在研究太陽的同時，也發現了2000個掠日彗星。

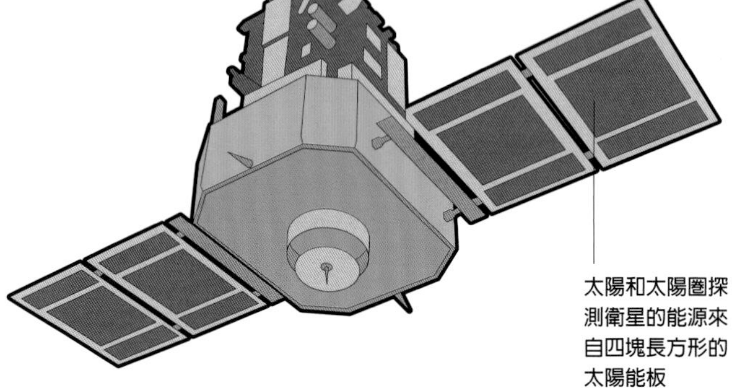

太陽和太陽圈探測衛星的能源來自四塊長方形的太陽能板

軌道衛星

# 太陽探索任務

**為了更了解太陽，我們需要從地球大氣層的上方進行觀察。多年來有不少國家發動太空任務，觀察這顆離我們最近的恆星。**

這一系列太空船徹底改變了我們對太陽的認識，從太陽的動態磁場到太陽風與行星的相互作用。現在，我們能夠從太空中一天 24 小時不間斷地監測太陽。對太陽進行嚴密監測至為重要——我們愈了解太陽，就愈能預測何時可能會有危險的太陽風暴襲擊地球。

▽ **創世紀號太空船**

創世紀任務的目標是要捕捉太陽風的物質。創世紀號在2005年順利完成任務，成為自1972年阿波羅17號太空人帶回月球岩石後，第一艘把太陽樣本帶回地球的太空船。但是任務過程並非一帆風順，創世紀號太空船在著陸時墜毀，還好樣本有成功搶救回來。

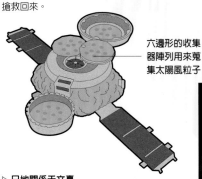

六邊形的收集器陣列用來蒐集太陽風粒子

▷ **日地關係天文臺**

日地關係天文臺有兩艘完全相同的太空船一前一後繞行太陽，拍攝太陽的立體影像，研究日冕巨量噴發事件。2007年，日地關係天文臺拍攝到月球通過太陽前方的景象（右），從地球無法看到這次的月球凌日。

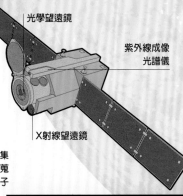

光學望遠鏡

紫外線成像光譜儀

X射線望遠鏡

◁ **日出號衛星**

日出號衛星（Hinode）上的儀器能觀測可見光、紫外線和X射線，監測太陽磁場活動，提供太陽黑子和閃焰的深入研究。這顆衛星也研究磁場的能量如何從光球層傳送到日冕。

▷ **太陽動力學天文臺**

太陽動力學天文臺每十秒鐘就會送回高畫質的影像，這個觀測衛星的目標是研究太空天氣。右邊這幅影像可以看到炙熱的氣體沿著太陽扭曲的磁場流動。

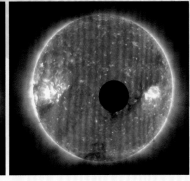

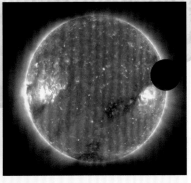

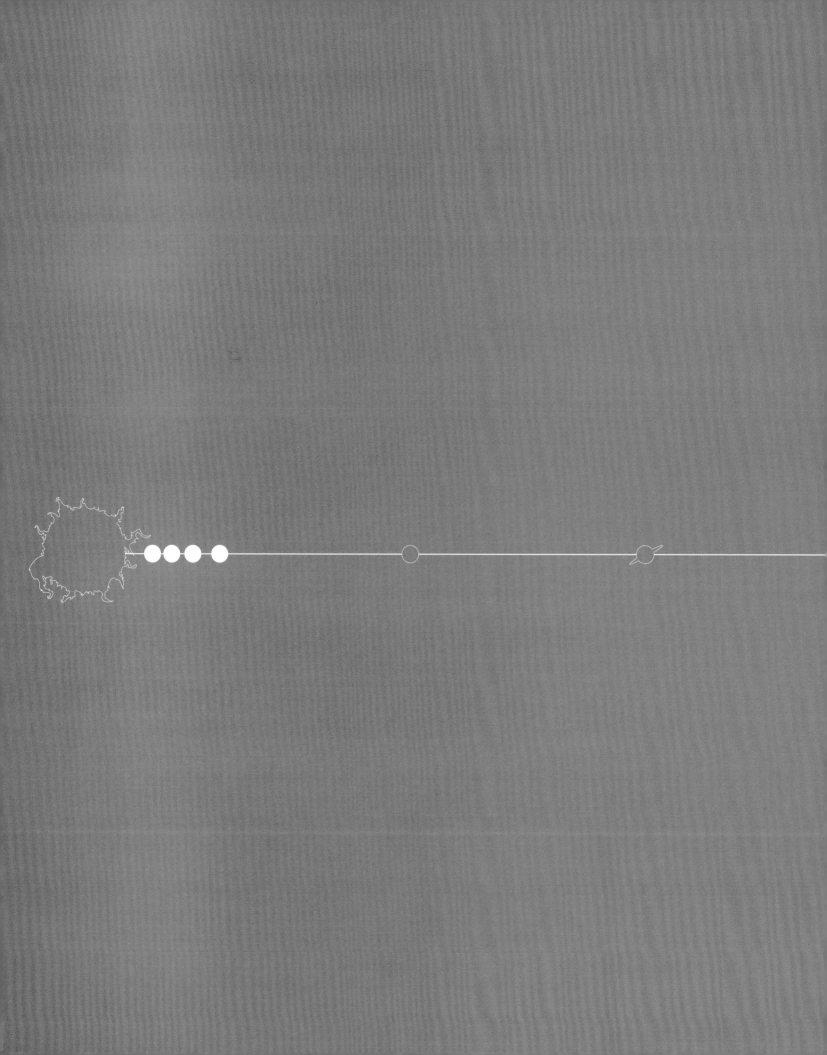

岩質行星

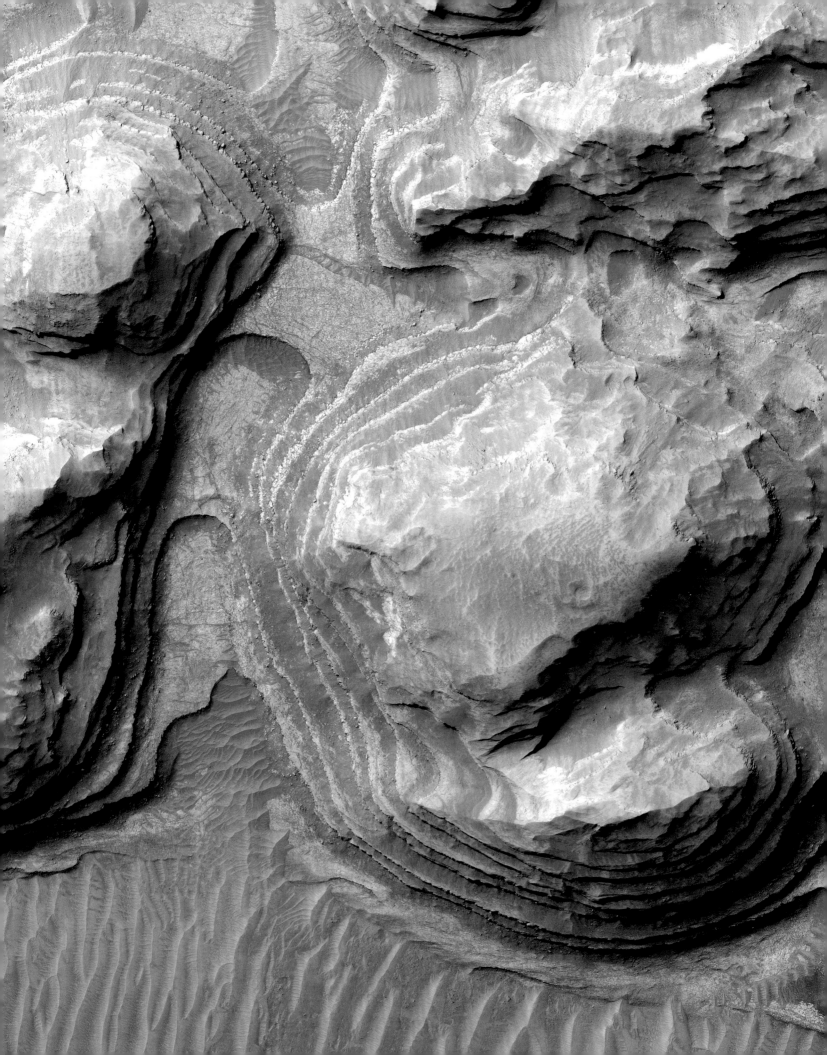

# 鄰近的天體

水星、金星、地球和火星，這四顆行星最接近太陽，但彼此有很大的差異。我們所在的地球是這四顆行星中最大的，其次是金星，大小和我們最接近。這四顆行星形成的方式類似，都是從塵埃和氣體組成的太陽星雲中生成，受到大量的碰撞衝擊，並且因為熱和重力塌縮形成岩質球體。但是隨著時間推移，這四顆行星變得非常不一樣。水星是最小的內行星，也最接近太陽，幾乎沒有什麼大氣層能保護它不受太陽的炙熱灼燒。水星炎熱而黑暗的表面布滿了撞擊坑，這是受宇宙物質長時間轟擊所留下的傷痕，就像月球上的撞擊坑一樣。雖然科學家認為所有內行星都有鐵組成的核心，但是水星的核心特別大，這也許是因為早期的水星在某一次慘烈的碰撞中外層被剝離所導致。美麗的金星雖然總是在曙光或暮光下閃閃發亮，但實際上表面覆蓋著令人窒息的硫酸雲，可能還有活躍的火山活動。金星因為失控的溫室效應，成為太陽系裡最熱的行星。火星是最冷的岩質行星，過去的火星可能比較溫暖，表面還有河水流動，但現在的火星已經成了乾燥的荒原，剩下的水都凍結在冰霜之中。地球在這兩個極端之間，與太陽的距離剛剛好，能讓水在地表以液態的形式存在，我們的星球有廣闊的海洋，富含氧氣的大氣層，以及多樣的生命形式。

◁ **歷史的痕跡**
我們對火星的探索遠遠超過其他鄰近行星。美國航太總署的火星勘測軌道衛星（Mars Reconnaissance Orbiter）拍攝的這張影像，讓我們得以一窺這顆紅色星球過去的歷史。在阿拉伯地塊（Arabia Terra）區域的撞擊坑內，可以看到由於沉積物堆積量變動，而形成這樣一層層的岩石，顯示火星的氣候在過去的數百萬年間有反覆的變化。

# 水星

**水星是距離太陽最近的行星，每年只有一小段時間能從地球上清楚看到水星。我們經常能在春天或秋天的清晨或黃昏時分，在地平線上看到這顆微微發亮的光點。**

水星體積小、密度高，表面遍布大量的撞擊坑。由於非常接近太陽，不斷受到太陽的高溫炙燒和太陽輻射的轟炸。水星白天的時間非常長，溫度可達攝氏 430 度，足以把鉛融化。不過因為水星的大氣層非常稀薄，熱量會迅速消散，夜間溫度會下降到攝氏零下 180 度。其他行星的溫差都不像水星這麼極端。

水星的自轉非常緩慢，自轉一圈要將近 59 個地球日。但是，它的公轉速度是所有行星中最快的，只需 88 天就能繞太陽一圈。受到太陽照射的那一面因為自轉才開始要進入陰暗面時，整個行星又因為公轉從反方向被轉回去面對太陽，所以太陽一旦升上來，要很久才會落下。從這次日出到下次日出的間隔是 176 天，在這段時間內，水星已經繞太陽運轉超過兩圈了。儘管水星的白天很漫長，但天空總是非常黑暗，因為水星的大氣層非常稀薄且不夠厚，無法反射太陽光。

## 水星的公轉速度最高可達每秒50公里。

### 水星基本數據

| | |
|---|---|
| 平均直徑 | 4879公里 |
| 質量（地球=1） | 0.055 |
| 赤道處重力（地球=1） | 0.38 |
| 與太陽的平均距離（地球=1） | 0.38 |
| 自轉軸傾斜 | 0.01度 |
| 自轉週期（一天） | 58.6地球日 |
| 公轉週期（一年） | 87.97地球日 |
| 最低溫度 | 攝氏零下180度 |
| 最高溫度 | 攝氏430度 |
| 衛星數量 | 0 |

▷ **北半球**
水星的北極是平坦的大平原，面積約400萬平方公里，相當於美國面積的一半。其中一個地貌特徵是歌德盆地（Goethe Basin），這裡有被熔岩流淹沒覆蓋的「幽靈隕坑」（ghost crater）。

▷ **西半球**
在2008年美國航太總署的信使號（MESSENGER）首度飛掠水星前，我們對水星的西半球一無所知。信使號發現40%的水星表面覆蓋著光滑的火山平原。雖然水星的外觀和月球很類似，但水星的地殼與火星更相像。

▷ **南半球**
美國航太總署的信使號太空船發現，水星兩極有一些永遠無法照射到陽光的陰影區。像是趙孟頫坑（Chao Meng-Fu Crater）內用雷達偵測到的明亮斑點，裡面可能混合了水冰和有機物。

布拉姆斯坑（Brahms Crater）是一個古老而複雜的大型撞擊坑，突起的中央峰有超過3公里高。

蒂亞格拉賈坑（Tyagaraja Crater）

巴爾托克坑（Bartok Crater）是以匈牙利作曲家巴爾托克命名，寬約73公里，坑內也有中央峰。

米開朗基羅坑（Michelangelo Crater）

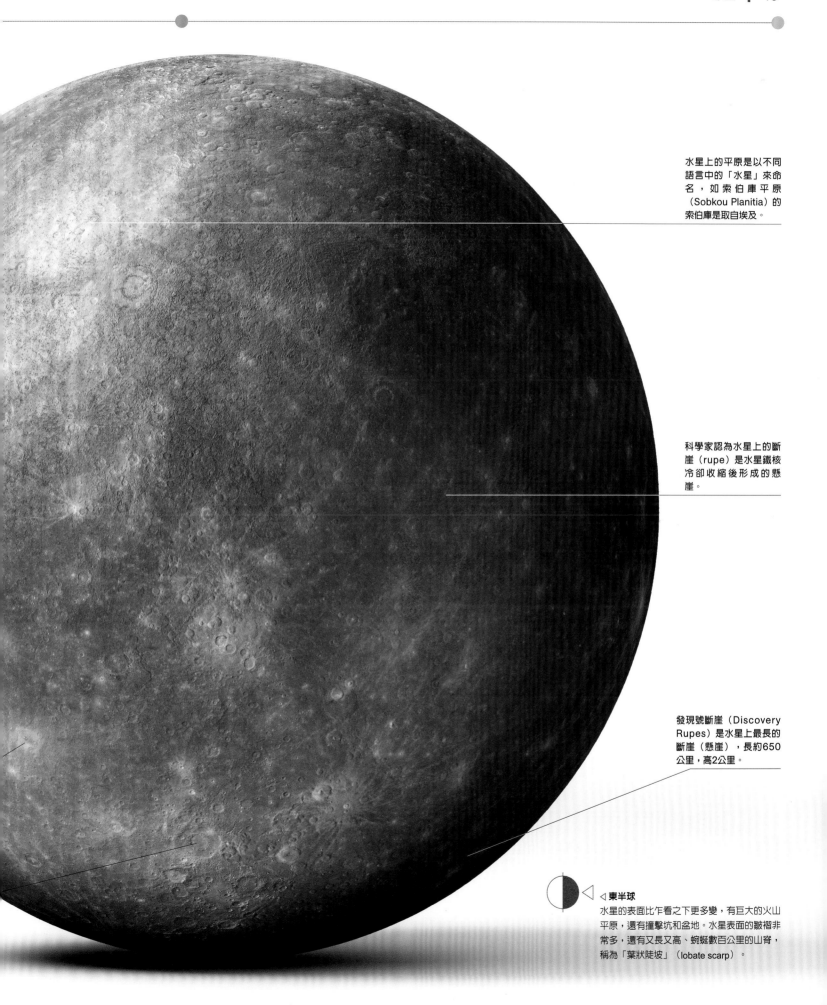

水星上的平原是以不同語言中的「水星」來命名，如索伯庫平原（Sobkou Planitia）的索伯庫是取自埃及。

科學家認為水星上的斷崖（rupe）是水星鐵核冷卻收縮後形成的懸崖。

發現號斷崖（Discovery Rupes）是水星上最長的斷崖（懸崖），長約650公里，高2公里。

◁ **東半球**

水星的表面比乍看之下更多變，有巨大的火山平原，還有撞擊坑和盆地。水星表面的皺褶非常多，還有又長又高、蜿蜒數百公里的山脊，稱為「葉狀陡坡」（lobate scarp）。

# 水星結構

水星是由岩石和金屬組成的四顆固體類地行星之一，體積比某些衛星還小，但密度僅次於地球，比其他所有行星都高。

水星的體積小、密度又高，代表水星一定有個很大的鐵核，而且可能已經失去了外層的岩石。一個可能的解釋是在太陽系形成時，有許多原行星在太陽系中快速旋轉，其中一顆約當時水星六分之一大的微行星擊中了早期的水星，這場毀滅性的撞擊炸開了大部分水星外層的岩石。

水星的硫比其他行星都多，因此表面有些地方被硫磺染成黃色。

**水星的鐵核占了體積的61%，而地球的核心只占17%。**

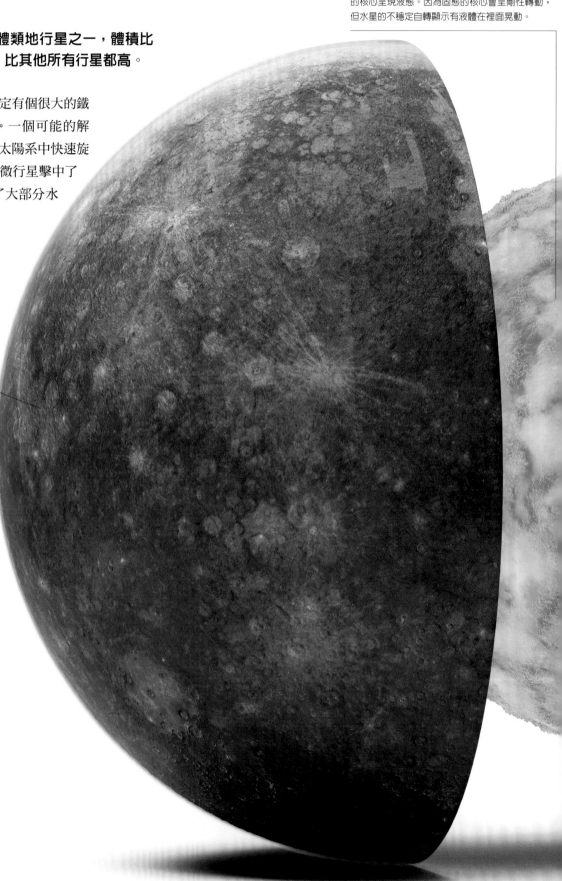

**液態核心**

鐵質核心直徑3600公里。研究人員利用水星反射的無線電波，測量水星轉動時的搖晃程度，發現水星的核心呈現液態。因為固態的核心會呈剛性轉動，但水星的不穩定自轉顯示有液體在裡面晃動。

▷ **層層疊疊**

水星的結構非常不尋常，有巨大的核心和薄薄的外層，科學家認為這可能是水星被微行星撞擊，導致岩石散失所造成的——來自信使號的數據和即將發射的「貝皮可倫坡號」（BepiColombo）任務都可能支持這個理論。另一個解釋是在太陽穩定下來以前，早期太陽系的高溫使岩石蒸發。第三個可能性是岩石被早期太陽星雲的引力剝離。

**地函**

地函這一層是半熔融岩石，約600公里厚。水星地函和地球的地函一樣，是由矽酸鹽岩石組成，密度遠低於水星的核心。相對來說水星地函的厚度非常薄，只占水星半徑的20%左右。

**地殼**

水星的地殼可能是由富含鎂的玄武岩和其他矽酸鹽岩石組成的，厚度約100到300公里。水星的地表相當穩定，沒有板塊移動，這表示水星的地貌特徵——像是撞擊坑，可以在水星上保持數十億年不變。

▽ **大氣層**

水星有非常薄的大氣層，稱為外氣層（exosphere）。有些天文學家認為水星的大氣曾經像地球大氣一樣厚，但由於水星很小，它的重力無法阻止太陽風把大氣吹走，如今僅留下包含氫、氧、氦、水蒸氣、鈉和鉀的氣體。

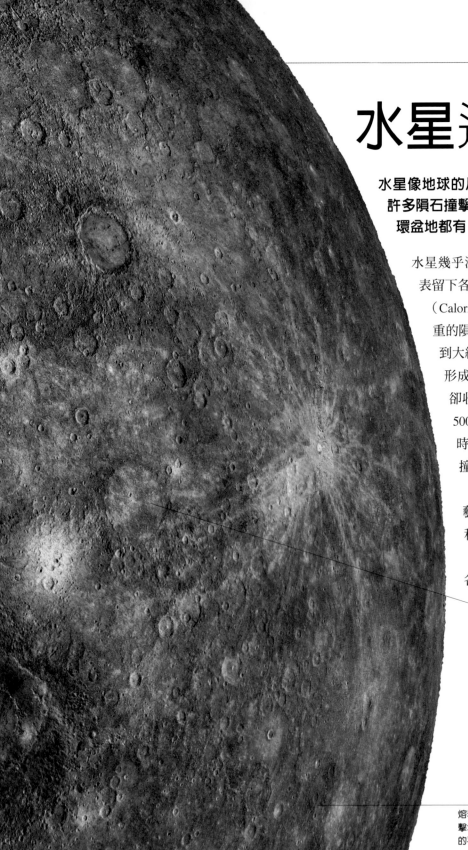

# 水星近觀

**水星像地球的月亮一樣單調又荒蕪，被灰棕色的塵埃覆蓋，還有許多隕石撞擊形成的傷痕，這些撞擊坑從微小的斑點到巨大的多環盆地都有。**

水星幾乎沒有大氣層保護，因此即使是小隕石也會撞上它，在地表留下各種尺寸的撞擊坑，其中最大的隕石撞出了像卡洛里盆地（Caloris Basin）這樣的多環盆地。水星在歷史早期受到非常嚴重的隕石撞擊，大部分的大型撞擊坑都是在那時候形成，一直到大約 38 億年前才安靜下來。不久之後，熔岩流散布地表，形成平滑的平原，抹去了撞擊坑的痕跡。後來水星內部冷卻收縮，使地殼破裂形成裂隙和山脊。最後，在大約 7 億5000 萬年前，水星的地函劇烈收縮，熔岩停止流出，從那時起，水星的地表就幾乎未曾改變，雖然仍持續有輕微的撞擊形成撞擊坑。

水星表面地貌特徵的命名遵循一定的規則：撞擊坑以藝術家、作曲家和作家命名——例如托爾斯泰（Tolstoy）和貝多芬（Beethoven）盆地，山谷以天文臺命名，斷崖（懸崖）以船隻命名，山脊以科學家命名，平原則是以各種不同語言中的「水星」為名。

科普蘭坑（Copland Crater）

凹地

熔岩流在撞擊坑與撞擊坑之間形成了廣闊的平原。

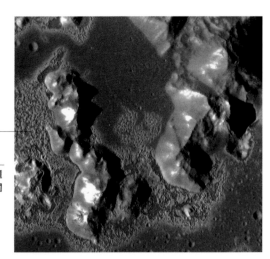

◁ **活躍的表面**
信使號太空船自2011年以來就一直環繞水星運行，發現現在的水星地表下方仍有活動，持續改變這顆行星。由信使號太空船送回的資料所構建出的立體模型，也可以看出在新形成的撞擊坑周圍有呈現放射狀的淺色物質。

△ **凹地**
信使號太空船在水星的撞擊坑底發現數千個往下蝕刻的奇怪凹地。但附近沒有噴出物的跡象，顯示這些凹地不是撞擊造成的，起初科學家認為是岩石坍塌到地表下方的岩漿庫造成。但現在的天文學家則認為，是太陽風的沖刷使表面礦物質蒸發，才形成了這些凹地。

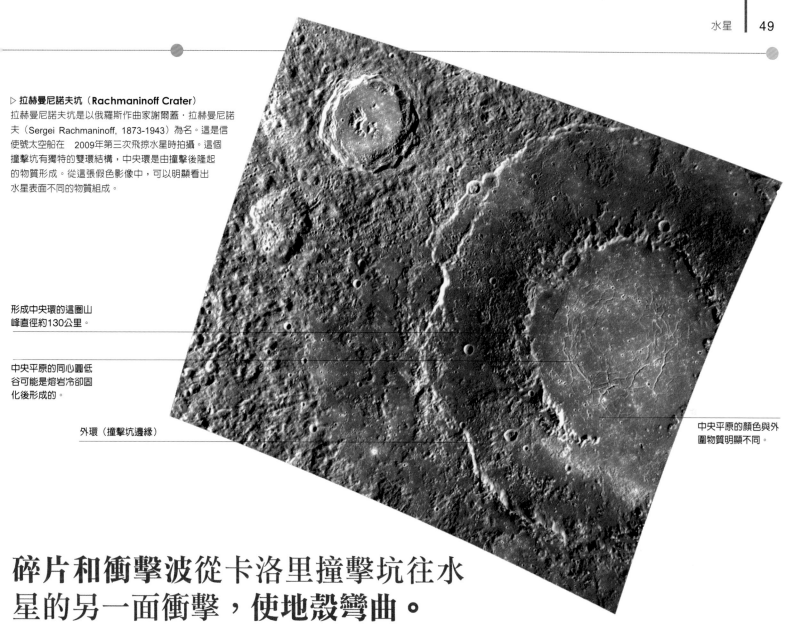

▷ **拉赫曼尼諾夫坑（Rachmaninoff Crater）**

拉赫曼尼諾夫坑是以俄羅斯作曲家謝爾蓋・拉赫曼尼諾夫（Sergei Rachmaninoff, 1873-1943）為名。這是信使號太空船在 2009年第三次飛掠水星時拍攝。這個撞擊坑有獨特的雙環結構，中央環是由撞擊後隆起的物質形成。從這張假色影像中，可以明顯看出水星表面不同的物質組成。

形成中央環的這圈山峰直徑約130公里。

中央平原的同心圓低谷可能是熔岩冷卻固化後形成的。

外環（撞擊坑邊緣）

中央平原的顏色與外圍物質明顯不同。

# 碎片和衝擊波從卡洛里撞擊坑往水星的另一面衝擊，使地殼彎曲。

△ **平原**

水星表面大多是廣闊空曠的平原。大部分平原形成的時間都非常久遠，充滿了撞擊坑。另外還有一些微微起伏的平原——科學家稱之為坑間平原（intercrater plain），就只有小型的撞擊坑，這些平原可能是因為熔岩覆蓋了較古老的地形才形成的。甚至還有更年輕的平滑熔岩平原，如卡洛里盆地周圍，可能是在非常近期才有熔岩流出，因此露出許多撞擊坑。

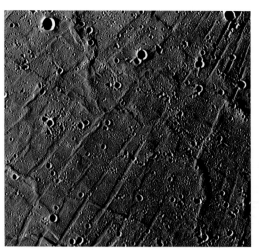

△ **蜘蛛低谷**

信使號太空船在2008年第一次飛掠水星時的驚人發現之一，就是這一連串的低谷，又稱為溝槽。這些低谷從卡洛里盆地的中心周圍往外輻射，就像蜘蛛網的絲一樣，所以一開始這個地貌稱為「蜘蛛」。現在它的正式名稱是潘提翁溝槽（Pantheon Fossae），因為它與羅馬神殿（Pantheon）圓頂輻射狀的鑲嵌飾板很相似。

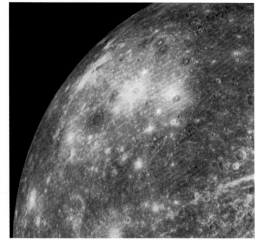

△ **盆地**

這張假色影像中大面積的黃色部分是卡洛里盆地，這是太陽系裡非常大的一個撞擊坑，寬約1300公里，現在有部分地區被熔岩流填滿。這可能是在水星歷史早期，大型的小行星撞擊水星而形成的廣闊盆地，噴出物從撞擊坑邊緣往外噴散1000公里，並將周圍的岩石壓裂形成低谷。

# 水星地圖

自2011年以來，美國航空航太總署的信使號太空船一直繞著水星運行，測繪出水星的的全球地圖。這艘太空船的影像系統會繼續探測永遠位在陰影地區內的細節。

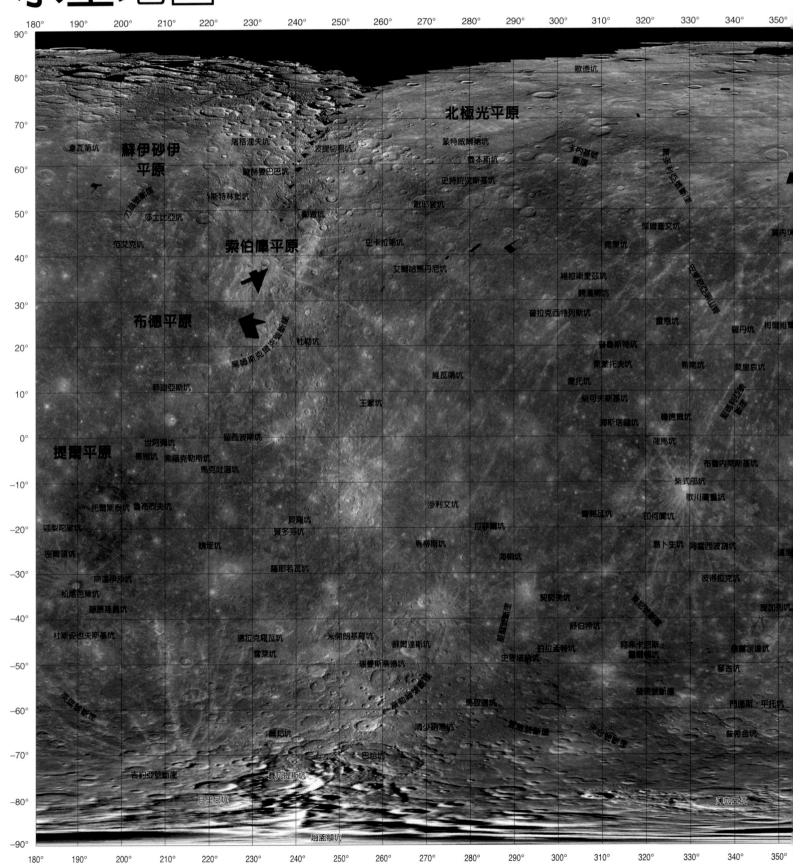

比例尺1:33,026,462

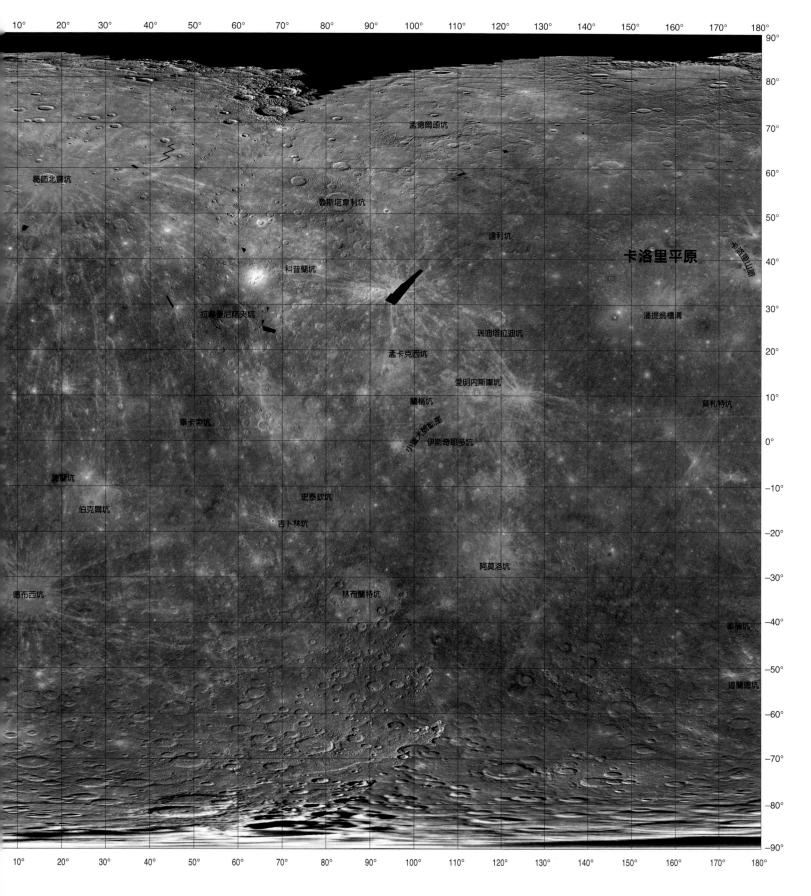

# 前進卡內基號斷崖

水星最具特色的地貌就是數百條很長的奇特懸崖，在表面綿延數十到數百公里，切過古老的撞擊坑 —— 科學家稱之為「斷崖」（rupe）。這是在水星年輕時地殼收縮，導致大塊地殼抬升而形成。卡內基號斷崖（Carnegie Rupes）有 267 公里長，高 2000 公尺。

卡內基號斷崖位在水星的北半球，和這裡的其他斷崖一樣，是一條很長的山脊，另一側較平緩。因為這種懸崖的形狀彎曲，地質學家稱之為「葉狀陡坡」。科學家認為這些斷崖至少是在 30 億年前形成的，那時行星收縮，導致地表破裂。雖然收縮非常輕微，但仍足以將地殼塊延著裂隙或是斷層往上推擠。有科學家認為行星收縮是因為冷卻導致，但也有科學家認為是太陽的重力牽引，減緩了水星轉動的速度，這種現象稱為潮汐自轉減速（tidal despinning），因此減少了赤道方向的隆起。根據規則，斷崖的名稱以獲得重大發現的船隻命名。卡內基號斷崖的名稱取自一艘在 20 世紀初測繪地球磁場的研究船。

藝術家根據信使號太空船回傳的
資料繪製的想像圖

## 位置

**緯度：北緯59度；經度：東經53度**

## 地形

這幅影像是美國航太總署的信使號太空船從卡 基號斷崖往西北方拍攝，斷崖切過了一個直徑100公里的撞擊坑。影像中的顏色表示高度，較低的區域以藍色表示，較高的區域以紅色表示。可以看到斷崖的兩側有非常明顯、超過2公里的高度變化。

未命名的撞擊坑

撞擊坑

卡內基號斷崖

# 水星研究史

水星在日出或日落時分以肉眼就能看見，因此遠古時期的人很早就知道有水星的存在。水星是太陽系所有行星中移動速度最快的，因此以羅馬神話裡長了翅膀的信使來命名。

水星很小，離我們又很遠，而且以很近的距離繞行太陽——因此從地球上很難看到水星。這也是為什麼一直要到最近，我們才開始對這顆行星有所認識。雖然早在17世紀，義大利科學家伽利略・伽利萊就首度以望遠鏡觀察水星，但直到20世紀晚期，才發展出足以解析水星表面細節的望遠鏡。

　　自從太空船傳回水星的近距離照片之後，我們對這顆離太陽最近的行星才有突破性的認識。第一艘太空船是水手10號在1974年和1975年飛掠水星，接下來又過了超過30年，才再有信使號太空船前往水星，目前它仍在水星軌道上運行。

希臘的信使之神荷米斯（Hermes）

### 公元前1000年

**巴比倫泥版**　歷史上觀測水星的最早記錄來自巴比倫的《天文綱要》（Mul.Apin tablets）——這是古巴比倫人的天體目錄，巴比倫人以他們的信使之神納布（Nabu）來命名這顆行星。

### ▶ 約公元前350年

**阿波羅與荷米斯**　一開始，古希臘人認為水星是兩顆行星：在早晨出現的稱為阿波羅，日落後出現的稱為荷米斯。一直要到公元前4世紀，他們才終於了解這其實是一顆行星，並將之命名為荷米斯。

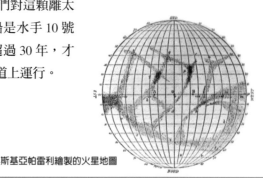

斯基亞帕雷利繪製的火星地圖

### ◀ 1962年

**雷達下的水星**　莫斯科電波工程及電子學研究所（Moscow's Institute of Radio-engineering and Electronics）的弗拉基米爾・庫特爾尼科夫（Vladimir Kotelnikov）率領了一群蘇聯科學家，首度向水星傳出雷達訊號並接收反射，這是人類首度以雷達觀測水星。

### 1880年代

**火星地圖**　義大利天文學家喬凡尼・斯基亞帕雷利（Giovanni Schiaparelli）觀察水星，繪製出當時最準確的水星地圖。他誤認為水星被鎖定在軌道上——總是以同一面面對太陽，要花88天才能繞太陽一圈並自轉一周。

### 1800到1808年

**水星上的雲**　德國天文學家約翰・施勒特爾（Johann Schröter）曾經有個錯誤的主張，認為他看到水星上的雲和山等特徵。天文學家佛萊瑞基・白塞耳（Friedrich Bessel）也曾經利用施勒特爾的繪圖紀錄，錯誤地估計水星和地球以同樣的速度自轉，而且傾斜得很厲害。

阿雷西波無線電波望遠鏡

利用水手10號觀測資料拼接而成的水星表面

### 1965年

**自轉速度**　美國天文學家戈登・培登吉爾（Gordon Pettengill）和羅夫・戴斯（Rolf Dyce）以位在波多黎各的阿雷西波（Arecibo）無線電波望遠鏡，測量水星的自轉速度。他們利用水星表面反射的雷達脈衝計算出水星的自轉速度，發現水星並不像斯基亞帕雷利所認為的那樣被潮汐鎖定。而是只要59天、約公轉週期88天的三分之二就能自轉一圈。現在阿雷西波電波望遠鏡已經測繪了大部分的水星表面。

### ▶ 1975年

**水手10號**　美國航太總署的水手10號是第一艘造訪水星並拍攝水星近距離影像的太空船。水手10號在1975年3月29日開始的三次飛掠中，幾乎拍攝了水星表面的半數區域，並且發現水星的地貌和月球類似。

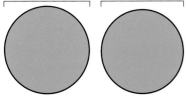

4841公里     4879公里

曆數書中估計水星的直徑     真正的直徑

## 公元5世紀

**水星直徑** 印度天文學家在沒有望遠鏡的狀況下，不知道利用何種方法估計水星的直徑，精確度達到99% —— 不論是驚人的成就還是幸運的猜測。在《蘇利耶曆數書》（Surya Siddhanta）中計載了這個結果。

## 1611年

**伽利略的觀測** 伽利略首度使用望遠鏡觀察水星，他猜測水星是行星，但他的望遠鏡不足以解析出水星像金星和月亮一樣有盈虧的相位變化。相位的改變是根據水星被太陽照射到的半球有多少能被我們看見而定。

伽利略・伽利萊

水星凌日

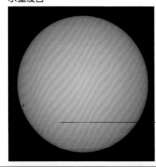

水星通過太陽前方

水星的相位

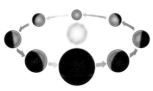

## 1737年

**金星掩水星** 從地球上看過去，一顆行星經過另一顆行星的前方時，稱為「掩」（Occultation），這種現象非常少見。英國天文學家約翰・貝維斯（John Bevis）在5月28日觀察到金星掩水星，這是歷史上唯一一次記錄到這個現象。

## 1639年

**相位** 義大利天文學家喬瓦尼・祖皮（Giovanni Zupi）利用高倍率望遠鏡，觀察到水星像地球的月亮一樣有相位的變化。這證明了水星繞著太陽轉，在不同角度時，我們看到的水星表面的明亮部分也會有所不同。

## 1631年

**伽桑狄觀察水星凌日** 法國天文學家皮埃爾・伽桑狄（Pierre Gassendi）觀察到水星從太陽前方經過，這是人類第一次以望遠鏡觀察到行星凌日的現象，也讓伽桑狄成為最早準確測量出水星直徑的人。

信使號太空船拍攝的水星影像

信使號太空船發射

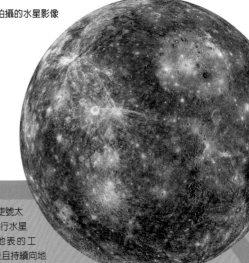

## 2002年

**史基納卡盆地** 克里特島史基納卡天文臺（Skinakas Astrophysical Observatory）的天文學家認為，他們找到一個尚未被水手10號發現的巨大撞擊坑。後來信使號太空船證明這個稱為史基納卡盆地（Skinakas Basin）的撞擊坑，其實只是錯覺。

## 2008年

**信使號飛掠** 美國航太總署的信使號太空船在2004年8月3日發射，並於2008年1月執行三次飛掠任務的第一次。信使號太空船拍攝了水星大部分表面的彩色影像，並研究水星的大氣層和磁層。

## 2011年

**水星軌道上的信使號** 信使號太空船在3月18日進入長期繞行水星的軌道，完成測繪水星地表的工作，在水星北極發現水，並且持續向地球傳回水星的寶貴資料。

1973　水手10號
2004　信使號
預定　貝皮可倫坡號

# 水星探索任務

**水星是我們最少探索的岩質行星，到目前為止只有兩個任務曾造訪水星：1970 年代中期的水手 10 號，和較近期在水星軌道上進行研究的信使號太空船。**

水星任務較少的原因之一單純是技術上的困難。太空船必須以極高的速度航行，才能抵達水星。抵達水星時，又必須突然減速，以夠慢的速度才能進入水星軌道，但這時太陽的重力會使太空船加速。而且太陽在水星附近的重力非常強，所以水星周圍的軌道非常不穩定。與太陽的近距離，也讓太空船很難維持穩定的溫度。儘管如此，水手號和信使號都成功抵達了水星，研究水星的特徵和性質。第三次大型任務是由歐洲和日本合作的貝皮可倫坡號，可能會幫助我們對這顆謎樣的行星有更多認識。

圖例

🇺🇸 美國航太總署（美國）

⚫ 宇宙航空研究開發機構（日本）

🔵esa 歐洲太空總署（歐洲）

歐洲太空總署／宇宙航空研究開發機構 合作任務

● 目的地

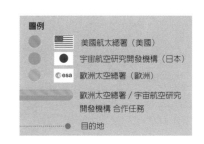

研究水星磁場的磁強計

## ▽ 水手10號

水手10號是在1974年3月29日首度飛掠水星。由於太空船很難進入繞行水星的軌道，科學家將水手10號的軌道設計成繞行太陽，讓太空船能夠三度飛掠水星。這幾次的飛掠發現水星地表遍布撞擊坑，還有讓科學家大感意外的水星磁場。

水手10號拍攝到遍布撞擊坑的水星表面

## ▷ 信使號

信使號（MESSENGER）的全名是「水星表面、太空環境、地質化學與測距」（Mercury surface, space environment, geochemistry, and ranging），這艘太空船在2004年從地球發射，但花了超過六年才抵達水星軌道，成為首度進入水星軌道的太空船。2011年3月29日，信使號傳回從水星軌道拍攝的第一張影像，此後它的相機和其他儀器就開始傳回大量水星的觀測資料。信使號在水星北極附近的撞擊坑陰影裡，發現了水冰和有機化合物。

太陽能板

遮陽保護罩

## ▽ 信使號的旅程

信使號太空船得要繞行太陽七圈才能進入水星軌道。太空船在發射一年後先飛掠地球，接著又兩度飛掠金星，這兩顆行星的重力像彈弓一樣，讓太空船加速前往接下來的航程。接著太空船三度飛掠水星，好減速進入軌道。信使號的軌道非常橢圓：最低點距離水星表面僅200公里，最高點的高度則有1萬5000公里。

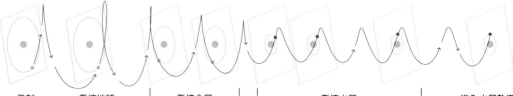

| 發射 | 飛掠地球 | 飛掠金星 | 飛掠水星 | 進入水星軌道 |
|---|---|---|---|---|
| （2004年8月） | （2005年） | （2006、2007年） | （2008、2008、2009年） | （2011年3月） |

飛掠　　　　　　　　軌道衛星

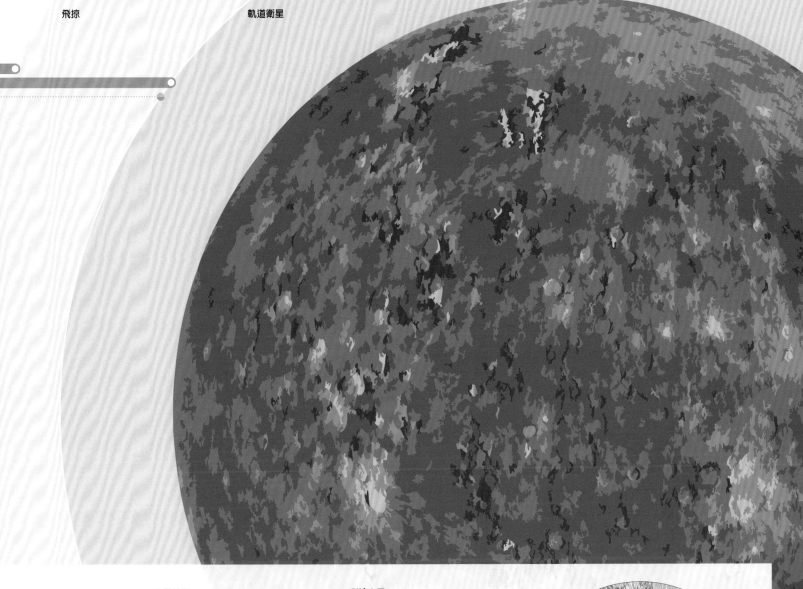

**廣大的北部低地平原**

▽ **表面地形**

信使號太空船測繪了整個水星地表，並傳回超過20萬張影像。太空船利用雷射測高儀測量水星北半球的高度，得到地形學資料。下方這張影像是朝水星北極方向拍攝，其中最低的區域以紫色表示，最高的區域以白色表示。

▷ **測繪水星**

這張北極區域的地圖是利用太空船的水星雷射測高儀（Mercury Lase Altimeter，簡稱MLA）資料繪製，涵蓋了約2130公里寬的範圍。水星雷射測高儀每秒會向水星發出八次的雷射脈衝，根據反射傳回的時間來測量高度。信使號的資料顯示水星過去40億年來直徑縮小了14公里，使得表面彎曲，出現皺摺和彎曲的懸崖，也就是科學家稱為斷崖的地形。

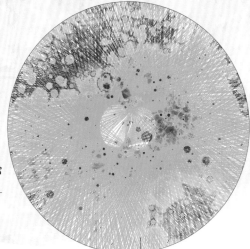

**平原周圍的地區有非常多撞擊坑。**

**每條線代表一次繞行，白色區域是缺少測量資料的範圍。**

# 金星

**金星是距離太陽第二近的行星,也是離我們最近的鄰居。這顆岩質行星與地球的大小相近,但在特性上和地球是南轅北轍。**

在地球上,可以在黃昏或黎明時靠近地平線的高度看到金星,它是天空中除了太陽和月亮以外最亮的天體。透過望遠鏡可以看到金星繞太陽運行時,會像月球從新月漸變到接近滿月一樣,依我們看到的受陽光照射面積多寡,而呈現不同的相位變化。從太空看金星,則會發現金星包覆在淡黃色的雲層之中,無法看見它的表面。但太空船攜帶的雷達和探測器,揭露了雲層下方煉獄般的世界。

金星的雲層充滿了硫酸液滴,大氣非常濃厚,氣壓沉重,金星表面的大氣壓力是地球的 90 倍。金星的表面不是平坦荒蕪的岩質表面就是火山,有的是休眠火山,有的可能還是活火山。在深橘色的天空下,失控的溫室效應留住了太陽的熱,溫度可高達攝氏 470 度,使得金星成為太陽系中最熱的行星。

**金星和大多數行星的自轉方向相反,自轉速度非常慢,因此金星上的一天比一年還要長。**

## 金星基本數據

| | |
|---|---|
| 平均直徑 | 1萬2104公里 |
| 質量(地球=1) | 0.82 |
| 赤道處重力(地球=1) | 0.9 |
| 與太陽的平均距離(地球=1) | 0.72 |
| 自轉軸傾斜 | 2.6度 |
| 自轉週期(一天) | 243地球日 |
| 公轉週期(一年) | 224.7地球日 |
| 平均表面溫度 | 攝氏470度 |
| 衛星數量 | 0 |

▷ **北半球**
金星的北極有焦乾、裸露的岩石和瓦礫。附近還有阿塔蘭塔平原(Atalanta Planitia),和金星最高的山脈:伊絲塔地塊(Ishtar Terra)的崎嶇山脊。這個立體模型中的空白區域,代表麥哲倫號(Magellan)太空船雷達測繪資料缺漏的區塊。

▷ **高地**
除了三個主要的高地區域——稱為地塊(terra)——之外,金星還有大約20個稱為「區」(regio)的較小高地區域,包括這幅影像下方中央明亮的區塊阿爾法區(Alpha Regio),這個區域變形嚴重,可能有悠久的歷史。

▷ **南半球**
金星的南半球和北半球一樣炎熱又貧瘠。金星有三大抬升地塊,其中在南極附近的第二大地塊:納達地塊(Lada Terra),比其他地塊有更多的火山活動。

寬92公里的雙環撞擊坑——葛林威坑(Greenaway Crater),坑底在雷達下看起來很明亮,但粗糙不平,這表示此處在撞擊形成坑洞之後仍有火山活動。

黛安娜峽谷(Diana Chasma)是美國大峽谷的四倍長,金星表面最低點可能就在這裡,溫度最高可達攝氏500度。

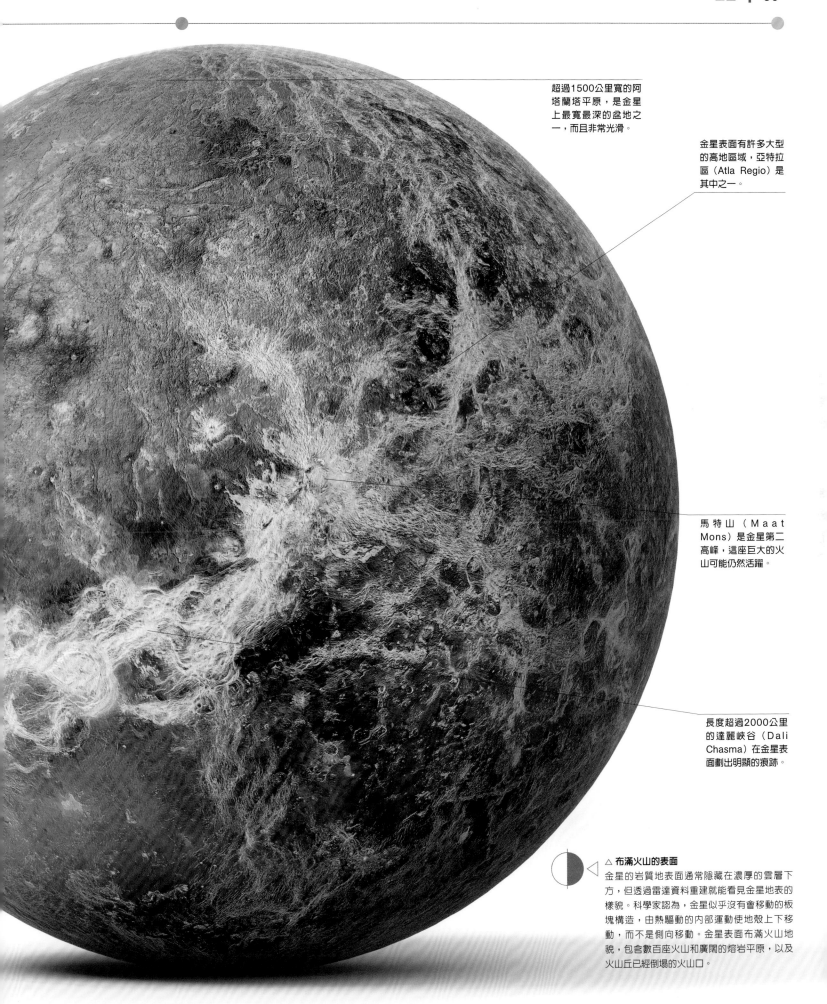

超過1500公里寬的阿塔蘭塔平原，是金星上最寬最深的盆地之一，而且非常光滑。

金星表面有許多大型的高地區域，亞特拉區（Atla Regio）是其中之一。

馬特山（Maat Mons）是金星第二高峰，這座巨大的火山可能仍然活躍。

長度超過2000公里的達麗峽谷（Dali Chasma）在金星表面劃出明顯的痕跡。

△ 布滿火山的表面

金星的岩質地表面通常隱藏在濃厚的雲層下方，但透過雷達資料重建就能看見金星地表的樣貌。科學家認為，金星似乎沒有會移動的板塊構造，由熱驅動的內部運動使地殼上下移動，而不是側向移動。金星表面布滿火山地貌，包含數百座火山和廣闊的熔岩平原，以及火山丘已經倒塌的火山口。

# 金星結構

**雖然金星和地球是從相同的太陽系殘骸形成，但無可否認的是，金星和地球看起來非常不同。然而科學家相信，這兩顆行星的內部可能非常類似。**

金星的大小和密度和地球幾乎相等，因此金星的內部結構和化學成分可能和地球幾乎相同。科學家認為金星有固態中心和熔融外層的金屬核心，外圍包覆著由高溫岩石組成的深厚地函，和顯示大量火山活動證據的薄脆地殼。

雖然金星和地球一樣有金屬核心，卻偵測不到磁場，可能是因為它的自轉速度太慢——八個月才轉一圈——而無法形成足以產生發電機效應的流動外核。

金星的大氣層是所有岩質行星中最濃密厚實的，金星的空氣有 96.5% 的二氧化碳，並含有少量的硫酸和其他化學物質，整個行星都覆蓋在一層厚厚的硫酸雲中。

**核心**
金星的核心大部分是由固體的鐵組成，可能也有少量的硫，和半液態的硫化鐵外核。目前我們還不知道核心物質的固態和液態比例。

▷ **金星內部**
雖然金星的核心可能和地球一樣，主要由鐵和鎳組成，但金星密度比地球略低，顯示金星核心可能含有硫這類較輕的元素。金星也和地球一樣，有一層岩石組成的地函，由於內部高溫，使得這些岩石呈現液態，形成緩慢上升又下降的對流。這樣的流動將熔融的岩石推向地殼，形成表面的火山。

**地函**

地函是高溫、柔軟的岩石，長期在緩慢的對流中攪動。金星地函的成分與地球相似，可能是富含鐵和鎂的岩石。

**地殼**

地函上方薄薄的外層，是由玄武岩和其他矽酸鹽岩石組成。上部地函巨大的火山力量往上抬升，形成地殼表面向外突出的地方。

▽ **大氣層**

金星厚實的雲層從表面上方32公里延伸到90公里。透明的二氧化碳「空氣」在表面緩慢移動，但由於氣體非常濃密，物理性質類似液體，在流動時能像海水一樣拖動塵埃和石塊。

雲層是由液滴、甚至可能有固態結晶的硫酸構成。

大氣的下層透明、濃厚，且溫度非常高。

雲層底部和下層大氣之間有一層薄薄的霾。

雲層上方的大氣愈往太空愈稀薄。

# 金星近觀

**金星表面幾乎全是火山，一點也不適合生物居住。目前科學家已經在金星上確認了超過 1600 座火山，比太陽系的其他行星都還要多。**

1990 年代初期，麥哲倫號太空船利用雷達透視遮蔽金星表面的濃厚雲層，繪製了第一份詳盡的金星地圖。麥哲倫號太空船拍攝到的影像，揭露了金星是一個遍布火山的世界。

金星地貌的特色是被熔岩流覆蓋的廣闊平原，和因為地質活動而變形的山脈或高地區域。目前我們還沒有發現任何正在爆發的火山，但有許多跡象顯示金星最近仍有火山活動，包括火山碎屑流、被熔岩流覆蓋了一部分的撞擊坑，以及大氣中可能由火山噴發造成的二氧化硫濃度變動。

金星的地表相當年輕。科學家認為是一場慘烈的火山事件，創造出如今包覆了整顆行星的單一巨大板塊，重新塑造了整個金星的表面──和破碎成將近 50 個板塊的地球表面非常不同。科學家根據金星上的小行星撞擊速率和撞擊坑的緩慢風化速率估計，這次事件應該是在 3 億到 5 億年前發生。

## 金星上的天氣

大量的硫酸雲層覆蓋了金星，阻擋了 80% 的陽光。大氣層移動的速度非常快，風速可達每小時 360 公里──雲系繞行整顆行星一周僅需不到四天。金星上的雲會下起硫酸雨，但由於下層大氣的溫度較高，雨滴在到達地面之前就已經蒸發。金星大氣的濃厚雲層似乎也幫金星擋掉了大多數的隕石撞擊。

▽ **溫室效應**

大多數陽光會從金星厚實雲層的頂部反射回太空。但還是有部分陽光能穿透雲層到達表面，以熱（紅外輻射）的形式重新放射。這些熱被大氣中的二氧化碳捕捉，無法散逸回太空。二氧化碳和其他氣體讓地球有類似的溫室效應，但金星空氣中含有相當大量的二氧化碳，表示溫室效應會非常嚴重，由於被捕捉的熱實在太多了，金星表面的溫度高到足以把鉛熔化。

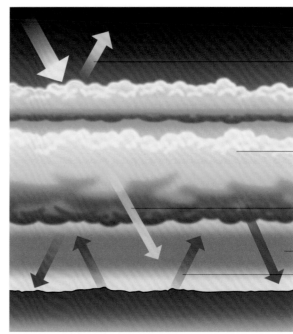

雲層反射了大約80%的陽光。

厚實的氣體和雲層防止熱量往外散逸。

大約有20%的陽光到達金星表面。

大氣中的二氧化碳留住熱。

太陽加熱地面輻射出的紅外光被二氧化碳吸收，無法往太空散逸。

穩定的電離層

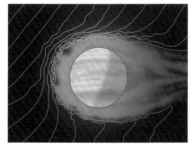

漂移的電離層

◁ **電離層**

金星和地球一樣，包覆在一層稱為電離層（ionosphere）的帶電粒子（離子）雲層中。地球的磁場會讓電離層的形狀保持穩定，但金星幾乎沒有磁場，因此金星的電離層形狀是由太陽風，也就是太陽吹出的帶電粒子流所決定。太陽風較平靜時，金星的電離層往下風側膨脹鼓起，形成像彗星尾部的淚珠形狀。

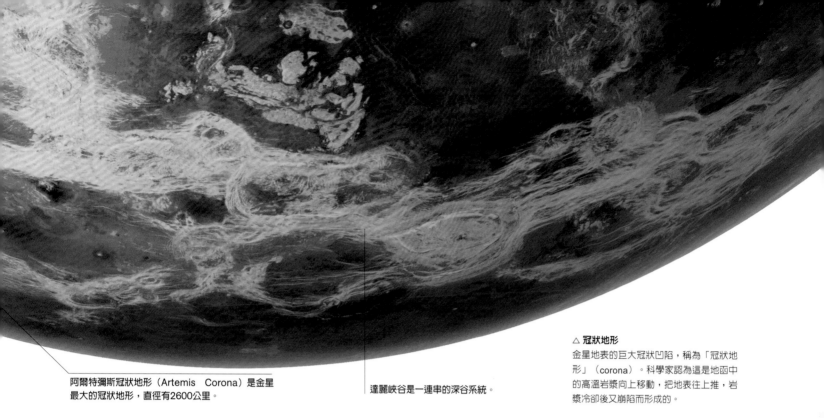

阿爾特彌斯冠狀地形（Artemis Corona）是金星最大的冠狀地形，直徑有2600公里。

達麗峽谷是一連串的深谷系統。

金星地表的巨大冠狀凹陷，稱為「冠狀地形」（corona）。科學家認為這是地函中的高溫岩漿向上移動，把地表往上推，岩漿冷卻後又崩陷而形成的。

# 金星火山

金星的火山不像地球上典型的火山那樣屬於陡峭的爆炸式火山，而是多為盾狀火山（shield volcano），也就是由多層熔岩流形成的坡度和緩的淺層結構。在低地平原上，則有另一種由非常厚的熔岩所形成的「薄餅狀穹丘」（pancake dome），以及看起來就像一隻壁虎「壁虎狀火山」（tick volcano），有中央的身體和像腿一樣往外輻射的峽谷。其他的火山地貌還有稱為冠狀地形（corona）的凹陷，和像蜘蛛網的蛛網膜地形（arachnoid）等。

▽ 火山熱點
金星的表面與地球不同，並沒有破碎的板塊構造，也不會因板塊移動而形成火山。金星的火山是由內部高溫岩漿向上湧出的熱點所形成，流動的熔岩會形成各種不同尺寸和形狀的火山。

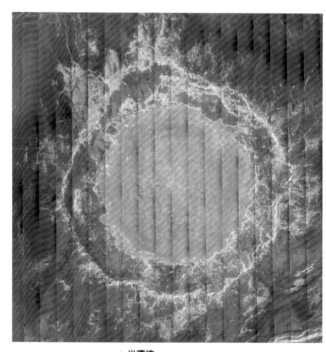

薄餅狀穹丘是濃厚的熔岩緩慢噴發所形成。

▽ 馬特山
馬特山是金星第二高的火山，以埃及的真理和正義之神命名，比周邊的平原高了將近5公里。馬特山是一座巨大的盾狀火山，在山頂有寬約30公里的破火山口（caldera），可能是活火山。

盾狀火山是連續的稀薄熔岩噴發所造成。

金星上的火山

蛛網膜狀火山（arachnoid volcano）看起來像是許多橢圓形，被一套複雜的裂痕包圍。

△ 米德坑
金星上的大多數地貌都是以歷史或神話中的女性命名。例如超過280公里寬的米德坑（Mead Crater）以文化人類學家瑪格麗特·米德（Margaret Mead, 1901-78）命名，是金星上最大的撞擊坑。它有兩道明顯的同心環，明亮的內圈是由最初的衝擊形成的懸崖。較暗的外環被噴出物的條紋穿過，可能是整個結構後來塌陷而形成。

# 金星地圖

雖然大部分的金星地表都是起伏的平原，但有兩個明顯的高原地區：擁有金星最高峰的伊絲塔地塊，和赤道附近的阿佛洛狄特地塊（Aphrodite Terra）。

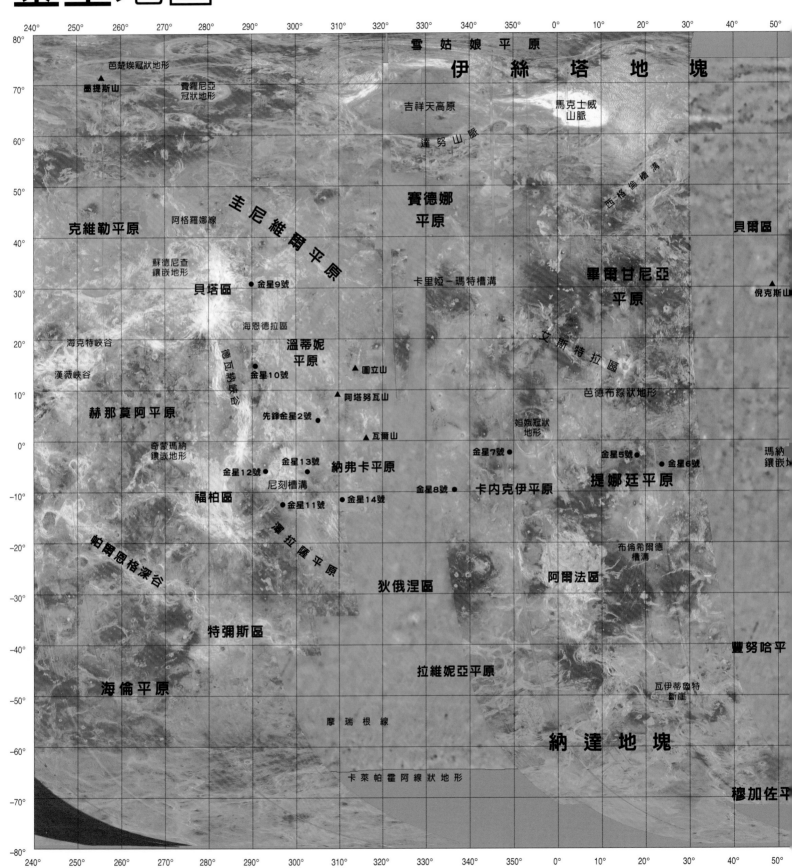

雪姑娘平原

## 伊 絲 塔 地 塊

吉祥天高原　　馬克士威山脈

達努山脈

賽德娜平原

西格倫槽溝

克維勒平原　　阿格羅娜線　　圭尼維爾平原　　貝爾區

蘇德尼查鑲嵌地形

畢爾甘尼亞平原

芭楚埃冠狀地形

墨提斯山

費羅尼亞冠狀地形

卡里婭－瑪特槽溝

貝塔區　　● 金星9號

倪克斯山

海恩德拉區

海克特峽谷

溫蒂妮平原

圖立山

艾斯特拉區

漢薇峽谷

佩瓦勢威谷

金星10號

芭德布綠狀地形

阿塔努瓦山

赫那莫阿平原

先鋒金星2號

瓦爾山

姮娥冠狀地形

金星7號 ●

● 金星5號　　● 金星6號

瑪納鑲嵌

奇蒙瑪納鑲嵌地形

金星13號　　納弗卡平原

金星12號 ●

提娜廷平原

尼刻槽溝

金星8號 ●

卡內克伊平原

福柏區

● 金星11號　　● 金星14號

帕爾恩格深谷

溫拉霪平原

布倫希爾德槽溝

阿爾法區

狄俄涅區

特彌斯區

豐努哈平

瓦伊蒂臨特斷崖

海倫平原

拉維妮亞平原

摩瑞根線

納 達 地 塊

卡萊帕霍阿線狀地形

穆加佐平

比例尺 1:81,956,988

0 500 1,000 1,500 2,000 公里

0 500 1,000 1,500 2,000 英里

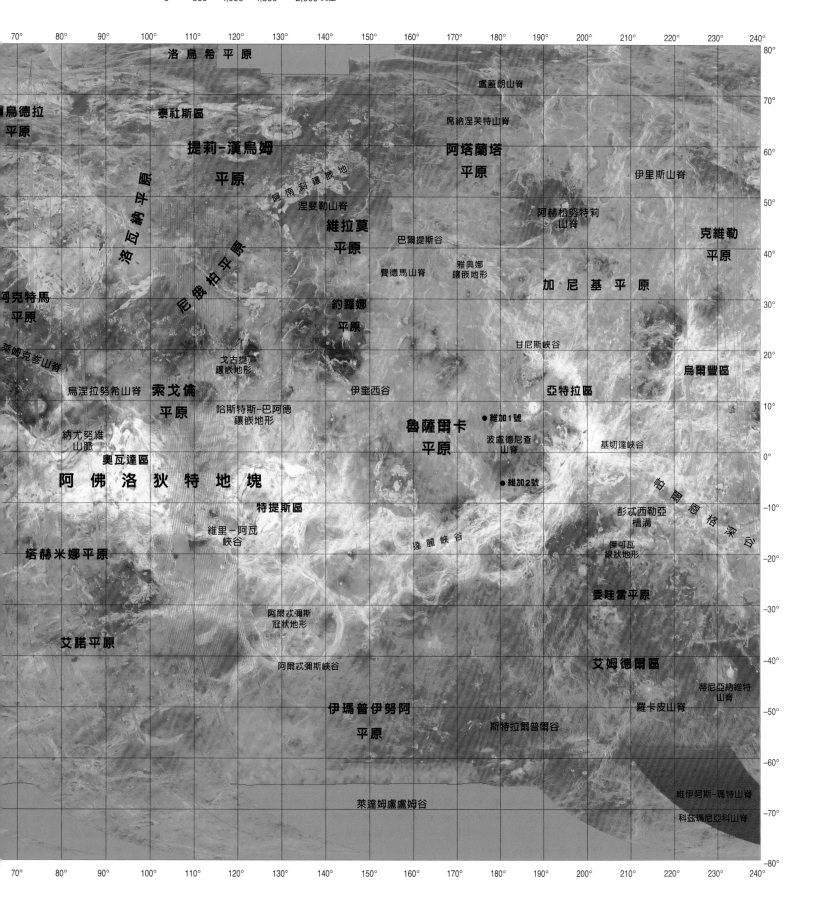

洛烏希平原

烏德拉平原

泰社斯區

提莉-漢烏姆平原

盧藍朗山脊

席納涅芙特山脊

阿塔蘭塔平原

伊里斯山脊

洛瓦納平原

阿南刻鑲嵌地

涅斐勒山脊

維拉莫平原

巴爾提斯谷

阿赫松努特莉山脊

克維勒平原

尼俄柏平原

費德馬山脊

雅典娜鑲嵌地形

加尼基平原

阿克特馬平原

約羅娜平原

萊姆克岑山脊

甘尼斯峽谷

烏爾豐區

戈古提鑲嵌地形

烏涅拉努希山脊

索戈倫平原

伊奎西谷

亞特拉區

納尤努維山脈

哈斯特斯-巴阿德鑲嵌地形

魯薩爾卡平原

●維加1號

波盧德尼查山脊

基切達峽谷

奧瓦達區

阿佛洛狄特地塊

●維加2號

帕爾恩格深谷

特提斯區

維里-阿瓦峽谷

達麗峽谷

彭忒西勒亞槽溝

塔赫米娜平原

傑可瓦線狀地形

委哇雷平原

阿爾忒彌斯冠狀地形

艾諾平原

艾姆德爾區

阿爾忒彌斯峽谷

伊瑪普伊努阿平原

蒂尼亞納維特山脊

羅卡皮山脊

斯特拉爾普爾谷

萊達姆盧盧姆谷

維伊阿斯-瑪特山脊

科茲瑪尼亞科山脊

# 前進馬克士威山脈

馬克士威山脈（Maxwell Montes）是金星最高的山脈，若以金星的平均半徑為基準面，最高峰的高度達 11 公里。雖然這裡的溫度比低地要低，山上的礦物質反射的光線也讓人產生山頭積雪的錯覺，但地面的高溫仍足以讓鉛融化。

馬克士威山脈的尖聳山脊從廣闊的火山平原——吉祥天高原（Lakshmi Planum）拔地而起，吉祥天高原位於伊絲塔地塊（金星北極附近有如大陸大小的高原）的西部邊緣。目前科學家仍不確定這座山脈是如何形成的，推測可能和地球上大型山脈的形成過程類似，因為壓縮而產生褶皺和斷層。另一個理論認為，是行星內部一處熔融岩漿的熱點上方發生火山作用，而抬升出這座山脈。雷達儀器在馬克士威山脈幾個特定的海拔高度偵測到明亮的表面特徵，這些閃閃發亮的東西不是雪，而是結霜的金屬。在金星的高溫下，礦物質會蒸發形成薄霧，之後凝結並凍結，甚至可能形成金屬雪花飄落。

藝術家根據麥哲倫號太空船
的雷達數據所繪的想像圖

### 位置

緯度：北緯65度；經度：東經3度

### 地形剖面圖

馬克士威山脈是金星最高的火山山脈，比地球上最高的火
山——夏威夷的茂納開亞火山（Mauna Kea）還要高一些，但
跟火星的奧林帕斯山脈（Olympus Mons）比起來就矮多了。

奧林帕斯山（火星）

馬克士威山脈
（金星）

茂納開亞火山（地球）

標高（公里）

剖面長度（公里）

# 797公里
——馬克士威山脈的長度。

### 礦雪

馬克士威山脈上閃閃發光的金屬雪是微小的的礦物晶體，
包括硫化鉛（方鉛礦）和硫化鉍（輝鉍礦）。下圖是地球
上的岩石樣本。

硫化鉛（方鉛礦）

硫化鉍（輝鉍礦）

# 金星研究史

羅馬人以愛神來命名的金星，外觀像一顆閃閃發亮的寶石。自古以來天文學家就對它充滿好奇。

金星是人類用望遠鏡觀察的第一顆行星，義大利科學家伽利略 · 伽利萊在 1610 年觀察到金星和月球一樣有圓缺。但由於濃厚的雲層遮掩，我們一直到最近才開始對金星地表有所了解。金星離地球很近，大小也和地球相似，因此過去曾有人猜測金星的雲層下方有茂密的叢林，甚至還有文明存在。1970 年代，地球上的雷達和連續好幾艘太空船終於能看透雲層，揭露了金星極端貧瘠而高溫的表面環境。從那時起，我們就詳細測繪了金星荒蕪的地貌。

微明天空中的金星

金星泥板

### 約公元前1萬年
夜空中的金星　自古以來人類就對金星非常熟悉。由於金星離太陽很近，再加上濃厚雲層覆蓋造成的的高反射率，它成了夜空中亮度僅次於月球的天體。在沒有月亮的夜晚，金星甚至可以在地球上投射出影子。

### 約公元前1600年
阿米薩杜卡國王的金星泥板　巴比倫國王阿米薩杜卡（Ammisaduqa）時期留下的金星泥板（Venus Tablet）以楔形文字記錄了金星在21年內的清晨或傍晚出現在地平線上的時刻，約可追溯到公元前1600年，是歷史上最早的天文紀錄。

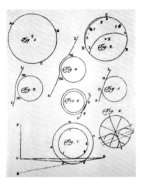
羅蒙諾索夫繪製的金星大氣折射圖

法國皇帝拿破崙一世

### 1812年
拿破崙和金星　法國皇帝拿破崙的軍隊前進到莫斯科時，他在白天的天空中看到金星——據說這是幸運的跡象。他認為這是勝利的預兆，但接下來他面臨了軍事上最大的挫敗，潰不成軍地從俄國撤退。

### 1761年
金星的大氣層　俄羅斯天文學家米哈伊爾 · 羅蒙諾索夫（Mikhail Lomonosov）觀察金星凌日，注意到太陽光在金星周圍形成凸起。他認為這是金星大氣層折射太陽光造成的，也是金星擁有大氣層的證據。

### 1667年
卡西尼的斑點　義大利裔的法籍天文學家喬凡尼 · 卡西尼（Giovanni Cassini）追蹤金星表面斑點的移動，而錯誤地估計金星每24小時自轉一次。1877年，義大利天文學家喬凡尼 · 斯基亞帕雷利正確計算出金星的自轉週期是225天。

理查 · 普羅克特

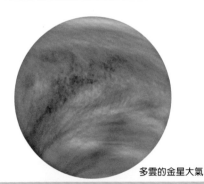
多雲的金星大氣

### 1813年
極地亮點　德國醫師和天文學家弗朗茨 · 馮 · 格羅特胡森非常勤勉地觀察金星，他在金星的兩極發現了亮點，認為這可能是金星兩極的冰冠，但後來才發現這是金星大氣中明亮雲層移動時形成的漩渦。

### 1875年
金星上的生命　英國天文學家理查 · 普羅克特（Richard Proctor）認為，生命很可能存在於宇宙的其他地方。他主張金星與地球大小相似，因此可能有生物居住，而濃厚的雲層可能掩蔽了先進的金星文明。

### 1920年代
發現二氧化碳　天文學家利用光譜學，也就是分析物體發射出的光譜，來識別天體中的化學元素。1920年代，科學家發現金星的多雲大氣是由我們不能呼吸的二氧化碳組成。

契琴伊薩的蝸牛天文臺

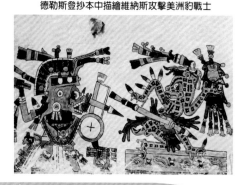

德勒斯登抄本中描繪維納斯攻擊美洲豹戰士

## 約公元前6世紀

**福斯福洛斯和赫斯珀洛斯** 古希臘人原本認為在清晨和黃昏出現的金星是兩顆不同的行星，並將之分別稱為福斯福洛斯（Phosphorus）和赫斯珀洛斯（Hesperus）。後來他們同意巴比倫人的看法，這其實是同一顆行星。巴比倫人以他們的愛神之名，將它命名為伊師塔（Ishtar）。

## 公元906年

**馬雅天文臺** 在墨西哥古老的馬雅城市契琴伊薩（Chichen Itza），可以看到壯觀的蝸牛天文臺（El Caracol），這是馬雅祭司使用的天文臺，特別為了觀察金星而設計。對馬雅人來說，金星就是羽蛇神（Kulkulkán）——地球的雙胞胎和戰神。

## 12世紀

**德勒斯登抄本** 德勒斯登抄本（Dresden Codex）是美洲最古老的書，可能是西班牙征服者埃爾南·科爾特斯（Hernán Cortéz）在1519年所發現，一般相信是8世紀馬雅文書的副本。書中有準確的表格，繪出金星來到天空中的時間。

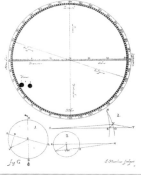

霍羅克斯繪製的1639年
金星凌日圖

伽利略描繪的金星相位變化圖

## 1643年

**灰光** 灰光（ashen light）是指金星夜晚那面所發出的謎樣光線，由義大利的天文學家兼神父喬萬尼·巴蒂斯塔·里喬利（Giovanni Battista Riccioli）首度觀察到。1812年，德國天文學家弗朗茨·馮·格羅特胡森（Franz von Gruithuisen）認為，灰光是金星皇帝即位時生火冒出的煙霧。

## 1639年

**金星凌日** 英國天文學家傑雷米亞·霍羅克斯（Jeremiah Horrocks）和威廉·克萊布崔（William Crabtree）首度觀察到金星凌日（金星經過地球和太陽之間），使得天文學家第一次能準確計算出地球到太陽的距離。

## 1610年

**伽利略和金星的相位變化** 伽利略透過望遠鏡研究金星時，發現金星有相位變化。這是由於我們的視角不同，看到太陽照亮的金星那面的多寡也不同。這個現象支持波蘭天文學家哥白尼的想法——金星繞太陽轉，而不是繞地球轉。

麥哲倫號拍攝的
金星雷達地圖

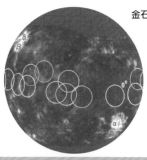

金石雷達拍攝到的
金星表面

金星3號拍攝的金星表面

## 1961年

**雷達探索** 金星的濃厚雲層讓我們無法用一般的望遠鏡觀察它的表面狀況。但從1961年起，先是利用位於加州金石（Goldstone）的電波望遠鏡，後來利用波多黎各阿雷西波無線電波望遠鏡的雷達影像，首次揭露了金星表面的樣貌。

## 1962年

**首度造訪金星：水手2號** 12月14日，美國航太總署的水手2號以3萬5000公里的距離掠過金星，成為第一艘飛掠其他行星的太空船。水手2號的研究證實，金星有低溫的雲層和灼熱的地表。

## 1966年

**首度登陸：金星3號** 蘇聯的金星3號（Venera 3）是第一艘抵達其他行星的太空船，在3月1日墜毀在金星表面。首度成功的著陸是1970年和1972年的金星7號和金星8號探測器，這兩艘探測器也偵測到金星有非常極端的表面溫度：高達攝氏455到475度。

## 1990年

**麥哲倫號任務** 美國航太總署的麥哲倫號進入環繞金星的軌道，利用大氣煞車來降低速度。麥哲倫號利用雷達測繪了98%的金星地表，在1994年完成任務後墜入金星大氣。

發射　　　　　　地球軌道　　　　　　　　　　　　　　　前往金星

| 1961 | 史波尼克7號 |
| 1961 | 金星1號 |
| 1962 | 水手1號 |
| 1962 | 史波尼克19號 |
| 1962 | 水手2號 |
| 1962 | 史波尼克20號 |
| 1962 | 史波尼克21號 |
| 1963 | 宇宙21號（Kosmos 21） |
| 1964 | 金星 1964A |
| 1964 | 金星 1964B |
| 1964 | 宇宙27號 |
| 1964 | 探測器1號（Zond 1） |
| 1965 | 金星2號 |
| 1965 | 金星3號 |
| 1965 | 宇宙96號 |
| 1965 | 金星1965A |
| 1967 | 金星4號 |
| 1967 | 水手5號 |
| 1967 | 宇宙167號 |
| 1969 | 金星5號 |
| 1969 | 金星6號 |
| 1970 | 金星7號 |
| 1970 | 宇宙359號 |
| 1972 | 金星8號 |
| 1972 | 宇宙482號 |
| 1973 | 水手10號 |
| 1975 | 金星9號 |
| 1975 | 金星10號 |
| 1978 | 先鋒金星1號（Pioneer Venus 1） |
| 1978 | 先鋒金星2號 |
| 1978 | 金星11號 |
| 1978 | 金星12號 |
| 1981 | 金星13號 |
| 1981 | 金星14號 |
| 1983 | 金星15號 |
| 1983 | 金星16號 |
| 1984 | 維加1號（Vega 1） |
| 1984 | 維加2號 |
| 1989 | 麥哲倫號 |
| 1989 | 伽利略號 |
| 1997 | 卡西尼號 |
| 2004 | 信使號 |
| 2005 | 金星快車號 |
| 2010 | 破曉號（Akatsuki） |
| 預定 | 金星軌道衛星（Venus Orbiter） |
| 預定 | 貝皮可倫坡號 |
| 預定 | 太陽探測器+（Solar Probe+） |
| 預定 | 金星-D（Venera-D） |

**圖例**

　俄羅斯聯邦太空總署
　（蘇聯／俄羅斯）
　美國航太總署（美國）
　esa 歐洲太空總署（歐洲）
　宇宙航空研究開發機構
　（日本）
　印度太空研究組織（印度）

　歐洲太空總署／宇宙航空
　研究開發機構 合作任務

● 目標
◐ 成功
○ 失敗

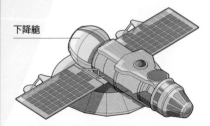

下降艙

金星7號，第一艘成功登陸
金星表面的太空船

第一張金星照片，
由金星9號拍攝

◁▽ **金星號**

1966年，蘇聯的金星3號探測器在金星表面撞毀，成為首度抵達地球以外行星的太空船。接下來的17年間，蘇聯又送了另外13艘太空船前往金星，取得大量資料。1975年10月22日，金星9號登陸金星，並且從表面送回第一張照片，照片中金星表面遍布破碎的岩石。雖然金星的大氣層很厚，但能見度非常良好。一位蘇聯科學家這麼形容：「就像莫斯科的陰天一樣」。

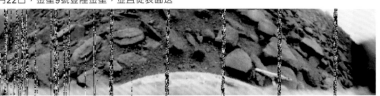

飛掠　　　軌道衛星　　　探測器　　　登陸器

# 金星探索任務

金星是人類最早以太空船造訪的行星，從 1962 年至今已經進行了將近 40 次探索任務，其中有些是飛掠任務，有的則是對金星大氣進行探測，或是登陸金星表面。

在一連串的失敗之後，第一艘造訪金星的太空船是美國航太總署的水手 2 號，它在 1962 年飛掠金星，發現了金星表面非常灼熱。第一次軟著陸則是 1970 年蘇聯的金星 7 號，但它送回資料的時間僅維持了 23 分鐘。從那時起，已有 20 次任務登陸金星，取得了不同程度的成功——考慮到金星極端的溫度和壓力，這樣的成就已難能可貴。未來的金星探測計畫，包括把耐得住嚴酷環境的探測車送上金星，像火星探測車那樣探索金星表面。

## 金星的大氣壓力約為地球的90倍。

▷ 測繪金星表面

我們對金星的認識，有很大一部分是來自美國航太總署以葡萄牙探險家費迪南‧麥哲倫（Ferdinand Magellan）為名的麥哲倫號太空船。它在1990年8月10日抵達金星，花了四年在金星軌道運行，測繪了98%的金星表面。麥哲倫號對金星表面發射雷達光束，測量回波，就能穿透厚厚的金星雲層得到觀測數據，拍下細節豐富的火山口、丘陵、山脊和廣大的火山山脈影像。麥哲倫號完成任務之後，下降進入金星的大氣而汽化，不過或許有些殘骸抵達金星地表。

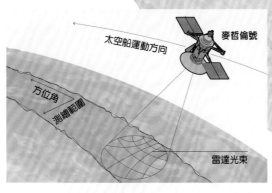

太空船運動方向　　　麥哲倫號

方位角

測繪範圍

雷達光束

▷ 金星快車號

歐洲的金星快車號（Venus Express）太空船在2005年發射前往金星，以詳細研究金星大氣和氣候。2006年4月抵達之後，已經送回了大量數據。金星快車號發現了金星過去有海洋的證據，捕捉了金星的閃電，還在金星的南極看到了巨大的雙重大氣渦漩。

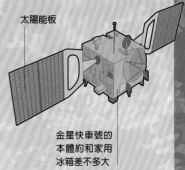

太陽能板

金星快車號的本體約和家用冰箱差不多大

# 地球

地球與太陽的距離約 1 億 5000 萬公里，是太陽系裡唯一表面擁有液態水海洋——當然還有生命——的行星。

在太陽系形成時變成岩質行星的天體中，地球是最大的一顆，也得到了最多的內部熱能。今天這些熱能仍持續從核心向地表流動，在地函產生對流循環，並使地殼碎塊變成移動的板塊，以每年數公分的移動速度緩慢互相磨輾。

由於板塊運動、火山活動和彗星撞擊這幾項因素，地球表面累積了大量的水。而地球與太陽的距離、地球的重力，和能夠隔熱的大氣這幾項因素加起來，則創造了讓水能以三種物質狀態存在的環境，其中液態水對生命的發展至關重要。因此今天的地球具有獨一無二的外觀，有漩渦狀的水雲、廣大的海洋，和因為植物而染上綠色的大陸。

**地球上有很多水，而且同時以固態、液態和氣態這三種狀態存在，這在行星中可說是絕無僅有。**

## 地球基本數據

| | |
|---|---|
| 平均直徑 | 1萬2742公里 |
| 自轉軸傾斜 | 23.5度 |
| 自轉週期（一天） | 24小時 |
| 公轉週期（一年） | 365.26地球日 |
| 最低地表溫度 | 攝氏零下89度 |
| 最高地表溫度 | 攝氏58度 |
| 衛星數量 | 1 |

洛磯山脈沿著北美洲板塊的西側綿延4800公里。

地球的赤道區域終年都有一條雲帶，因此熱帶地區潮溼多雨。

▷ **北半球**
從這個角度看地球，看到的主要是北美和歐亞大陸，這兩塊大陸在大約7000萬年前都還連在一起，如今被北大西洋分隔，北邊則是較小且部分冰封的北冰洋。

▷ **東半球**
歐亞大陸是地球上最大的陸塊，位於地球的第三大水域印度洋之上。澳洲則是地球七塊大陸中最小的。

太平洋面積1億6950萬平方公里，是地球上最大的水域，占全地球海洋覆蓋面積的近一半。

▷ **南半球**
地球的南半球以南極洲這個單一陸塊為中心。環形的南冰洋圍繞著這塊冰封的大陸，南冰洋外圍有澳洲，和部分的南美洲與非洲地區。

南半球的雲以順時針方向旋轉，北半球則是逆時針方向旋轉。

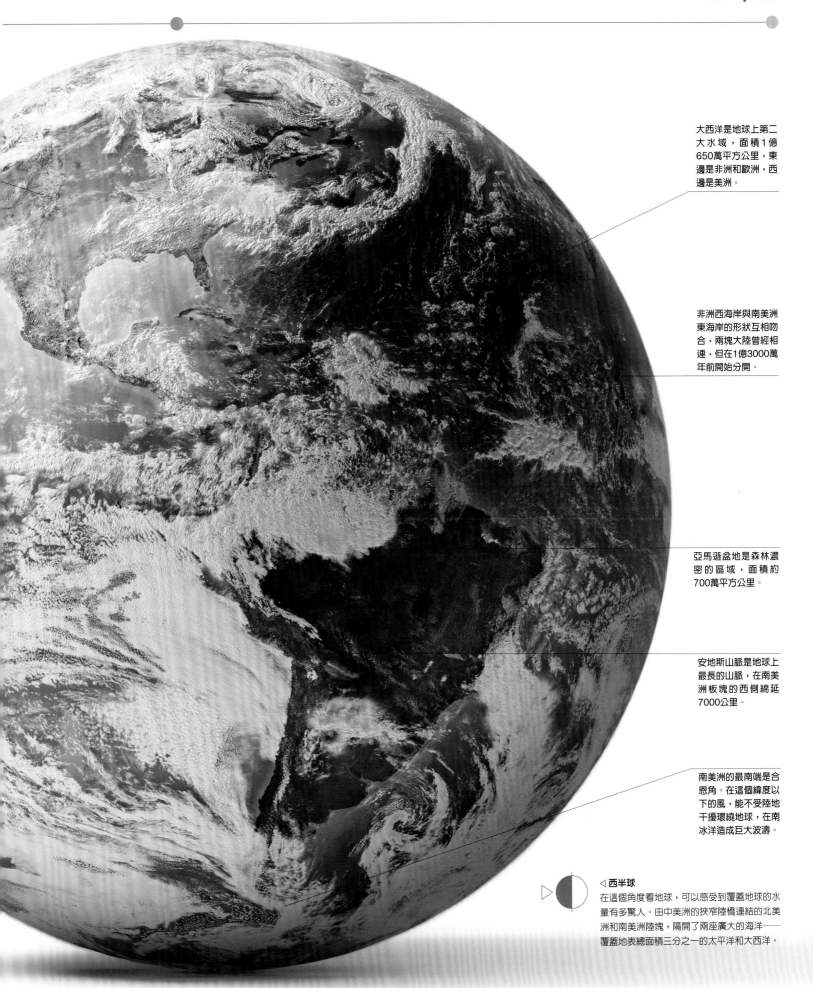

大西洋是地球上第二大水域，面積1億650萬平方公里，東邊是非洲和歐洲，西邊是美洲。

非洲西海岸與南美洲東海岸的形狀互相吻合，兩塊大陸曾經相連，但在1億3000萬年前開始分開。

亞馬遜盆地是森林濃密的區域，面積約700萬平方公里。

安地斯山脈是地球上最長的山脈，在南美洲板塊的西側綿延7000公里。

南美洲的最南端是合恩角。在這個緯度以下的風，能不受陸地干擾環繞地球，在南冰洋造成巨大波濤。

◁ **西半球**
在這個角度看地球，可以感受到覆蓋地球的水量有多驚人。由中美洲的狹窄陸橋連結的北美洲和南美洲陸塊，隔開了兩座廣大的海洋——覆蓋地表總面積三分之一的太平洋和大西洋。

# 地球結構

**地球的內部和大氣一樣，都是多層結構，大氣層從地球表面向上延伸數百公里，最後融入太空。**

我們對地球內部結構的了解，很大一部分是來自地震波的研究，特別是震波在地球內部行進的路線。地表下方的結構一層比一層緻密，溫度愈來愈高，壓力也愈來愈大。地球的一個獨特之處是它的堅硬外殼——岩石圈。岩石圈是由地殼和上部地函組成，裂成好幾個板塊，板塊會受內部的熱流驅動而產生相對運動。圍繞著地表的大氣層，保護了地球上欣欣向榮的生命。

**內核**
地球的最內層是由固體的鐵鎳合金組成，平均溫度約攝氏5500度。雖然此處的溫度很高，但由於強大的壓力作用，內核的金屬並不會熔化。

地球有四分之一以上的表面被陸地覆蓋。大陸地殼比海洋下方的海洋地殼還要厚。

▷ **一層一層的地球**
地球主要分成三層：地核、地函和地殼，每一層都有獨特的化學組成。地核又可以分成兩個不同的部分：內核和外核。地殼也有兩種：海洋地殼和較厚的大陸地殼。地函的密度隨深度的增加而增加，最上層的地函與地殼融合，形成岩石圈。

**早期的地球是炎熱的液體，較重的鐵往下沉而形成核心。**

**外核**

外核主要是由液態鐵組成，另外有少部分的鎳，平均溫度約攝氏5000度。科學家認為是外核的電流產生了地球的磁場，並導致磁極漂移的現象。

**地函**

地函是地球內部最大的一層，基本上是固體，含有橄欖岩等岩石。但地函會緩慢變形，讓熱從核心進入，在地質時間尺度上引起對流，造成地殼移動。

**地殼**

海洋地殼由玄武岩等深色火山岩組成，厚度7到8公里。大陸地殼由多種較輕的岩石組成，厚度為25到70公里。

**海洋**

鹽水海洋覆蓋了地球表面將近四分之三的面積，深度有深有淺，最深處可達1萬1000公尺。

◁ **大氣層**

地球的大氣主要由氮、氧和氬組成，還有少量的其他多種氣體，包括二氧化碳。大氣層分為五層，以不同的溫度變化方式為界。在對流層（troposphere）和中氣層（mesosphere）內，溫度隨高度增加而下降。而在平流層（stratosphere）和熱氣層（thermosphere）中，溫度隨高度增加而升高。外氣層（exosphere）的厚度非常薄，此處的氣溫沒有實質的意義。

對流層是雲層形成和天氣狀態發生的區域。厚度從赤道處的大約16公里，到兩極的8公里不等。

平流層是對流層上方相對平靜的區域，厚度約30到40公里。客機會在雲層之上的平流層底部飛行。

中氣層的厚度大約30到50公里；中氣層的上端界線是大氣層最冷的地方，溫度約攝氏零下100度。

熱氣層是一層稀薄的電離層，從地表上方約85公里處向上延伸到700公里。

外氣層是地球大氣非常稀薄的最外層區域。從太空觀察時，外緣會在地球周圍形成藍色的光暈（電暈）。

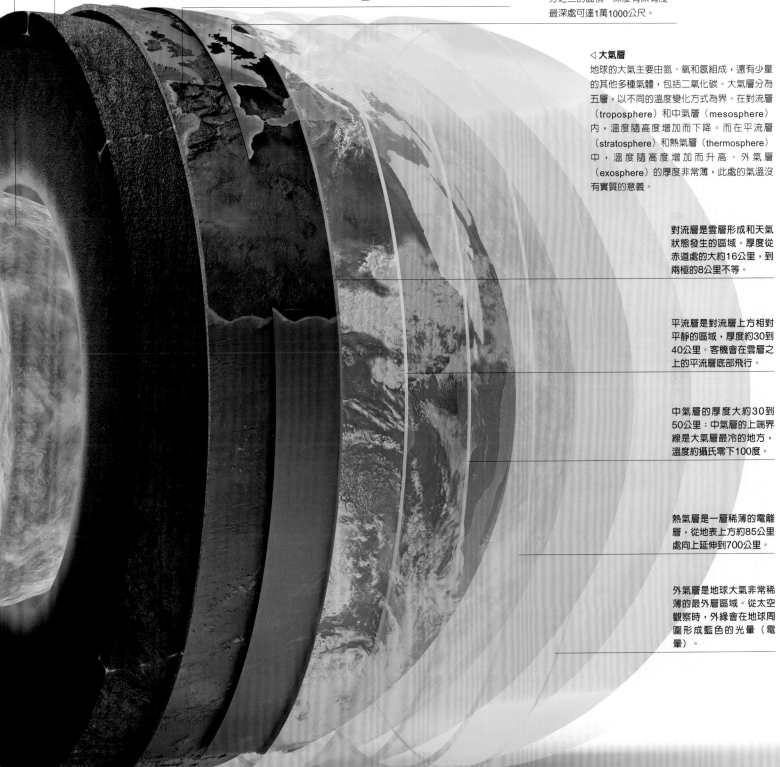

# 地球板塊

地球的岩石外殼分裂成許多巨大的碎片，稱為板塊。這些緩慢移動的結構會發生交互作用，導致劇烈的地質事件，持續改變地球表面。

地球的板塊形狀並不規則，而是像拼圖一樣拼接在一起。地球深處的熱對流引起板塊之間的相對運動，但這樣的運動非常緩慢而不易察覺，在數百萬年的時間尺度下，大陸在地球表面上滑動，互相碰撞，並改變形狀。強大的力量在板塊之間的邊界釋放出來，發展出各種獨特的地質特徵，包括在板塊聚合之處所形成的山脈、深海海溝和火山；以及板塊互相分離之處所形成的中洋脊。在所有類型的板塊交界處，都很容易發生地震。

## 圖例

1 太平洋板塊（Pacific）
2 北美洲板塊（North American）
3 歐亞板塊（Eurasian）
4 非洲（奴比安）板塊（Nubian）
5 非洲（索馬利亞）板塊（Somalian）
6 南極洲板塊（Antarctic）
7 澳洲板塊（Australian）
8 南美洲板塊（South American）
9 納斯卡板塊（Nazca）
10 印度板塊（Indian）
11 巽他板塊（Sunda）
12 菲律賓海板塊（Philippine Sea）
13 阿拉伯板塊（Arabian）
14 鄂霍次克板塊（Okhotsk）
15 加勒比板塊（Caribbean）
16 科克斯板塊（Cocos）
17 華南板塊（Yangtze）
18 蘇格夏板塊（Scotia）

19 加洛林板塊（Caroline）
20 北安地斯板塊（North Andes）
21 阿提普拉諾板塊（Altiplano）
22 安那托利亞板塊（Anatolian）
23 班達海板塊（Banda Sea）
24 緬甸板塊（Burma）
25 沖繩板塊（Okinawa）
26 伍德拉克板塊（Woodlark）
27 馬里亞納板塊（Mariana）
28 新赫布里底板塊（New Hebrides）

29 愛琴海板塊（Aegean Sea）
30 帝汶板塊（Timor）
31 鳥首板塊（Bird's Head）
32 北俾斯麥板塊（North Bismarck）
33 南桑威奇板塊（South Sandwich）
34 南昔得蘭板塊（South Shetland）
35 巴拿馬板塊（Panama）
36 南俾斯麥板塊（South Bismarck）
37 茅克板塊（Maoke）
38 索羅門海板塊（Solomon Sea）

▷ **地球板塊**
地球有七個主要板塊，如太平洋板塊和歐亞板塊，十幾個中型板塊如阿拉伯板塊，以及許多更小的小板塊。這裡約略以大小排序，列出了大部分公認的板塊。右圖的地球上以編號標示出這些板塊的位置。某些小板塊有時會被視為較大板塊的一部分。

安地斯山脈在納斯卡板塊和南美洲板塊的邊界附近形成。

大西洋中洋脊是沿著大西洋向下的分離板塊邊界。

南桑威奇板塊是小板塊之一。

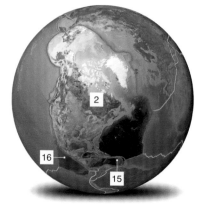

△ **北美洲板塊**
北美洲板塊（2）僅占地球表面不到六分之一的面積，包含部分北冰洋和大西洋，以及西伯利亞的一部分。在這個板塊下方，有一個已經存在數百萬年的明顯火山熱點，造成目前美國黃石公園內劇烈的間歇泉活動。

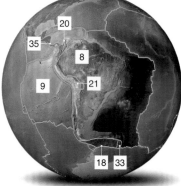

△ **南美洲板塊**
南美洲板塊（8）與納斯卡板塊（9）、蘇格夏板塊（18）和其他較小的板塊相鄰，約占地球表面的八分之一。納斯卡板塊向東移動，往南美洲板塊的邊緣下方推擠，造成南美洲安地斯山脈抬升。

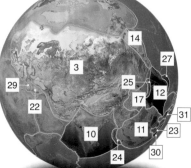

△ **歐亞板塊**
這個板塊（3）包含了歐洲和大部分的亞洲陸塊。在東邊和東南邊有些中型板塊，例如先前被認為是歐亞板塊一部分的巽他板塊（11）。印度板塊（10）與歐亞板塊碰撞，數百萬年前形成了喜馬拉雅山。

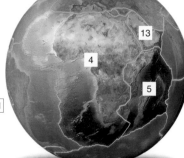

△ **非洲板塊**
這兩個非洲板塊（4和5）包含非洲大陸和大部分的大西洋和印度洋。科學家相信非洲正在沿著東非裂谷分裂成兩塊，東非裂谷是地殼上的巨大裂口，沿著東非綿延約4000公里。

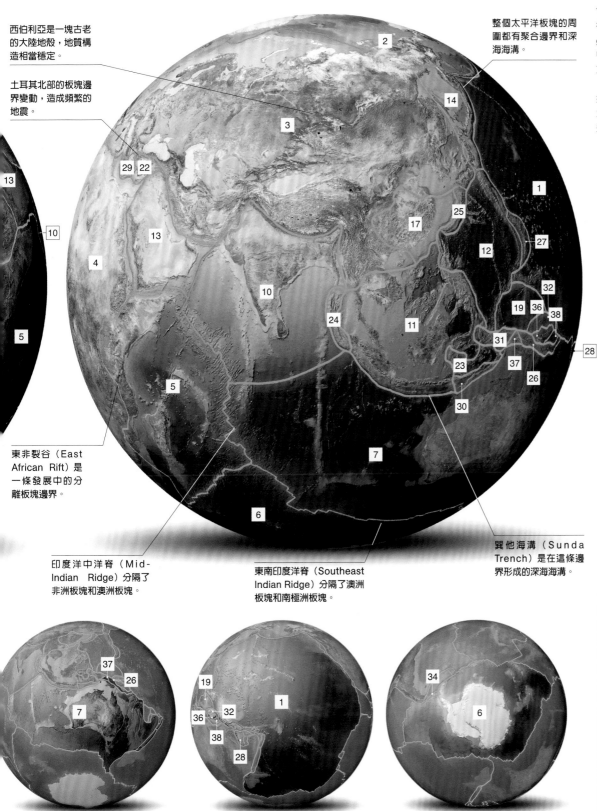

西伯利亞是一塊古老的大陸地殼，地質構造相當穩定。

土耳其北部的板塊邊界變動，造成頻繁的地震。

整個太平洋板塊的周圍都有聚合邊界和深海海溝。

東非裂谷（East African Rift）是一條發展中的分離板塊邊界。

印度洋中洋脊（Mid-Indian Ridge）分隔了非洲板塊和澳洲板塊。

東南印度洋脊（Southeast Indian Ridge）分隔了澳洲板塊和南極洲板塊。

巽他海溝（Sunda Trench）是在這條邊界形成的深海海溝。

### ▽ 板塊邊界

板塊邊界有三種類型。在聚合邊界（convergent boundary）處，兩個板塊朝彼此移動，其中一個板塊可能會往下，沉到另一個板塊下方，往往會形成火山或是山脈。在變換邊界（transform boundary）處的板塊互相錯動；而擴張邊界（divergent boundary）是中洋脊或是大陸的裂谷，板塊互相遠離，新的板塊又會在邊界處形成。

**聚合邊界**

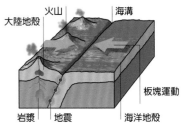

**變換邊界**

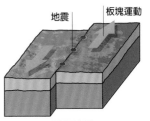

**擴張邊界**

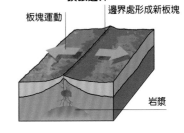

### ▽ 在板塊之間游泳

到冰島西南部的辛瓦拉湖（Thingvallavatn Lake）潛水或浮潛，就能擁有在北美洲板塊和歐亞板塊之間的縫隙中游泳的難得體驗。在清澈的湖底可以看見很深的史費拉（Silfra）大裂縫，這裡就是板塊的邊界。裂縫中有一段深達63公尺，但此處的寬度太窄，岩壁也太陡峭，大部分的潛水客都不會冒險探索。

### △ 澳洲板塊

澳洲板塊（7）包括澳洲、部分紐西蘭和新幾內亞地區，以及部分印度洋和南冰洋，主要特色包括澳洲的沙漠、大分水嶺和大堡礁。整個板塊以每年約6.5公分的速度向東北方移動。

### △ 太平洋板塊

太平洋板塊是地球上最大的板塊，約占地表五分之一的面積。它不包含大型的陸塊，但在許多位置上因為有岩漿往地表噴發，形成許多火山島和海底火山。太平洋板塊以每年約10公分的速度向西北方移動。

### △ 南極洲板塊

南極洲板塊（6）約占地表面積的八分之一，包括正中央的南極洲，和環繞南極洲的大部分南冰洋。這個板塊在過去數百萬年來變得愈來愈大，因為板塊邊緣的擴張板塊邊界，一直有新的板塊不斷形成。

# 地球的表面變化

地球表面充滿變化，不像月球表面那樣數百萬年來沒什麼改變。許多過程都會改變地表的樣貌，例如從不停歇的板塊運動，和大氣水分對地表的侵蝕。

造成這些變化的主要因素部分來自於地球內部，如地函內的對流能使板塊運動，形成新的地貌。部分則是由太陽的能量驅動，如地表的岩石持續遭受風化和侵蝕。數百萬年來，這樣的過程磨穿了整條山脈，把岩石變成瓦礫、沙石和泥沙。有些過程是地球所獨有，說明了為什麼與其他岩石行星相比，地球表面的變化速度如此之快。

△ **冰川侵蝕**
這條位於加拿大艾厄士米爾島（Ellesmere island）上的冰川，正將周圍的岩石切割出谷地。冰川夾帶了侵蝕下方地表的岩石，使V形山谷成為平滑寬闊的冰川槽，能大幅改變地景。冰川的融冰流入岩石的裂縫之中，再次結凍時就會讓岩石破裂。

火山噴發的火山灰和熔岩沉積，產生了新的土地。

冰川往下坡流動時會侵蝕地貌。

雪和雨等降水，源源不絕地補充冰川和溪流，持續侵蝕岩石。

典型的火山是由很多層固化的熔岩（噴出的岩漿）、火山灰和火山渣組成。

冰霜、雨水、高溫和生物會讓岩石風化成顆粒，溪流和風又會把這些顆粒帶走。

蒸發過程會讓水分進入大氣，之後又以降雨的形式回到地面。

河流把微小的岩石顆粒帶入海洋，和海洋生物的遺體一起沉入海底，這就是海洋沉積作用。

地球深處的高溫和高壓讓岩石形成變質岩。

板塊往大陸邊緣的另一個板塊下方隱沒，導致火山山脈形成。

沉積物沉澱時，會形成一層層的沉積岩。隨著時間流逝，沉積物顆粒會黏合在一起，變得緊實。

△ **岩石循環**
許多改變地表樣貌的過程是岩石循環的一部分。岩石會不斷變形：火山活動會讓岩石熔化又重新形成，地球深處的高溫高壓也會讓岩石產生變質作用。地表岩石會接觸水和有機物，接受陽光和風霜的洗禮，產生化學和物理變化，而逐漸破碎，這個過程稱為風化。風化的岩石碎片會被冰川、河流和風帶走，然後沉積在湖床和海底。

△ 侵蝕景觀
美國布萊斯峽谷（Bryce Canyon）這些令人驚嘆的岩層稱為奇形岩（hoodoo），主要由冰楔作用（frost wedging）形成。峽谷地區每年都會經歷好幾次的凍融循環。冬天，由雪融化產生的水滲透到石灰岩和其他沉積岩層的裂縫中，夜晚時又重新凍結。由於水凍結時體積會膨脹，撬開裂縫，造成岩石碎裂。

# 像喜馬拉雅山一樣高的山脈，可以在2000萬年內就被磨損蝕平。

▷ 造山運動
造山運動通常發生在板塊互相推擠之處，是影響地球陸地區域表面變化的重要過程。多層沉積岩的橫向擠壓會造成逆斷層，也就是岩層沿著微傾的平面破裂。岩層堆疊在另一層岩石上方，山脈就會逐漸升起。地球大多數的主要山脈都是在過去不同時間以此種方式形成。

▽ 喜馬拉雅山
喜馬拉雅山是地球最高的山脈，在約5000萬到7000萬年前，印度板塊與歐亞板塊碰撞後開始形成。如果把相鄰的喀喇崑崙山脈也算進去，這個山帶囊括了地球上最高的14座山峰，每一座標高都超過8公里。

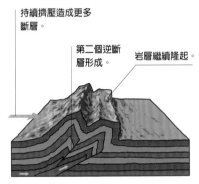

岩層被水平推動。

逆斷層

岩層在斷層上方隆起。

**逆斷層剛開始斷裂**

持續擠壓造成更多斷層。

第二個逆斷層形成。

岩層繼續隆起。

**斷層和隆起的進一步發展**

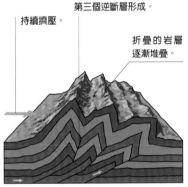

第三個逆斷層形成。

持續擠壓。

折疊的岩層逐漸堆疊。

**岩層的複合式破碎和隆起**

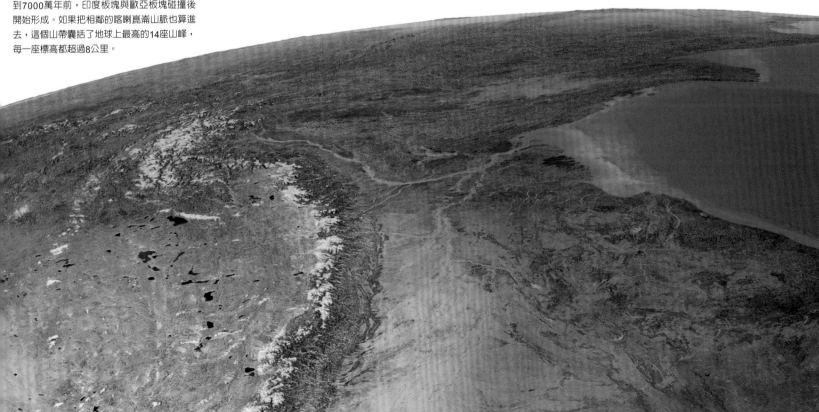

1

# 水和冰

### 1 珊瑚環礁

水的雕鑿力量，造就了地球在太陽系裡獨一無二的地貌特徵。貝里斯海岸附近的大藍洞是一個被珊瑚環礁包圍的水下滲穴。這個滲穴寬300公尺，位在綿延中美洲海岸1000公里的中美洲珊瑚礁系統內。珊瑚幼蟲附著在陸塊邊緣的水下岩石上，就會形成珊瑚礁。

### 2 三角洲

壯闊的恆河有錯綜複雜的河道，在匯流入孟加拉灣時形成了大小錯落的島嶼。壯年河（mature river）往海洋匯流時流速減慢，沉積物也隨之沉澱。　隨著沉積物逐漸累積而出現的低平陸地，就是三角洲。由於上流帶來大量的有機物和礦物質，三角洲的土壤通常非常肥沃。

### 3 波浪

海洋覆蓋了三分之二以上的地表面積，因此從太空中看來地球就像一顆獨一無二的藍色寶石。海水不斷流動，而大陸、陽光、地球自轉和月球的引力控制了洋流流動的模式。風激起海浪，海洋讓大地改變樣貌；潮汐、波浪和洋流侵蝕、沉積和物質的運輸，則刻畫了海岸線的景觀。

### 4 融冰

格陵蘭大約有80%的面積被冰層覆蓋，這些冰約占全世界冰量的10%。溫度升高時，冰層開始融化，融冰水會在下方的冰層中切出深溝。這個巨大的冰峽谷深達45公尺。　冰冠、冰川和萬年雪占了地球淡水的近70%。目前科學家利用衛星影像和數據來追蹤融冰的速率。

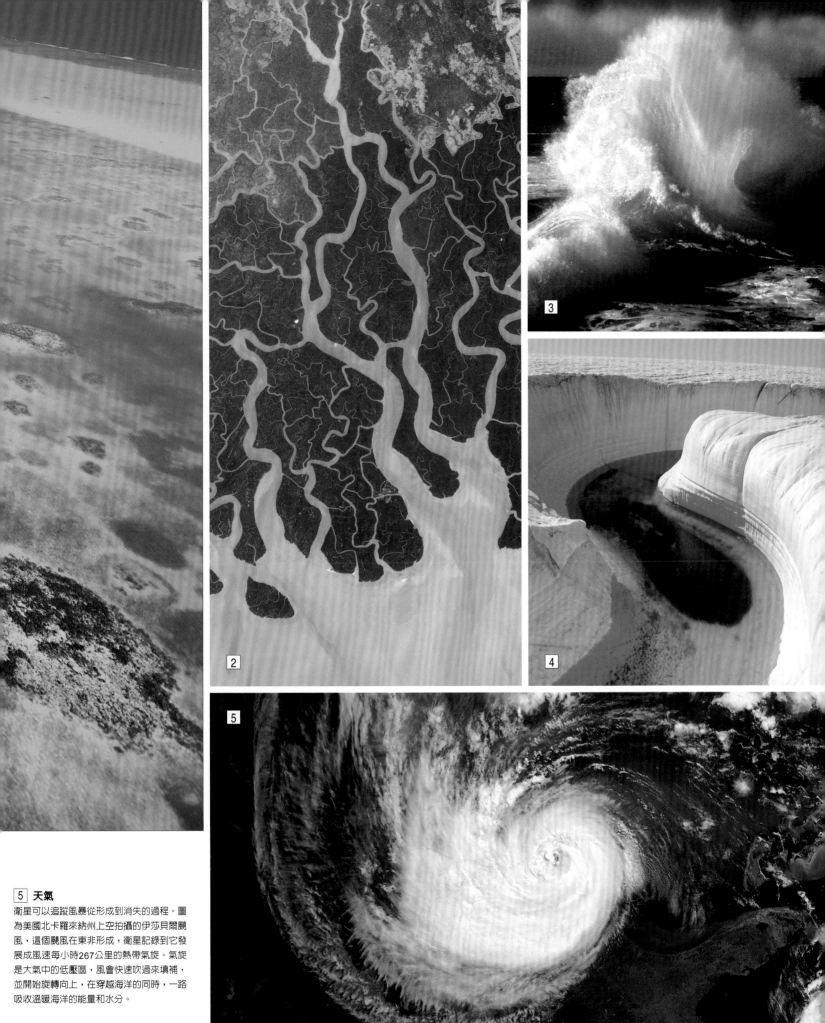

5 | 天氣
衛星可以追蹤風暴從形成到消失的過程。圖
為美國北卡羅來納州上空拍攝的伊莎貝爾颶
風，這個颶風在東非形成，衛星記錄到它發
展成風速每小時267公里的熱帶氣旋。氣旋
是大氣中的低壓區，風會快速吹過來填補，
並開始旋轉向上，在穿越海洋的同時，一路
吸收溫暖海洋的能量和水分。

# 地球上的生命

**地球是整個宇宙中唯一已知擁有生命的地方。太陽系的其他地方，像是木衛二歐羅巴的地下海洋，理論上也能有生命存在，不過至少目前為止，我們的地球家園仍是獨一無二。**

生命在地球上存在已經至少 37 億年了。我們無法確定地球上的生命是否起源於地球，有可能是在其他地方開始，之後才藉由像彗星這樣的天體散布到地球。地球上有能在非常嚴峻的環境下生存的嗜極端生物（extremophile），這表示生命有可能在宇宙其他看來相當嚴苛的環境生存下來。不過目前的共識是，我們在地球上看到的生命，是起源於地球上沒有生命的物質。

## 為什麼地球有生命？

地球上的生命，幾乎是在這顆行星年輕時不再受小行星轟炸，表面開始冷卻之後，就馬上出現了。從那時候開始，我們的行星就不斷提供能讓生物繁榮興盛的環境。地球和太陽的距離，剛好讓地球位在太陽系的適居帶（Goldilocks zone）中。適居帶裡適當的表面溫度和大氣壓力，能讓水在表面以液體的形式存在——這是我們所知的生命的必要條件。除此之外，地球還有豐富的能源（太陽輻射以及地球內部產生的熱量），能保護地球的電磁場（由液態鐵核中的電流產生），和一顆能減少地球傾角擺動程度而使氣候穩定的巨大衛星。

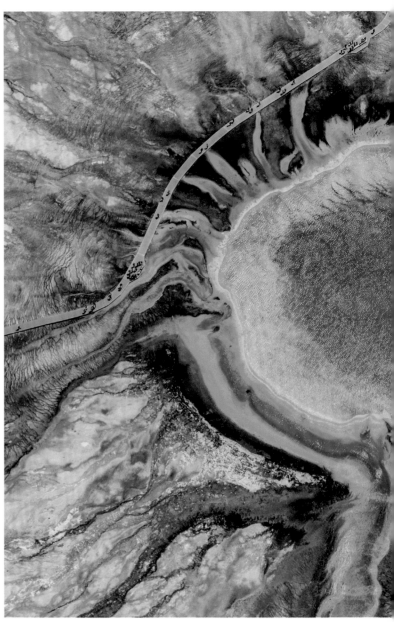

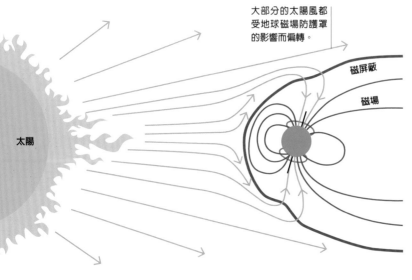

大部分的太陽風都受地球磁場防護罩的影響而偏轉。

磁屏蔽

磁場

太陽

△ **磁場**
地球強大的磁場能夠形成屏蔽，阻止太陽風裡大部分有潛在危險的粒子到達地球表面，因此能夠保護地球上的生命。太陽風由太陽上層大氣釋放出的高能帶電粒子組成，主要是電子和質子。

## 生命如何形成

第一個生命形式的前驅物，可能是在地球表面水中偶然產生的複雜有機（含碳）分子。在某個時間點，出現了具有獨特性質的有機分子：它具有催化本體複製的能力。這種能夠自我複製的有機分子是 DNA 的最早祖先。藉由天擇的演化過程，它的後代變得愈來愈複雜，有能力製造出保護結構，和能幫助它生存與複製的物質，成為原始的細胞。之後，單細胞形成密切合作的群體，成為多細胞生物。在大約 10 億年前，有性生殖出現，讓這些生物變得更多樣化，形成更複雜的形式，例如動植物，並一直持續生存到現在。

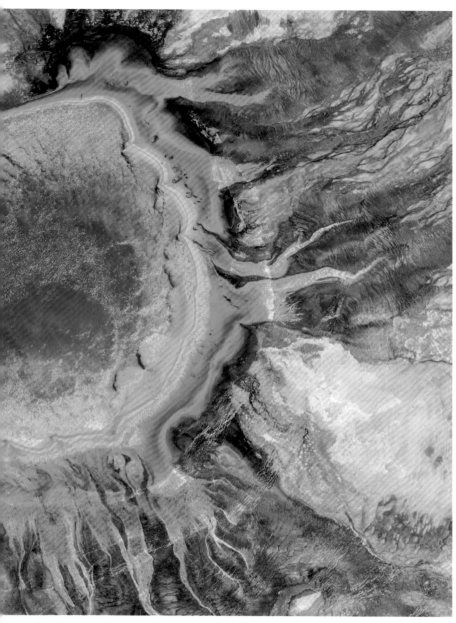

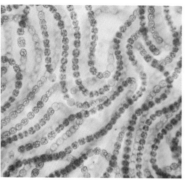

◁ **藍綠菌**
科學家認為藍綠菌已經存在了35億年之久，是地球上最古老的生命形式之一。這些微生物透過光合作用獲得能量。由於光合作用會釋放氧氣作為廢物，古老的藍綠菌改變了地球的大氣，形成有保護功能的臭氧層，使得地球表面變得適合生物生存，引發呼吸氧氣的生命形式開始演化出現。

▷ **深海熱泉**
深海熱泉是生命可能起源的地點之一，海底的裂縫噴出含有礦物質的熱水和一些簡單的可溶氣體，如氨和二氧化碳。礦物質可能會催化這些氣體分子之間的化學反應，而形成生命的基本組成結構。

◁ **變動的生命**
地球上的生命透過天擇而演化，從早期數量有限的簡單形式，發展成現在我們所見到的豐富多樣性。過去存在的物種大多數都已經滅絕，少部分保留在地球的岩石中形成化石。化石記錄顯示了地球過去發生過幾次災難性事件，造成生物的大規模滅絕，同一時間有大量物種消失。

**菊石化石**

△ **嗜極端生物**
嗜極端生物生長在不適合一般生物生存的環境下，例如高溫或酸性的水中，或是岩石內部。圖中大稜鏡溫泉（Grand Prismatic Hot Spring）的綠色、黃色和橙色區域，就覆蓋著帶有色素的嗜極端細菌。不同顏色的物種喜歡在不同的溫度生存，富含礦物質的熱池中心溫度高達攝氏87度。

▽ **生物多樣性**
一個地區的生物種類和差別多寡，就稱為該地區的生物多樣性。非洲的草原就以種類繁多的動物而聞名，例如東非塞倫蓋蒂（Serengeti）平原就有約45種哺乳動物和500種鳥類，這只是此地生物的一小部分。

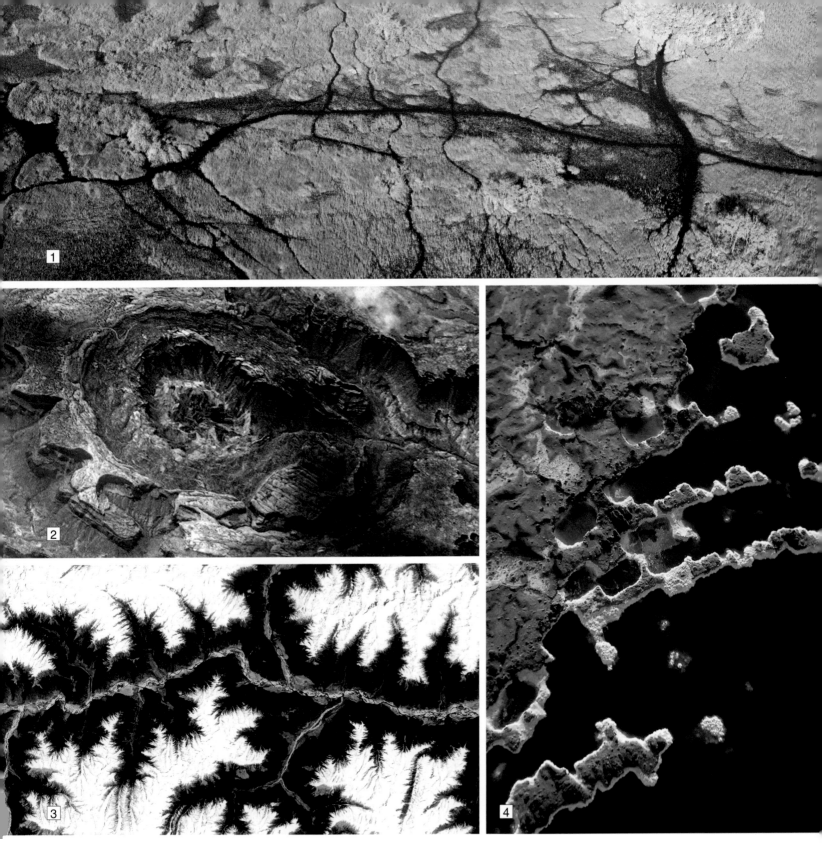

# 俯瞰地球

### 1 溼地
地球表面的大量液態水，形成了像溼地這樣的獨特棲息地。水流速度變慢（例如壯年河流匯流入海）的地方就會形成溼地，為各種不同的野生動物提供豐富的營養來源。從這張鳥瞰圖中，可以看到位在波札那的奧卡凡哥三角洲平原，遍布湖泊和島嶼，河道流過着翠繁茂的綠色植被。

### 2 撞擊坑
這張照片是從國際太空站（International Space Station，簡稱ISS）拍攝美國猶他州峽谷地國家公園的隆起穹丘（Upheaval Dome）。我們仍不清楚這個環形結構的起源，但在岩石中發現「撞擊石英」顯示，這是一個被嚴重侵蝕的撞擊坑，年代可能有6000萬年。另一個可能的理論是，圓頂是鹽礦床腐蝕後留下的結構。

### 3 山脈
海拔5000公尺以上、長年積雪的喜馬拉雅山東段位於西藏和中國西南方，聚集了全世界最高的山峰。在大地（Terra）衛星的這幅影像中，低矮斜坡上的植被呈現紅色，而河流則呈現藍色。在5000到7000萬年前，歐亞板塊和印度板塊的碰撞使得喜馬拉雅山隆起，目前仍然以每年2公分的速度持續隆升。

### 4 鹽田
在埃及亞力山卓附近沿海潟湖的鹽田中，藻類大量生長，為這幅鳥瞰影像增添了鮮明的紅色。人們利用池子將海水圍住，以萃取出鹽分；水蒸發之後，就能得到鹽。隨著池塘的鹽度變化，會有不同的藻類生長，將池塘從綠色變成橙色和紅色。

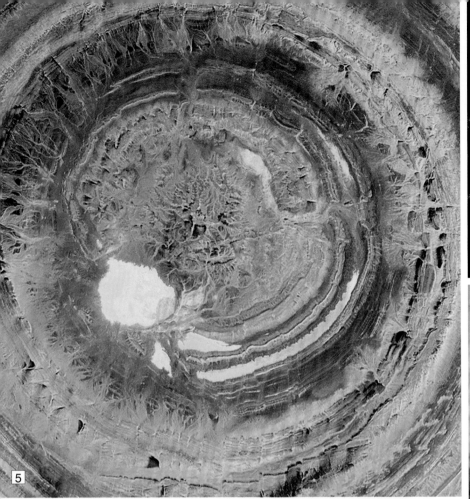

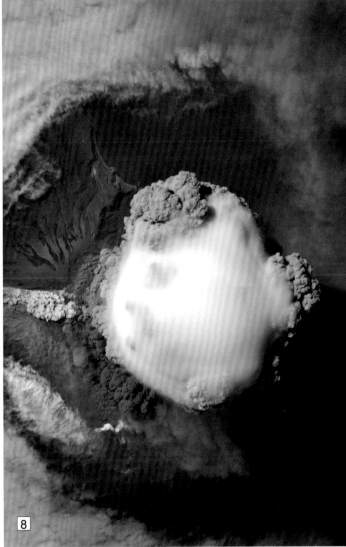

**5** 沙漠

撒哈拉沙漠裡的理查特結構（Richat Structure）被稱為地球的靶心（Earth's Bull's-Eye），是太空人的重要地標。從太空觀察，這個50公里寬的岩石穹丘會在其他毫無特色的地景中脫穎而出。環形結構可能是由於層狀沉積岩抬升之後，暴露於侵蝕作用而形成。

**6** 農田

中國雲南省山坡上的梯田，把地景雕刻成一幅抽象的拼貼畫。較低海拔的農田因為溫度夠高，適合種植水稻，高海拔地區則適合種植玉米這類更耐寒的作物。從天空中鳥瞰，人類對地景的影響顯而易見——這座山就見證了農業的發展。

**7** 城市

夜晚時分的城市點亮了地球。在這張從國際太空站拍攝的照片中，米蘭的燈光照亮了義大利的倫巴底地區。從太空中看地球，可以很容易看出城市增長和光害的程度。地球上最亮的地方就是都市化程度最高的地區。電燈發明超過一百年後，地球上仍然有些地區杳無人煙漆黑一片——南極洲就仍處於黑暗之中。

**8** 火山

從安全距離之外的國際太空站看千島群島的薩雷切夫火山（Sarychev Peak）爆發。這座火山高1500公尺，與火星近2萬2000公尺的奧林帕斯火山比起來是相形見絀。地球目前有約60座活火山，從地質學的角度來看，地球比太陽系火山活動最活躍的天體，擁有超過400座火山的木衛一要安靜得多。

# 地球研究史

數千年來，人類試圖了解地球的結構和運作原理。隨著過去數十年間許多關鍵理論的發展，我們也逐漸積累對地球的認識。

人類很早就看過其他天體的模樣，但在 1960 年代第一顆攜帶照相機的衛星發射之前，人類始終不曾看過地球完整的樣貌。在兩千多年前，古文明的科學家就已經知道我們的行星是球形的，對它的大小和海洋所占的比例也有一些概念。直到 20 世紀，人類才確定地球的年齡和內部結構，並發現了讓大陸移動的板塊構造。

希臘哲學家阿那克西曼德（Anaximander，約公元前610年到546年）理解的世界觀

### 約公元前3000年至公元前500年

**地平說** 有些古老的地中海文化認為整個地球表面是個盤狀的平面，外圍可能被海洋包圍。在一些早期的地圖裡可以看到地平說的概念。

### 約公元前330年

**亞里斯多德認為地球是球體** 希臘哲學家亞里士多德（Aristotle）認為地球是球體。他指出一些觀察來支持這個理論，例如我們要到遙遠的南方才能看到某些星星，如果地球是平的，那麼應該每個地方都能看到同樣的星空。

2億年前

1億3000萬年前

7000萬年前

現在

地震波通過地球

### ◀ 1912年

**韋格納的大陸漂移說** 德國科學家阿爾弗雷德·韋格納（Alfred Wegener）提出「大陸漂移說」（continental drift），認為所有的大陸過去全部都聚集在一起，之後才因為某種不明的原因而分開。當時的科學家大都不相信他的想法。

### ◀ 1906年

**地核的證據** 愛爾蘭地質學家理查德·奧爾德姆（Richard Oldham）研究地震波穿過地球的情形，得到地球有一個明顯核心的結論。他認為地核的密度比其他地方更高，因此在地震波通過時速度會減緩。

### 1830年代到1840年代

**冰河期理論** 瑞士地質學家路易士·阿格西（Louis Agassiz）和其他科學家研究歐洲高山地區的冰川侵蝕地形，首度提出地球在不久之前有過一段冰河期的想法。

埃及南部上空的噴流雲

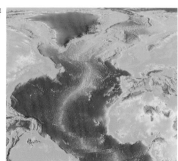

大西洋中洋脊

### ▶ 1920年代到1930年代

**發現噴射氣流** 日本、美國和歐洲的科學家利用氣球和高空飛機進行研究，了解在地球大氣層中有一股由西向東快速流動的狹窄氣流，這股氣流後來稱為噴射氣流（jet stream）。

### ▶ 1955年

**確定地球年齡** 美國的地球化學家克萊爾·帕特森（Clair Patterson）測量太陽系早期形成隕石的鉛同位素比例，確定了地球的年齡為45億5000萬年。他的方法稱為放射定年法（radiometric dating）。

### ▶ 1960年

**海底擴張說** 美國地質學家哈里·赫斯（Harry Hess）提出理論，認為中洋脊不斷形成新的海床，然後慢慢擴張。這個概念很快就被接受，成為後來板塊構造理論發展的關鍵。

吉爾伯特的磁性地球模型

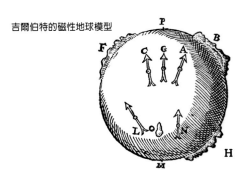

珂雪想像的地球內部

### 約公元前240年

**地球周長** 希臘學者埃拉托斯特尼（Eratosthenes）首度準確計算地球周長。他的方法是在同一個日期的同一時間，在南北相隔非常遙遠的兩地，比較兩地的太陽仰角高度。

### 1600年

**磁性地球** 英國科學家威廉·吉爾伯特（William Gilbert）研究過羅盤指針的運作之後，在他的著作《論磁石》（De Magnete）中指出地球是一個巨大的球形磁鐵，提出地球中心主要是由鐵組成的正確理論。

### 1600年代

**往內看** 許多關於地球內部結構的想法都非常先進。英國的愛德蒙·哈雷（Edmond Halley）宣稱我們的地球是由充滿氣體的同心球體構成，而德國學者阿塔納斯·珂雪（Athanasius Kircher）則認為地球可能是由巨大的高溫空室互相連結而成。

喬治·居維葉
（1769-1832）

詹姆斯·赫頓
（1726-1797）

### 1810年代到1820年代

**居維厄赫的災變說** 法國博物學者喬治·居維葉（Georges Cuvier）支持災變說，這種理論認為地球環境並不是緩慢地逐漸變化，而是被過去歷史中突然發生的大災難所改變，並導致大批動物滅絕。

### 1798年

**卡文迪西替地球量體重** 英國科學家亨利·卡文迪西（Henry Cavendish）利用測量重力的實驗來計算地球的平均密度。利用他的計算結果也能推估出地球的質量，所以有人說卡文迪西「替地球量體重」。

### 1785年

**赫頓的地質學理論** 現代地質學家之父蘇格蘭科學家詹姆斯·赫頓（James Hutton）在他的《地球理論》（Theory of the Earth）一書中提出，地球的樣貌是受到目前仍在運作的緩慢力量，透過長時間的作用形塑而成。

地球的板塊

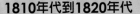

撞擊導致滅絕事件

### 1960年代晚期

**板塊構造理論** 基於海底擴張和大陸漂移的理論，研究學者提出地球外殼可能分成十幾個移動板塊的想法。這項板塊構造理論為地球科學帶來嶄新的革命。

### 1980年

**恐龍滅絕** 美國物理學家路易斯·阿爾瓦雷茲（Luis Alvarez）等人提出解釋恐龍滅絕的理論，他們認為在6550萬年前的白堊紀（Cretaceous period）晚期，有一顆大型的小行星或彗星撞擊地球，導致恐龍和許多其他動植物滅絕。

### 20世紀末

**人類世**
由於人類活動開始對地球的氣候和自然生態系統產生深遠的影響，學者為現在這個地質世代提出一個新的名字——人類世（Anthropocene）。

# 月球

月球是地球在太空中的夥伴，也是地球唯一的衛星。它是夜空中最大、最亮的天體，更是唯一一顆我們用肉眼就能觀察到表面特徵的天體。

月球的直徑是地球的四分之一，是太陽系中大小比例最接近母行星的衛星。地球和月球的重力對彼此有強大的影響，地球的潮汐力讓月球的自轉速度變慢，因此月球自轉一周所需的時間與月球繞地球公轉一周的時間相同（27.32 天），也因此月球總是以同一面面對地球。

月亮是個貧瘠的岩質球體，缺乏足夠的重力留住大氣。月球表面輪番暴露在太陽的熱力和虛無的太空下，因此溫度波動幅度很大，從當地正午的攝氏 120 度，到漫長夜晚午夜時分的攝氏零下 170 度；永遠處在陰影之中的撞擊坑底溫度還要更低。

在月球上由於沒有風化或板塊活動會影響撞擊坑，因此坑坑疤疤的表面在過去 40 億年來幾乎未曾改變，為我們這個區域的太陽系保留了歷史記錄。

## 靠近月球北極的埃爾米特坑（Hermite Crater）是太陽系最冷的地方之一。

### 月球基本數據

| | |
|---|---|
| 平均直徑 | 3474公里 |
| 質量（地球=1） | 0.012 |
| 赤道處重力（地球=1） | 0.167 |
| 與地球的平均距離（地球=1） | 38萬5000公里 |
| 自轉軸傾斜 | 1.5度 |
| 自轉週期（日） | 27.32地球日 |
| 公轉週期 | 27.32地球日 |
| 最低溫度 | 攝氏零下247度 |
| 最高溫度 | 攝氏120度 |

▷ **北半球**
月球的自轉軸相對於太陽幾乎是直立的，所以月球極區受到的陽光來自水平方向，兩極附近的撞擊坑底永遠都在陰影裡，裡頭可能還有水冰。

▷ **背面**
月球背對地球的半球比正面受到更多隕石撞擊。背面也很少有正面常見的黑色熔岩平原（稱為月海），就算有也比較小。

▷ **南半球**
南極點位於一個名為南極－艾肯盆地（South Pole-Aitken Basin）的巨大撞擊坑邊緣。盆地內較小的撞擊坑有些區域長年都在陰影裡，還有彗星碰撞帶來的冰。

寬1123公里的雨海（Mare Imbrium）是面積最大的月海之一，屬於撞擊盆地，是由隕石撞擊所形成，拋出的物質在周圍形成山脈。

風暴洋（Oceanus Procellarum）

阿里斯塔克斯坑是個相對年輕的撞擊坑（4億5000萬年），是月球上最明亮的地貌之一。

格里馬爾迪坑（Grimaldi Crater）

哥白尼坑（Copernicus Crater）有中央高峰和階地狀的坑壁。

溼海（Mare Humorum）

雲海（Mare Nubium）

克拉維坑（Clavius Crater）是南部高地一座古老的巨大火山口，直徑有225公里。

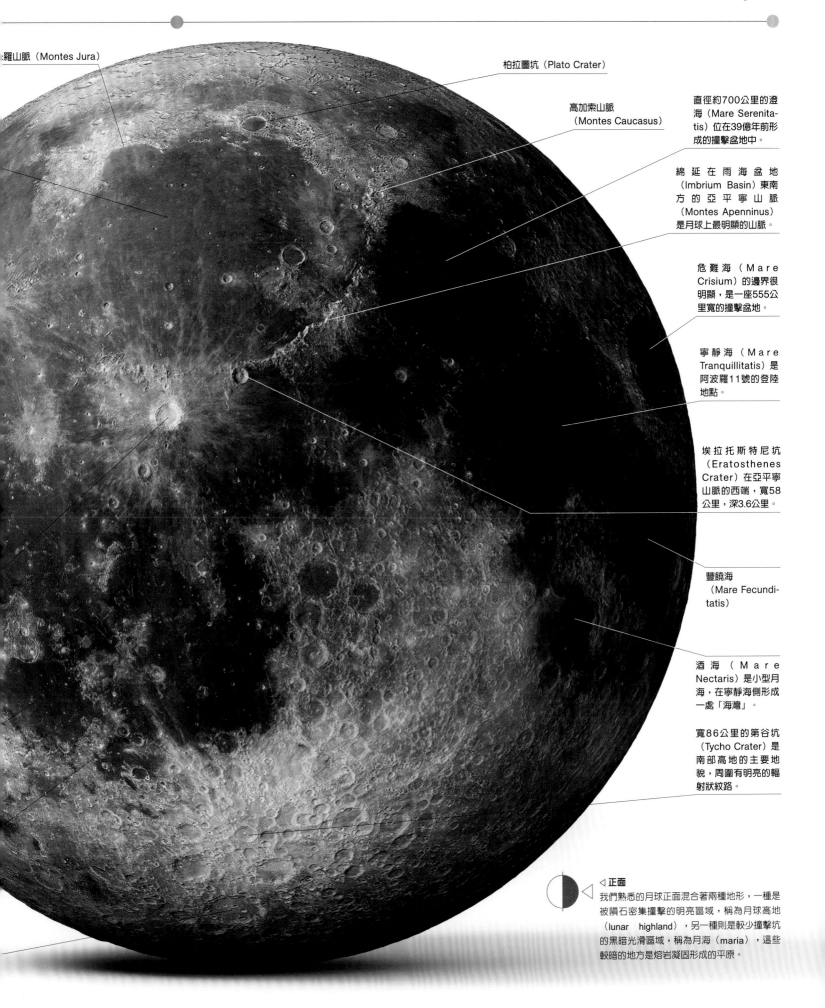

羅山脈（Montes Jura）

柏拉圖坑（Plato Crater）

高加索山脈
（Montes Caucasus）

直徑約700公里的澄
海（Mare Serenita-
tis）位在39億年前形
成的撞擊盆地中。

綿延在雨海盆地
（Imbrium Basin）東南
方的亞平寧山脈
（Montes Apenninus）
是月球上最明顯的山脈。

危難海（Mare
Crisium）的邊界很
明顯，是一座555公
里寬的撞擊盆地。

寧靜海（Mare
Tranquillitatis）是
阿波羅11號的登陸
地點。

埃拉托斯特尼坑
（Eratosthenes
Crater）在亞平寧
山脈的西端，寬58
公里，深3.6公里。

豐饒海
（Mare Fecundi-
tatis）

酒海（Mare
Nectaris）是小型月
海，在寧靜海側形成
一處「海灣」。

寬86公里的第谷坑
（Tycho Crater）是
南部高地的主要地
貌，周圍有明亮的輻
射狀紋路。

◁ 正面
我們熟悉的月球正面混合著兩種地形，一種是
被隕石密集撞擊的明亮區域，稱為月球高地
（lunar highland），另一種則是較少撞擊坑
的黑暗光滑區域，稱為月海（maria），這些
較暗的地方是熔岩凝固形成的平原。

# 月球結構

月球是太陽系中較小的天體，在 45 億年前形成之初就已經冷卻下來，炎熱火紅的鐵質核心可能有一部分是融熔狀態，周圍包覆的岩石大多已經凝固。

月球與地球的距離非常近，使得科學家能夠仔細研究它的內部結構。太空人在阿波羅計畫的登月任務中，把地震儀放在月球表面上，讓地質學家用來測量月震性質，以推估月球的內部結構。月震可能是由於潮汐力改變月球形狀而引起震動，或是因為隕石撞擊，使震波穿透月球內部。

美國航太總署最近發射的聖杯號（GRAIL）是兩顆一模一樣的衛星，全名為「月球重力重建與內部結構實驗室」（Gravity Recovery And Interior Laboratory）。這兩顆衛星測量重力場的輕微變化，以測繪月球的結構。

## 月球的內核非常小，寬度僅約240公里。

◁ **月球誕生**
科學家研究月球岩石，認為月球大約是在45億年前形成，當時有一個和火星大小差不多的天體叫做忒伊亞（Theia），撞上仍處在熔融狀態的地球。忒伊亞在撞擊後毀滅，大量的撞擊碎片進入環繞地球的軌道，隨著時間流逝，大部分的物質聚集起來，形成我們的衛星——月球。

在表面下方1000公里或更深的區域會發生週期性的月震。

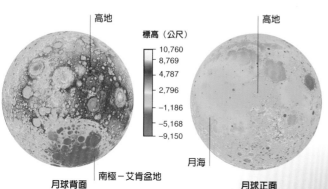

| 高地 | 標高（公尺） | 高地 |
|---|---|---|
| | 10,760 | |
| | 8,769 | |
| | 4,787 | |
| | 2,796 | |
| | −1,186 | |
| | −5,168 | |
| | −9,150 | |

月球背面　南極－艾肯盆地

月海　月球正面

◁ **表面高度**
月球最高的區域都在背面，平均比正面要高5公里。而最低的區域也在背面，是13公里深的南極－艾肯盆地。低窪的熔岩平原稱為月海，覆蓋了月球正面31%的面積。

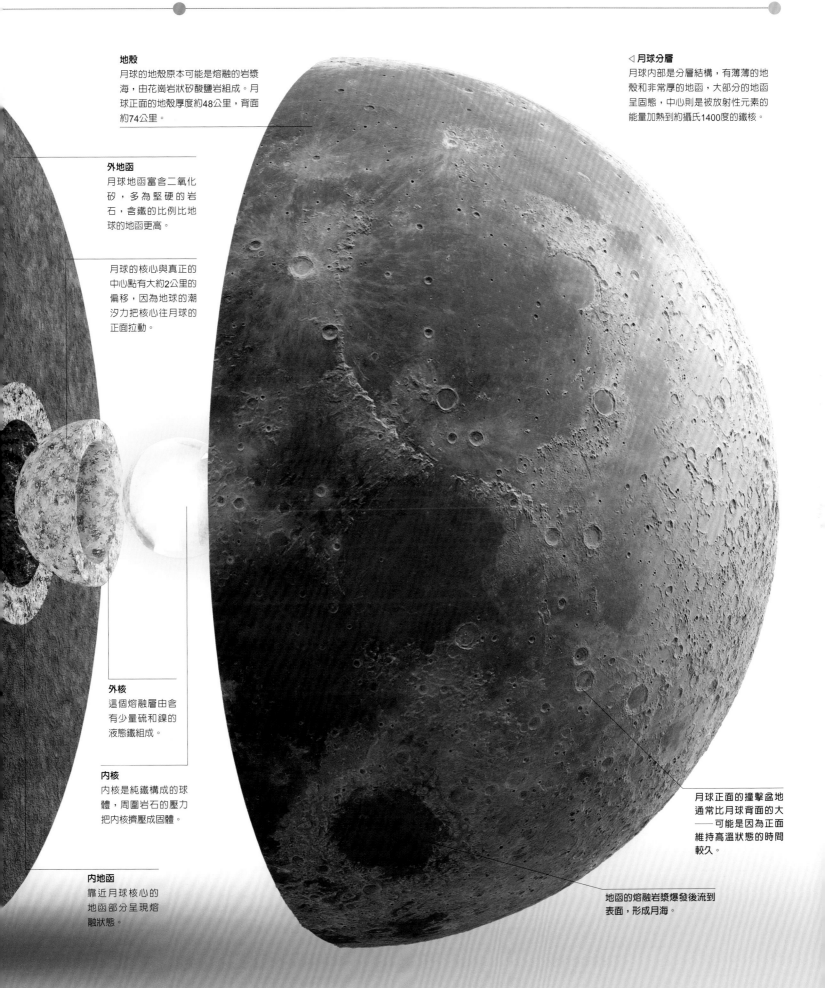

**地殼**
月球的地殼原本可能是熔融的岩漿海，由花崗岩狀矽酸鹽岩組成。月球正面的地殼厚度約48公里，背面約74公里。

**外地函**
月球地函富含二氧化矽，多為堅硬的岩石，含鐵的比例比地球的地函更高。

月球的核心與真正的中心點有大約2公里的偏移，因為地球的潮汐力把核心往月球的正面拉動。

**外核**
這個熔融層由含有少量硫和鎳的液態鐵組成。

**內核**
內核是純鐵構成的球體，周圍岩石的壓力把內核擠壓成固體。

**內地函**
靠近月球核心的地函部分呈現熔融狀態。

◁ **月球分層**
月球內部是分層結構，有薄薄的地殼和非常厚的地函，大部分的地函呈固態，中心則是被放射性元素的能量加熱到約攝氏1400度的鐵核。

月球正面的撞擊盆地通常比月球背面的大——可能是因為正面維持高溫狀態的時間較久。

地函的熔融岩漿爆發後流到表面，形成月海。

# 地球的**夥伴**

**和地球比起來，月球算是相當大，而且與地球的距離很近，這兩個天體的重力對彼此的影響非常大。**

月球的出身很獨特，因此和母行星比起來體積算是相當大的。太陽系中大多數的天然衛星，都是新行星剛成形時留下的殘骸構成，或是被行星捕獲的天體，例如小行星。因此和母行星比起來，衛星通常小很多。但地球的衛星是由地球與另一個天體撞擊而產生的大量殘骸所形成。現在的月球與地球的平均距離為 38 萬 4400 公里，地球和月球以很強的重力互相影響，產生的潮汐力使月球的自轉速度變慢，也讓地球上的海洋有明顯的潮汐現象。

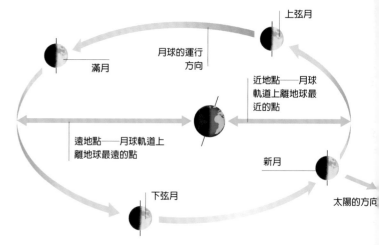

△ **自轉和公轉**

潮汐力會讓月球呈現不太規則的球形，也會讓月球自轉速度減慢、公轉軌道慢慢向外漂移。月球目前已經呈現同步旋轉的狀態，意思是它自轉一圈的同時，也會繞著地球公轉一圈。因此其中一個半球──也就是我們所稱的月球正面──會永遠面對地球，而背面則一直背對地球。

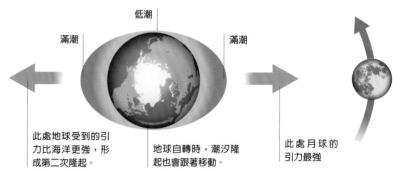

△ **潮汐力**

當天體的不同部分因為與另一天體的距離不同，而受到不同程度的重力，就會產生潮汐力。地球上的海洋在最靠近月球的一側會稍微隆起，造成滿潮。在另外一側受到的月球重力最弱，則出現第二個隆起。

△ **月食**

月球進入地球的陰影時就會發生月食。月球來到這裡仍會受地球大氣散射的陽光照射，因此變成暗紅色。由於地球比月球大得多，影子也更寬，因此月食比日食常見。

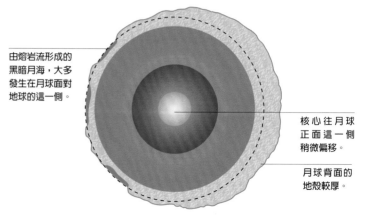

△ **偏移的結構**

在月球歷史的早期，地球重力造成的潮汐力把月球核心往正面這一側拉移了大約2公里，核心周圍的結構也跟著偏移，因此地函更靠近正面，而背面的地殼也較厚。這或許可以解釋為什麼形成月海的火山爆發都集中在月球正面。

**朔望月**

在地球上觀察月球，最明顯的特徵就是每個月的月相變化。從黑暗的新月逐漸變圓，形成眉月、上弦月、凸月，接著是被陽光完全照亮的明亮滿月，之後又慢慢變細，直到下一個新月開始。這整個週期稱為會合月（synodic month）或朔望月（lunar month），需時29.53天。在這段時間內，也會看到月球在天空中的位置相對於太陽由西向東繞了一圈。朔望月的時間比月球的公轉週期27.32天要稍微長一些，因為太陽在天空中也逐漸向東移動，對月球來說，就得再多花一些時間才能趕上，回到同樣的相對位置。

# 月球地圖

在這幅地圖中心的大型月海是我們熟悉的月球正面特徵，撞擊坑則是月球背面（地圖右半邊）的主要地形。

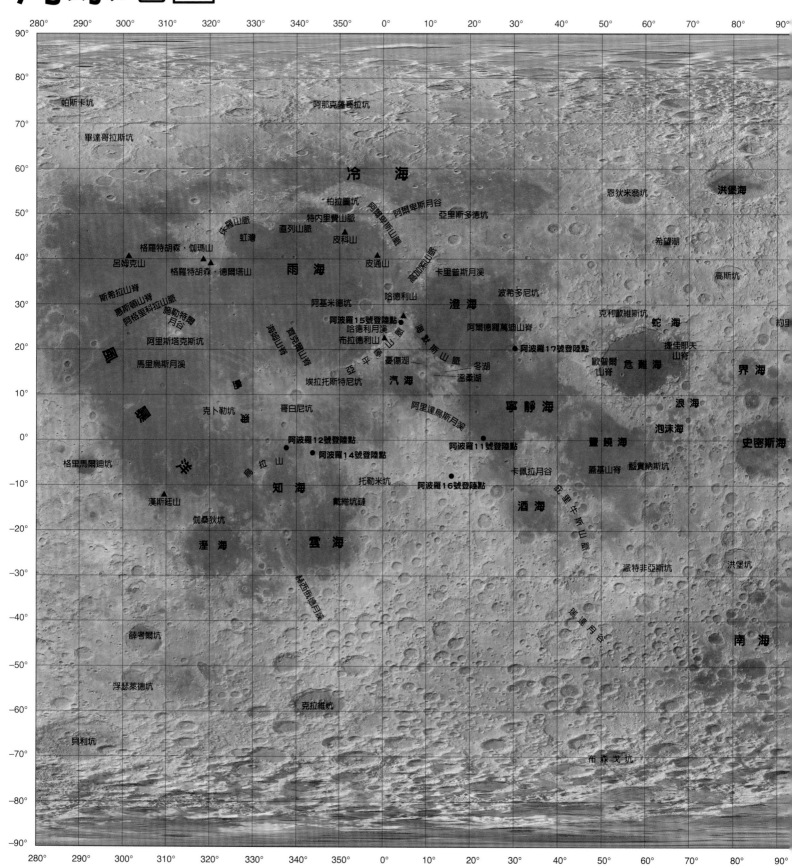

比例尺 **1:23,566,109**

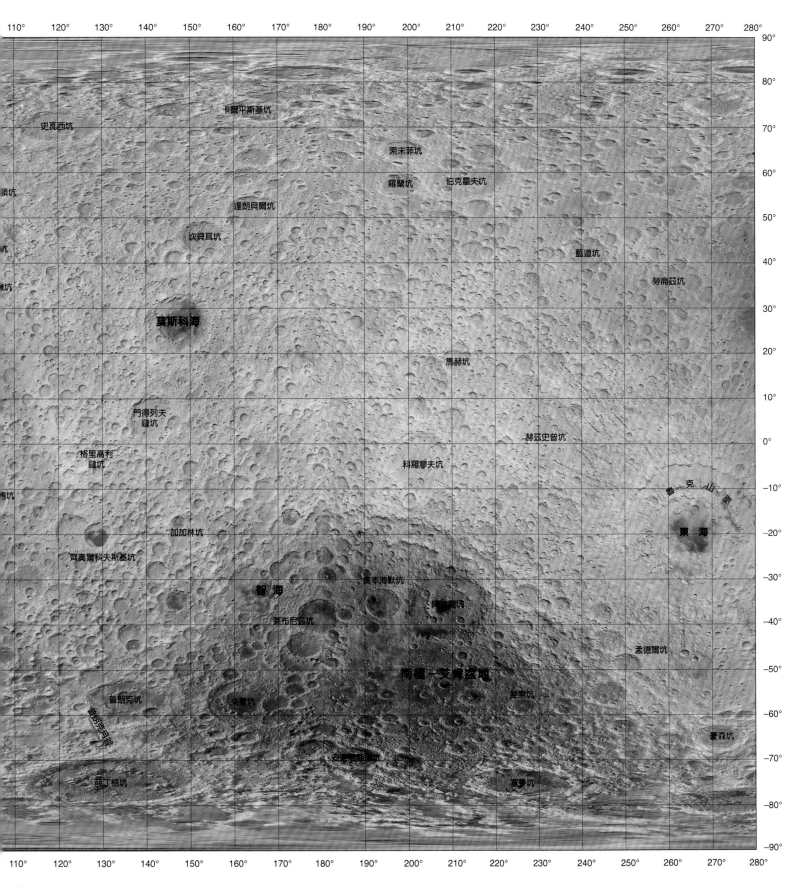

史瓦西坑

卡爾平斯基坑

索末菲坑

羅蘭坑　伯克霍夫坑

達朗貝爾坑

次貝耳坑

藍道坑

勞侖茲坑

**莫斯科海**

門得列夫
鏈坑

馬赫坑

格里高利
鏈坑

赫茲史普坑

科羅廖夫坑

魯克山脈

加加林坑

**東　海**

齊奧爾科夫斯基坑

**智　海**

奧本海默坑

萊布尼茲坑

孟德爾坑

**南極－艾特肯盆地**

普朗克坑

來雯坑

裴索坑

蒙森坑

費朗索耳谷

塞曼坑

蘭丁格坑

# 前進哈德利裂紋

哈德利裂紋（Hadley Rille）是在月球表面綿延 100 公里的陡峭山谷，是一條古老的熔岩流在大約 30 億年前流過月球表面留下的遺跡。

哈德利裂紋位於亞平寧山腳下的雨海撞擊盆地邊緣。這座山谷發源於長型的貝拉坑（Bela Crater），穿過名為凋沼（Palus Putridinis）的平原。科學家認為這條裂紋是在像河流一樣的熔岩流過月球表面時形成的熔岩通道。1971 年的阿波羅 15 號任務，在觀察哈德利裂紋時拍下了這幅影像，太空人大衛・史考特（David Scott）在這裡留下了紀念雕塑和徽章，以紀念那些在訓練和任務中過世的太空人。

大衛・史考特在阿波羅15號的著陸點與月面車合影，本圖由詹姆斯・厄文（James Irwin）拍攝

## 位置

經度：東經3度；緯度：北緯26度

## 地形剖面圖

哈德利裂紋大部分區域的寬度約1.5公里，深度180至270公尺。

阿波羅15號任務把 **77** 公斤的月球岩石帶回地球。

## 阿波羅15號

阿波羅15號的登月艙在1971年7月30日降落在哈德利裂紋的最深處附近，此處的山谷陡降至370公尺。太空人在這次任務中首度使用月面車，駕車進行了三次探索，到附近的撞擊坑收集岩石樣本。

月面車1
月面車2
月面車3

哈德利裂紋

聖喬治坑
(St. George)

登陸點
地光坑
(Earthlight)

沙丘坑
(Dune)

# 月球上看地出

這幅令人驚嘆的影像是地出的畫面，由日本太空船輝夜姬號（Kaguya）在2008年4月6日從約100公里高度所拍攝，可以看到地球緩緩地從月球的地平線上升起。輝夜姬號是在月球、地球和太空船剛好排列成一直線的時候，捕捉到這幅壯觀的畫面。從月球上看起來，地球幾乎是靜止不動的，因此繞行月球的太空船最容易觀察到地球升起。太空人必須站在月球的南極或北極附近，才能在月球表面上看到這個景象。

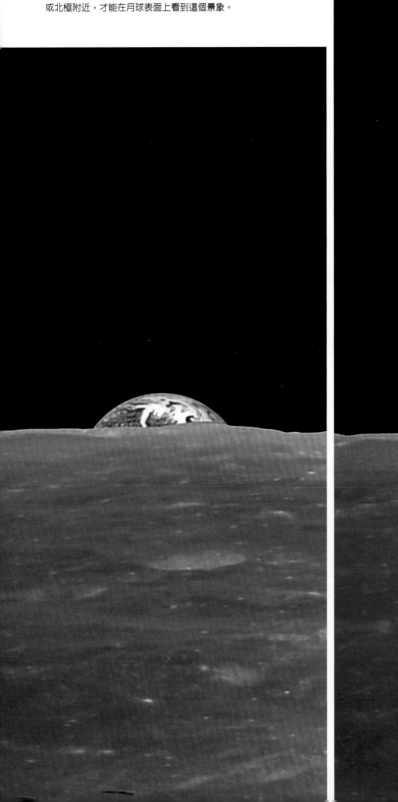

# 月球撞擊坑

月球表面遍布無數個大小不一的撞擊坑。過去 45 億年來，形成撞擊坑的力量是塑造月表地形的重要動力。

直到 1960 年代第一臺登月小艇登陸月球，發現了月坑有不一樣的大小，其中有一些非常小，我們才終於了解月坑是如何形成的。這項發現證實月坑必定是受到來自太空的物體的撞擊，而不是火山爆發造成的。

現在我們已經很清楚，月球表面的所有區域都有撞擊坑。但是在某些地方，後來的地質事件——如火山爆發和之後的隕石撞擊——已經覆蓋了最古老的撞擊坑。月球並不是太陽系中唯一受到大量隕石撞擊的天體，但卻是我們可以最詳細研究的天體。

▽ **撞擊坑的形成**
月球的撞擊坑保存得非常好，讓天文學家能夠詳細了解撞擊坑的形成過程。撞擊坑的大小和形狀主要由撞擊物體的動能（速度和質量的組合）決定。

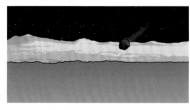

**1. 撞入的太空岩石**
流星體以各種不同的速度接近月球表面，撞擊的速度取決於它們是由後方趕上月球，還是正面碰撞。

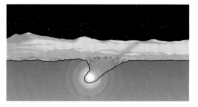

**2. 最初的影響**
撞擊產生的衝擊波將流星體蒸發，衝擊波像漣漪一樣向外傳遞，沿著碗形的震波鋒壓縮並加熱地殼。

**3. 噴射覆蓋物**
衝擊波經過時，會把撞擊點的物質拋出，碎片在周圍的地表形成一層噴射覆蓋物。

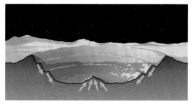

**4. 撞擊坑**
最後地表會形成窪地。大型撞擊坑的地殼可能會反彈形成中央峰；側坡可能會因為自身的重量塌陷而形成階地。

◁ **月球背面**
1950年代末，蘇聯的太空船首度拍攝到月球背面，看起來和我們熟知的月球正面大不相同。由於月球背面較少熔岩流形成的月海，看起來像是遭受了更多隕石撞擊。有一項理論認為，月球背面的地殼較厚，因此岩漿較難上升到地表形成月海。另一個可能性是月球背面比正面更快冷卻凝固，形成堅硬的岩石，因此無法形成太深的撞擊盆地。

門德列夫坑（Mendeleev Crater）

莫斯科海（Mare Moscoviense）

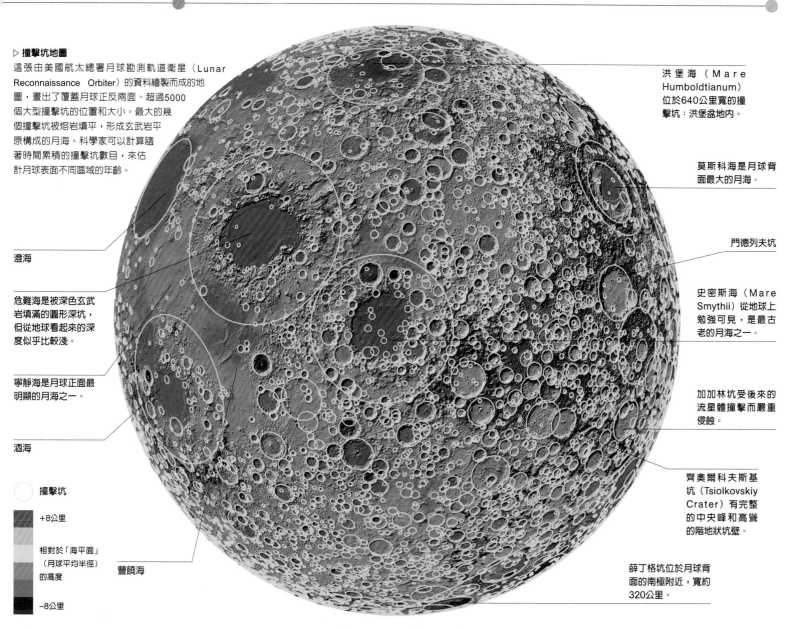

**▷ 撞擊坑地圖**

這張由美國航太總署月球勘測軌道衛星（Lunar Reconnaissance Orbiter）的資料繪製而成的地圖，畫出了覆蓋月球正反兩面、超過5000個大型撞擊坑的位置和大小。最大的幾個撞擊坑被熔岩填平，形成玄武岩平原構成的月海。科學家可以計算隨著時間累積的撞擊坑數目，來估計月球表面不同區域的年齡。

澄海

危難海是被深色玄武岩填滿的圓形深坑，但從地球看起來的深度似乎比較淺。

寧靜海是月球正面最明顯的月海之一。

酒海

○ 撞擊坑

+8公里

相對於「海平面」（月球平均半徑）的高度

−8公里

豐饒海

洪堡海（Mare Humboldtianum）位於640公里寬的撞擊坑：洪堡盆地內。

莫斯科海是月球背面最大的月海。

門德列夫坑

史密斯海（Mare Smythii）從地球上勉強可見，是最古老的月海之一。

加加林坑受後來的流星體撞擊而嚴重侵蝕。

齊奧爾科夫斯基坑（Tsiolkovskiy Crater）有完整的中央峰和高聳的階地狀坑壁。

薛丁格坑位於月球背面的南極附近，寬約320公里。

**△ 哥白尼坑**

這個年輕的撞擊坑只有8億年的歷史，保存相當完好，從地球上用雙筒望遠鏡就能輕易看到。撞擊噴射出的碎片在哥白尼坑周圍形成非常明亮的巨大輻射狀紋路，在滿月時相當引人注目。原本阿波羅18號的載人飛行任務預定在此著陸，不過後來計畫取消。

**△ 柏拉圖坑**

這個寬109公里的撞擊坑位在雨海北部，由於坑底鋪滿了熔岩，外觀看起來黑暗又光滑。科學家認為柏拉圖坑是在約38.4億年前，相鄰的雨海撞擊盆地形成後不久誕生的，之後一連串的崩塌形成了撞擊坑的邊緣。

**△ 普拉姆坑**

普拉姆坑（Plum Crater）是個小型的撞擊坑，僅36公尺寬。1972年，阿波羅16號任務月面車的第一個地質觀察點就在這裡。太空人在探索距離登陸點1.4公里的普拉姆坑時，發現了這塊名為「大繆利」（Big Muley）的月岩，這塊有40億年歷史的月岩重11.7公斤，是阿波羅任務太空人帶回地球的最大岩石。

# 高地與平原

**月表的地形大致有兩類：明亮且有大量撞擊坑的高地，和稱為月海的光滑黑暗平原。**

高地是月球原始的古老地殼，隨著 45 億年前月球表面從一團熔融的岩漿海洋開始固化而形成。高地主要由與地球地殼相似的明亮矽酸鹽礦物組成，布滿了數十億年來層層交疊的無數撞擊坑。月海則是撞擊坑稀疏的平坦平原，主要由深色的玄武岩岩漿形成。科學家研究這兩種地形的邊界，發現月海是較晚形成的月表地形，會將早期撞擊坑的痕跡消除。

冷海

**△ 亞平寧山脈**
月球上的亞平寧山脈以義大利的同名山脈為名，是月球上最大、最明顯的山脈之一，長約600公里，高約5公里，大約39億年前由雨海盆地形成時拋出來的物質組成。

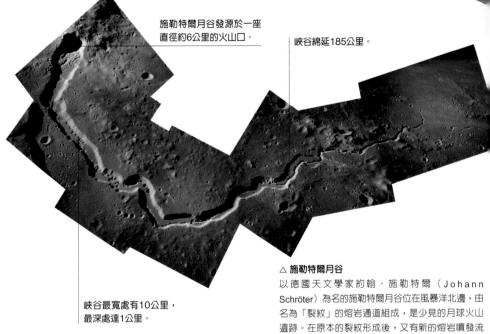

施勒特爾月谷發源於一座直徑約6公里的火山口。

峽谷綿延185公里。

峽谷最寬處有10公里，最深處達1公里。

**△ 施勒特爾月谷**
以德國天文學家約翰‧施勒特爾（Johann Schröter）為名的施勒特爾月谷位在風暴洋北邊，由名為「裂紋」的熔岩通道組成，是少見的月球火山遺跡。在原本的裂紋形成後，又有新的熔岩噴發流過底部，在舊有的熔岩通道中再形成一條新的熔岩通道。月球表面有幾個地方有這種彎曲的裂紋。

北地塊（North Massif）　　卡美洛坑（Camelot Crater）　　雕塑山脈（Sculptured Hills）　　月面車

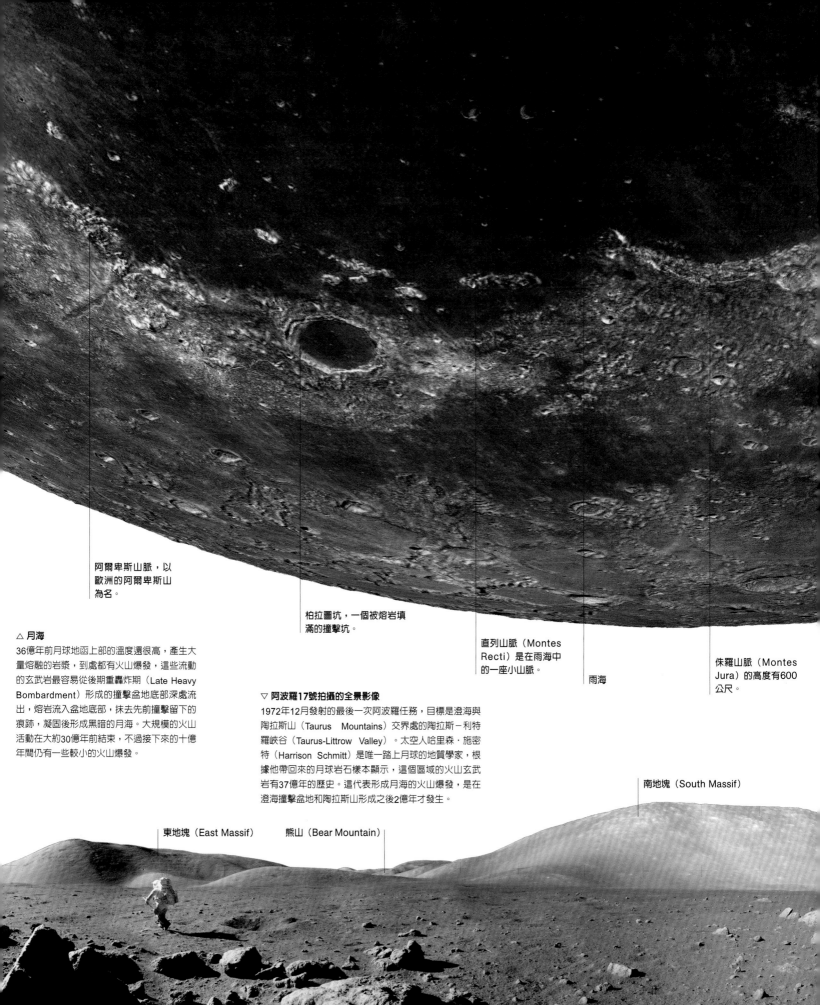

阿爾卑斯山脈，以歐洲的阿爾卑斯山為名。

柏拉圖坑，一個被熔岩填滿的撞擊坑。

直列山脈（Montes Recti）是在雨海中的一座小山脈。

雨海

侏羅山脈（Montes Jura）的高度有600公尺。

△ 月海

36億年前月球地函上部的溫度還很高，產生大量熔融的岩漿，到處都有火山爆發，這些流動的玄武岩最容易從後期重轟炸期（Late Heavy Bombardment）形成的撞擊盆地底部深處流出，熔岩流入盆地底部，抹去先前撞擊留下的痕跡，凝固後形成黑暗的月海。大規模的火山活動在大約30億年前結束，不過接下來的十億年間仍有一些較小的火山爆發。

▽ 阿波羅17號拍攝的全景影像

1972年12月發射的最後一次阿波羅任務，目標是澄海與陶拉斯山（Taurus Mountains）交界處的陶拉斯－利特羅峽谷（Taurus-Littrow Valley）。太空人哈里森‧施密特（Harrison Schmitt）是唯一踏上月球的地質學家，根據他帶回來的月球岩石樣本顯示，這個區域的火山玄武岩有37億年的歷史。這代表形成月海的火山爆發，是在澄海撞擊盆地和陶拉斯山形成之後2億年才發生。

南地塊（South Massif）

東地塊（East Massif）

熊山（Bear Mountain）

# 月球研究史

月球是夜空中最大、最亮的天體，一直是人類最有興趣的研究主體之一。從史前時代起，就有人注意到每個月循環一次的月相變化。

對石器時代的農業社會來說，學會觀察月球是很重要的，因為月相的變化就像日曆，告訴農民何時該播種和收成。到了巴比倫時代，天文學家不僅能理解月相，還能預測月食。希臘時期的人知道月球是球形的，也知道月球造成了潮汐。接下來幾個世紀，隨著月球的細節被揭露得愈來愈多，我們對月球的理解也逐步進展。我們知道月球的表面崎嶇不平，以橢圓軌道繞行地球，而且表面沒有空氣。最大的進步是在20世紀，月球成為人類首度踏足的異星天體。

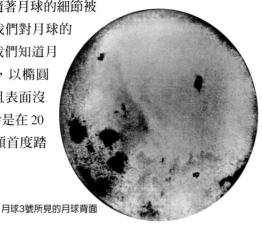
月球3號所見的月球背面

月食

### 約公元前2萬年

**史前日曆** 在中非伊尚戈（Ishango）地區發現的一根骨頭上有一連串人為的刻痕，似乎標示了每個月的月相變化循環。現代的研究者認為伊尚戈骨是早期的月曆。

### 公元前500 年

**預測月食** 巴比倫（今天的伊拉克地區）的天文學家保存了月食的詳細記錄。他們發現月食有周期性重複的現象，因此發生的時間是可預測的。

撞擊坑

### 1959年

**月球背面** 蘇聯太空船月球3號傳回最早的月球背面照片，在這之前人類從未見過月球背面的景象。這些影像顯示出月球背面比正面受到更多的隕石撞擊，但較少黑暗平坦的月海。

### 1873年

**撞擊理論** 英國天文學家理查德·普羅克特（Richard Proctor）提出，月球的凹坑是隕石撞擊造成的，而不是當時一般認為的火山活動。普羅克特的想法在20世紀才被天文學家普遍接受。

### 1757年

**測量月球質量** 法國天文學家亞歷克西斯·克萊羅（Alexis Clairaut）是當時數一數二的數學家，他首度準確測量月球的質量，並利用自己的觀測結果修正了艾薩克·牛頓的早期計算。

月球9號

阿波羅17號登陸

月球形成理論

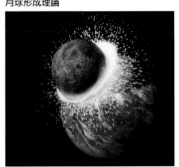

### 1966年

**第一次軟著陸** 另一艘蘇聯太空船月球9號首度在月球進行軟著陸，證實月球土壤足夠堅固，能夠支撐登月小艇的重量，人類也可以在月球表面行走，而不會沉下去。

### 1969年到1972年

**載人任務** 阿波羅月球任務期間，美國太空人登陸月球，在月球表面放置測量儀器，收集岩石樣本。科學家分析這些樣本，大幅增進了我們對月球表面組成、月球形成和歷史的知識。

### 1980年代

**了解月球起源** 科學家現在已經對月球的起源有了共識，他們認為先前有一顆和火星大小差不多的行星和地球發生碰撞，在地球周圍產生碎屑環，最後形成了月球。

在亞力山卓天文臺的依巴谷

伽利略的月球素描

## 約公元前450年

**解釋月光成因** 希臘學者阿那克薩哥拉（Anaxagoras）在留下的紀錄中，首度宣稱月亮是因為反射太陽而發亮。他的宇宙理論在當時非常先進，認為月亮和太陽並不是神祇，因此被控對神明不敬。

## 約公元前130年

**測量地月距離** 希臘天文學家依巴谷（Hipparchus）比較埃及的兩個城市——亞斯文（Aswan）和亞力山卓（Alexandria）所做的日全食觀測，測量出地球到月球的平均距離。

## 公元1609年

**第一次望遠鏡觀測** 義大利科學家伽利略是第一位使用望遠鏡仔細觀察月球的人。他指出月球和前人所想的一樣，並沒有光滑的表面，而是有山脈、坑洞，以及後來我們稱之為月海的平坦黑暗區域。

牛頓的砲彈圖

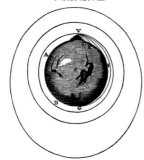

多貝瑪亞的比較圖

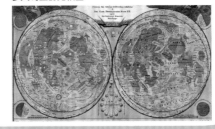

## 1753年

**確認月球大氣稀薄** 克羅埃西亞的天文學家羅傑·博斯科維奇（Roger Boscovich）觀察到，月球經過恆星前方時，恆星會立即消失，而不是在幾秒鐘內慢慢變暗，他基於這項觀察，推論月球幾乎沒有大氣層。

## 1680年代

**解釋月球軌道** 英國科學家艾薩克·牛頓研究橢圓軌道的數學特性，發展出重力理論。他用砲彈的類比來解釋，月球是因為一直在往下掉，所以能一直維持在軌道上。

## 1645年至1651年

**最早的月球細部地圖** 最早的月球細部地圖是由德國的約翰·赫維留斯（Johannes Hevelius）和義大利的喬萬尼·里喬利（Giovanni Riccioli）製作；里喬利的命名有部分沿用至今。後來德國天文學家約翰·多貝瑪亞（Johann Doppelmayr）在1742年製作了兩個版本的比較圖。

南極有大量的氫（藍色）

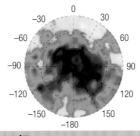

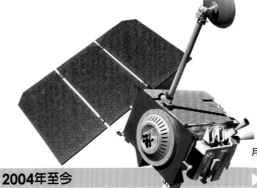

月球勘測軌道衛星（美國）

## 1994年

**克萊門汀號任務** 美國的克萊門汀號（Clementine）軌道衛星詳細測繪月表高度，並傳回紫外線和紅外光的影像，讓科學家能夠量測月球表面不同礦物的濃度。

## 1998年

**月球兩極可能有冰** 另一艘美國的軌道衛星——月球探勘者號（Lunar Prospector），在月球兩極偵測到大量的氫。這表示永遠位在陰影裡的撞擊坑內部的最上面幾公尺可能有水冰存在。

## 2004年至今

**更多月球任務** 美國、日本、中國、印度和歐洲太空總署把軌道衛星送往月球，傳回許多月球內部結構，以及水和其他化學物質在月表分布的資料。

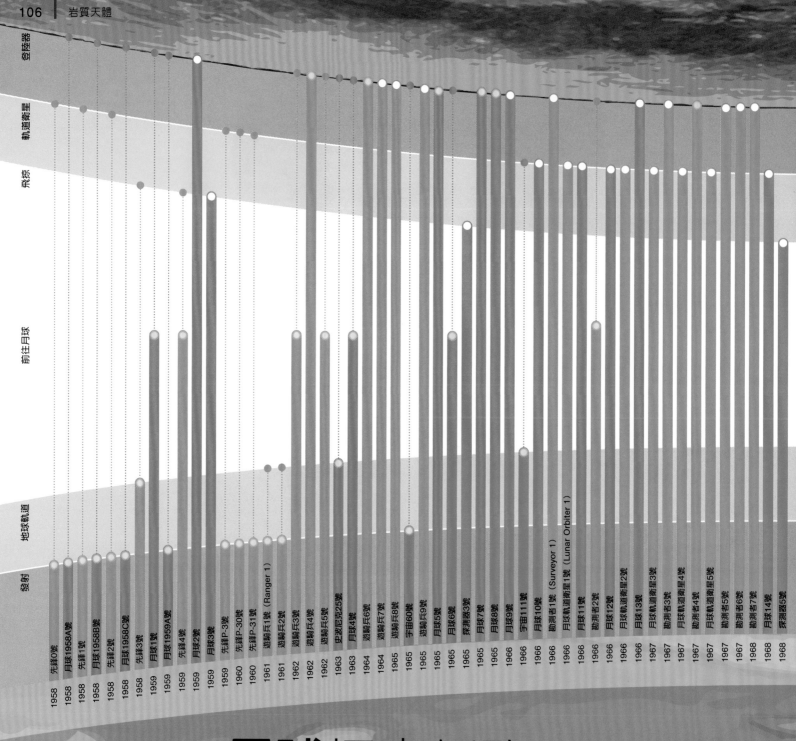

縱軸標籤（由上至下）：登陸器、軌道衛星、飛掠、前往月球、地球軌道、發射

任務名稱（由左至右）：
先鋒0號、月球1958A號、先鋒1號、月球1958B號、先鋒2號、月球1958C號、先鋒3號、月球1號、月球1959A號、先鋒4號、月球2號、月球3號、先鋒P-3號、先鋒P-30號、先鋒P-31號、遊騎兵1號（Ranger 1）、遊騎兵2號、遊騎兵3號、遊騎兵4號、遊騎兵5號、史波尼克25號、月球4號、遊騎兵6號、遊騎兵7號、遊騎兵8號、宇宙60號、遊騎兵9號、月球5號、月球6號、探測器3號、月球7號、月球8號、月球9號、宇宙111號、月球10號、勘測者1號（Surveyor 1）、月球軌道衛星1號（Lunar Orbiter 1）、月球11號、勘測者2號、月球12號、月球軌道衛星2號、月球13號、月球軌道衛星3號、勘測者3號、月球軌道衛星4號、勘測者4號、月球軌道衛星5號、勘測者5號、勘測者6號、勘測者7號、月球14號、探測器5號

年份（由左至右）：1958、1958、1958、1958、1958、1958、1958、1959、1959、1959、1959、1959、1959、1960、1960、1961、1961、1962、1962、1962、1963、1963、1964、1964、1965、1965、1965、1965、1965、1965、1965、1965、1965、1966、1966、1966、1966、1966、1966、1966、1966、1966、1967、1967、1967、1967、1967、1967、1967、1967、1968、1968、1968

# 月球探索任務

太空船造訪月球這個我們最近的鄰居已經有超過 50 年的歷史。月球是低地軌道外唯一有載人太空船抵達的天體，也是人類唯一登陸的太陽系天體。

在 1950 年代的一連串失敗之後，到達月球表面的第一艘太空船是蘇聯的探測器月球 2 號，1959 年故意墜毀在月表。在三個星期之後，月球 3 號傳回了第一張月球背面的影像，讓世人非常興奮。之後由於美國和蘇聯的太空競賽，又有數十個任務前往月球。近期的月球任務目標是科學研究，但對渴望展現科技實力的國家來說，月球依然是個非常吸引人的目標。

圖例
- 美國航太總署（美國）
- 俄羅斯聯邦太空總署（蘇聯／俄羅斯）
- 宇宙航空研究開發機構（日本）
- esa 歐洲太空總署（歐洲）
- 中國國家航天局（中國）
- 印度太空研究組織（印度）
- ⋯⋯ 目標
- 成功
- 失敗
- 載人任務

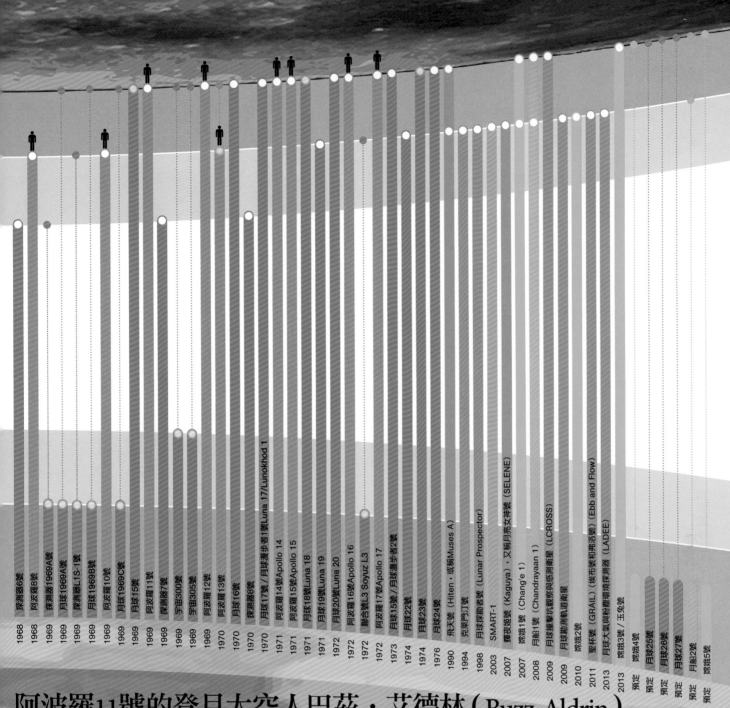

|  |  |
|---|---|
| 1968 | 探測器6號 |
| 1968 | 阿波羅8號 |
| 1969 | 探測器1969A號 |
| 1969 | 月球1969A號 |
| 1969 | 探測器L1S-1號 |
| 1969 | 月球1969B號 |
| 1969 | 阿波羅10號 |
| 1969 | 月球1969C號 |
| 1969 | 月球15號 |
| 1969 | 阿波羅11號 |
| 1969 | 探測器7號 |
| 1969 | 宇宙300號 |
| 1969 | 宇宙305號 |
| 1969 | 阿波羅12號 |
| 1970 | 阿波羅13號 |
| 1970 | 月球16號 |
| 1970 | 探測器8號 |
| 1970 | 月球17號／月球漫步者1號Luna 17/Lunokhod 1 |
| 1971 | 阿波羅14號Apollo 14 |
| 1971 | 阿波羅15號Apollo 15 |
| 1971 | 月球18號Luna 18 |
| 1971 | 月球19號Luna 19 |
| 1972 | 月球20號Luna 20 |
| 1972 | 阿波羅16號Apollo 16 |
| 1972 | 聯合號L3 Soyuz L3 |
| 1972 | 阿波羅17號Apollo 17 |
| 1973 | 月球15號／月球漫步者2號 |
| 1974 | 月球22號 |
| 1974 | 月球23號 |
| 1976 | 月球24號 |
| 1990 | 飛天號(Hiten，或稱Muses A) |
| 1994 | 克萊門汀號 |
| 1998 | 月球探勘者號(Lunar Prospector) |
| 2003 | SMART-1 |
| 2007 | 輝夜姬號(Kaguya，又稱月亮女神號)(SELENE) |
| 2007 | 嫦娥1號(Chang'e 1) |
| 2008 | 月船1號(Chandrayaan 1) |
| 2009 | 月球撞擊觀測與感測衛星(LCROSS) |
| 2009 | 月球勘測軌道衛星 |
| 2010 | 嫦娥2號 |
| 2011 | 聖杯號(GRAIL)(埃布號和弗洛號)(Ebb and Flow) |
| 2013 | 月球大氣與塵埃環境探測器(LADEE) |
| 2013 | 嫦娥3號／玉兔號 |
| 預定 | 嫦娥4號 |
| 預定 | 月球25號 |
| 預定 | 月球26號 |
| 預定 | 月船2號 |
| 預定 | 嫦娥5號 |

# 阿波羅11號的登月太空人巴茲・艾德林（Buzz Aldrin）說，月球的塵土聞起來像是「射擊過的火藥味」。

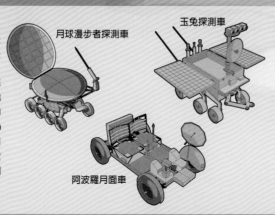

### 月面車

大多數在月球上進行軟著陸的都是不能在月面上移動的太空船，但是也有幾輛探索月球表面的探測車。最早是美國航太總署的月面車（Lunar Roving Vehicle，簡稱LRV），這也是後來阿波羅任務的太空人駕駛的「月球車」。1970年代初，蘇聯有兩輛遠距遙控的月球漫步者（Lunokhod）探測車登陸月球。中國的玉兔（Yutu）探測車在2013年登陸月球。

月球漫步者探測車

玉兔探測車

阿波羅月面車

### 登陸點

第一個在月球表面軟著陸的無人登陸器，是為了測試表面狀況而設計，因為擔心大量的隕石撞擊讓月球土壤形成粉末，沒有足夠的力量支撐大型太空船的重量。後來包括阿波羅載人登月任務，就針對特定地區和月表地型種類進行著陸，以收集能幫助我們理解月球形成和早期歷史的資料。

阿波羅登陸點

1

2

3

5

# 阿波羅計畫

### 1 測試飛行

美國在1960和1970年代的阿波羅計畫，是唯一把人類送往其他天體的系列任務。第一次成功的載人飛行是1968年10月發射的阿波羅7號，畫面中的人是當時的指揮官瓦爾特·希爾拉（Walter Schirra）。這次太空船指揮艙和服務艙的測試飛行，成功繞行地球軌道163次，在太空停留將近11天。

### 2 走出太空船

1969年3月發射的阿波羅9號任務是整個計畫的關鍵。在這次飛行中，太空人首度在太空中駕駛登月艙。在繞行地球軌道的十天期間，太空人讓登月艙分離又重新對接，測試儀器和維生系統，並進行太空漫步。在這張照片中，飛行員大衛·史考特（David Scott）正從指揮艙進入太空中。

### 3 指揮艙和服務艙

阿波羅太空船由三個部分組成：作為控制中心的指揮艙；載運火箭引擎、燃料和氧氣的服務艙；以及登陸月球的登月艙。只有圓錐形的指揮艙會返回地球。在這張照片中，可以看到月球軌道上的阿波羅17號指揮艙／服務艙，正等待登月艙從月球返回進行會合。

### 4 任務完成

1969年7月20日，在尼爾·阿姆斯壯和巴茲·艾德林首度踏上月球的那一刻，阿波羅計畫也達成了目標。艾德林穿著靴子踏上月球表面的寧靜海基地時，發現一件很有趣的事，他踢到的月球塵埃「幾乎每一粒都在相同的距離外落下」。太空人在月球上花了21個小時拍攝月表照片並蒐集樣本。

5 插旗

在阿波羅計畫的六次登月任務中，太空人照例都會在月球表面插上美國國旗。這張照片是1971年在月球的亞平寧山脈附近拍攝，阿波羅15號的指揮官大衛·史考特正在執行任務。在他身後可以看到登月艙，以蜘蛛腳般的支架穩穩站在月球上，另外還能看到一輛利用電池供電的小型月面車，這是阿波羅任務中首度使用月面車。

6 最後的月球之旅

阿波羅17號的登月小艇──挑戰者號（Challenger），載著太空人尤金·凱恩（Eugene Cernan，右）和哈里森·施密特（凱恩頭盔的反射影像）在月球的陶拉斯－利特羅峽谷登陸。他們在月面上長途考察，探索月球地形，收集了大量的月岩和土壤樣本。由於後續的阿波羅任務都被取消，自1972年的凱恩和施密特之後，再也沒有人踏上過月球。

6

# 火星

火星是一處極端寒冷的荒漠，由於塵土富含鐵質，因此火星表面呈現鐵鏽般的紅色。雖然火星的直徑只有地球的一半，又比地球更遠離太陽，但火星與地球卻有許多驚人的相似之處。

美國航太總署太空船傳回來的火星影像，看起來有一種怪異的熟悉感——有散落著岩石的沙漠、連綿起伏的山丘、壯觀的峽谷，以及灰撲撲的、偶爾有幾片白雲飄過的天空。火星的一天有 25 個小時，極地的冰冠像地球一樣有消有長，自轉軸的傾斜只比地球多了兩度，還有暗示過去曾有水存在的乾燥河床。另外還有火山和裂谷，顯示火星內部的高溫在過去曾經產生大地構造作用力。

儘管火星和地球有許多相似之處，但兩者依然大不相同。火星的質量只有地球的十分之一，重力無法維持住濃厚的大氣層，因此空氣稀薄，幾乎沒有氧氣。地球的核心較大，呈現熔融狀態，不僅讓地球的破裂地殼處在移動狀態，也形成了保護性的磁屏蔽；而火星的核心較小且已經冷卻，至少有部分呈現固態，地殼也已凍結，而且磁場太弱，無法讓太陽輻射偏轉。

過去的火星可能曾經溫暖潮溼，但現在卻是不適合生物生存的貧瘠荒原。

## 火星上揚起的塵雲可達1000公尺高，持續好幾個星期不散。

### 火星基本數據

| | |
|---|---|
| 平均直徑 | 6780公里 |
| 質量（地球=1） | 0.11 |
| 赤道處重力（地球=1） | 0.38 |
| 與太陽的平均距離（地球=1） | 1.5 |
| 自轉軸傾斜 | 25.2度 |
| 自轉週期（一天） | 24.6小時 |
| 公轉週期（一年） | 687地球日 |
| 最低溫度 | 攝氏零下143度 |
| 最高溫度 | 攝氏35度 |
| 衛星數量 | 2 |

▷ 北半球
火星的北極有一座名為北極高原（Planum Boreum）的永久冰冠，寬約1000公里，周圍是由深谷分隔的冰瓣組成。

▷ 熔岩平原
火星北部最主要的地形是熔岩覆蓋而成的巨大平原。南邊的 希臘平原（Hellas Planitia）是火星上最大的撞擊坑，寬度超過2000公里。

▷ 南半球
火星的南極位在南極高原（Planum Australe）上，這處冰冠的上層是由乾冰（二氧化碳）組成。除此之外還有大面積的永凍土，凍結的水和土壤像岩石一樣堅硬。

亞拔山（Alba Mons）是一座巨大的平坦火山，周圍是廣闊的熔岩原。

塔爾西斯（Tharsis）地區是寬約4000公里的巨大穹頂高原，上面有許多巨大的火山。

奧林帕斯山脈是火星上最大的火山。

阿爾西亞山脈（Arsia Mons）是三座巨大的塔爾西斯火山中位於最南端的。

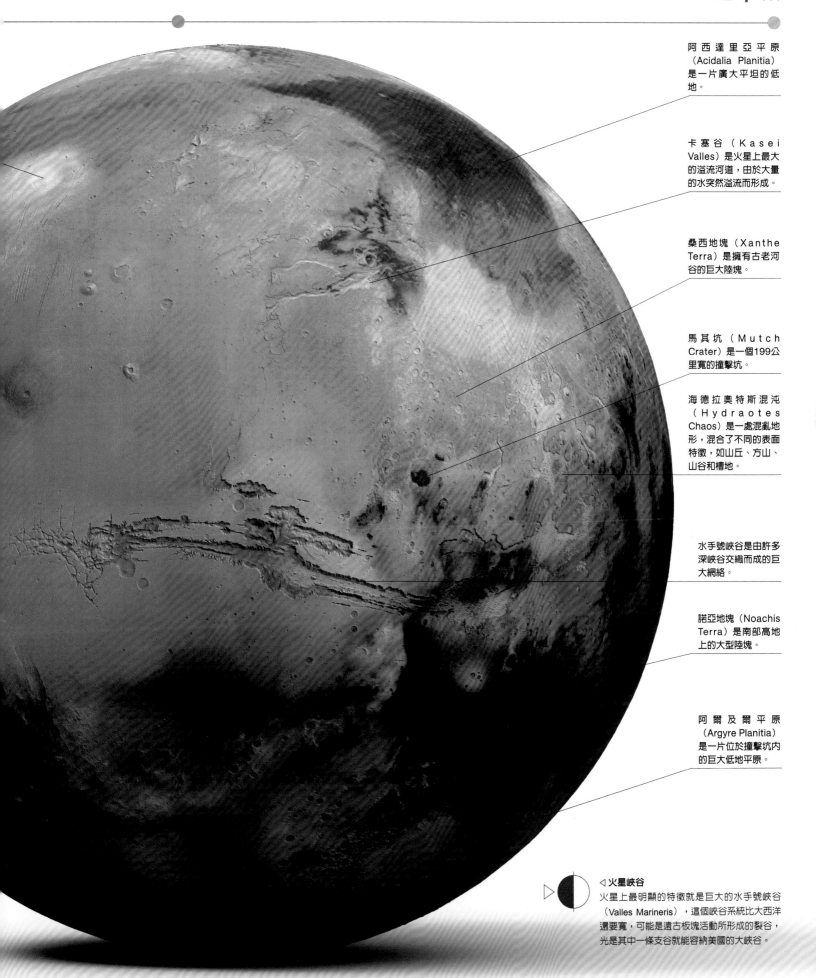

阿西達里亞平原
(Acidalia Planitia)
是一片廣大平坦的低
地。

卡塞谷（Kasei
Valles）是火星上最大
的溢流河道，由於大量
的水突然溢流而形成。

桑西地塊（Xanthe
Terra）是擁有古老河
谷的巨大陸塊。

馬其坑（Mutch
Crater）是一個199公
里寬的撞擊坑。

海德拉奧特斯混沌
（Hydraotes
Chaos）是一處混亂地
形，混合了不同的表面
特徵，如山丘、方山、
山谷和槽地。

水手號峽谷是由許多
深峽谷交織而成的巨
大網絡。

諾亞地塊（Noachis
Terra）是南部高地
上的大型陸塊。

阿爾及爾平原
（Argyre Planitia）
是一片位於撞擊坑內
的巨大低地平原。

◁ 火星峽谷
火星上最明顯的特徵就是巨大的水手號峽谷
（Valles Marineris），這個峽谷系統比大西洋
還要寬，可能是遠古板塊活動所形成的裂谷，
光是其中一條支谷就能容納美國的大峽谷。

# 火星結構

沒有人確知火星內部是什麼樣子，但是科學家透過各種研究，包括派出無人太空船探訪，已經建立起一套關於火星內部結構的理論。

火星年輕的時候，由於比地球小，也離太陽更遠，冷卻的速度比地球快。但科學家認為，火星鐵質核心的外層仍有部分處在熔融狀態。火星的最外層是厚度不一的岩石地殼，而且是完整的一塊，不像地球的地殼那樣分裂成好幾個會移動的板塊。地殼下方是矽酸鹽岩石構成的深厚地函，過去曾是流動的流體層。地函移動時改變了火星的外觀，使地殼上出現巨大的裂縫，並使地表破裂而形成巨大的火山。

**核心**

火星的核心很小，可能有部分呈液態，科學家認為主要由鐵組成。當火星仍處於熔融狀態時，重金屬沉入行星中心，並在冷卻時開始固化。

過去的地函運動導致表面出現巨大的裂縫。

▷ **火星的分層結構**

火星的外層是由固體岩石形成的地殼，在南半球的厚度約80公里，北半球的厚度約35公里。地殼下方則是由固態矽酸鹽岩石形成的地函。在更深處有個很小的核心，成分可能是鐵和其他更輕的物質，如硫化鐵。

## 火星的表面溫度最低可達攝氏零下143度。

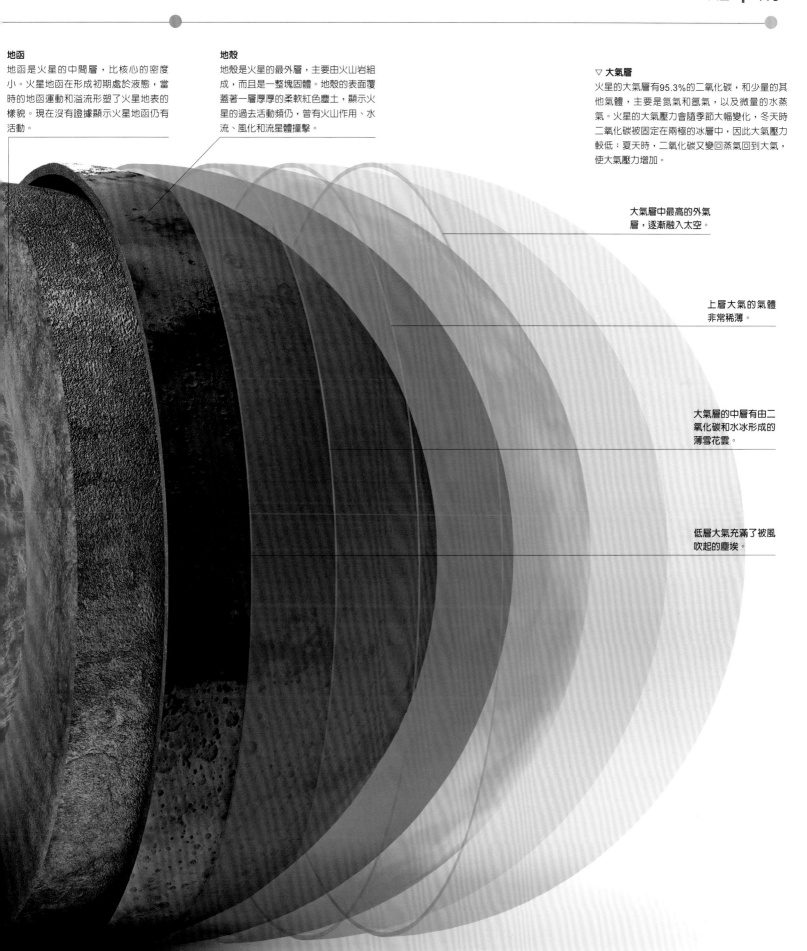

**地函**

地函是火星的中間層，比核心的密度小。火星地函在形成初期處於液態，當時的地函運動和溢流形塑了火星地表的樣貌。現在沒有證據顯示火星地函仍有活動。

**地殼**

地殼是火星的最外層，主要由火山岩組成，而且是一整塊固體。地殼的表面覆蓋著一層厚厚的柔軟紅色塵土，顯示火星的過去活動頻仍，曾有火山作用、水流、風化和流星體撞擊。

▽ **大氣層**

火星的大氣層有95.3%的二氧化碳，和少量的其他氣體，主要是氮氣和氬氣，以及微量的水蒸氣。火星的大氣壓力會隨季節大幅變化，冬天時二氧化碳被固定在兩極的冰層中，因此大氣壓力較低；夏天時，二氧化碳又變回蒸氣回到大氣，使大氣壓力增加。

大氣層中最高的外氣層，逐漸融入太空。

上層大氣的氣體非常稀薄。

大氣層的中層有由二氧化碳和水冰形成的薄雪花雲。

低層大氣充滿了被風吹起的塵埃。

# 火星地圖

火星的南北兩極有季節性的冰蓋，在兩極間的火星地形則非常多變。 北半球主要是平坦的熔岩平原，赤道地區被巨大的火山主宰，往南則是坑洞遍布的古老高地。

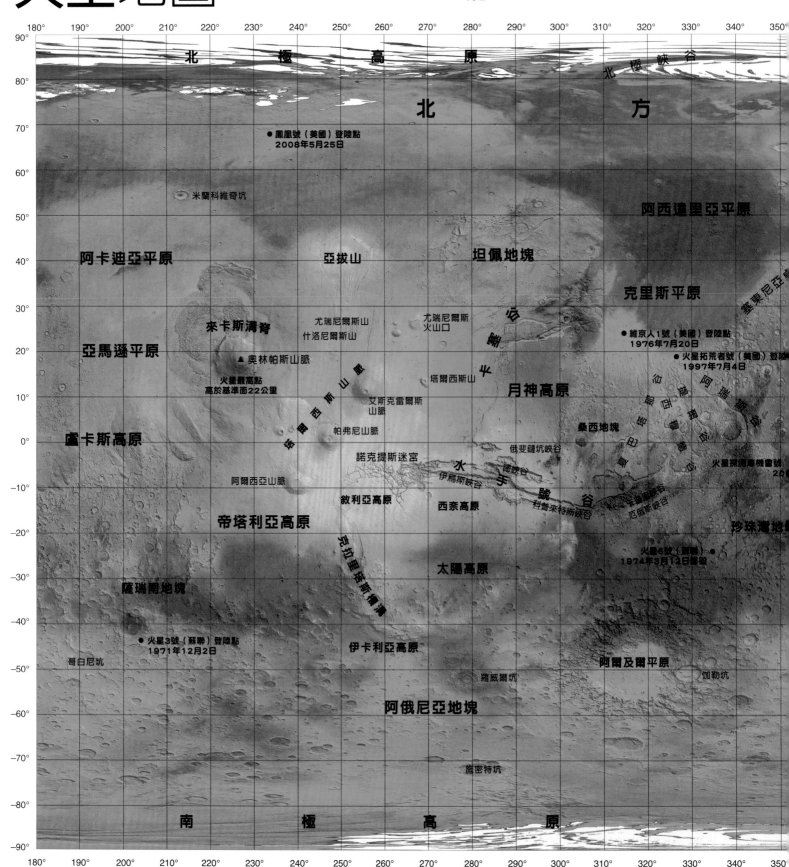

北 極 高 原

北極峽谷

北 方

●鳳凰號（美國）登陸點
2008年5月25日

米蘭科維奇坑

阿西達里亞平原

阿卡迪亞平原　亞拔山　坦佩地塊

克里斯平原

塞東尼亞島

來卡斯溝脊　尤瑞尼爾斯山　什洛尼爾斯山　尤瑞尼爾斯火山口

亞馬遜平原

▲奧林帕斯山脈
火星最高點
高於基準面22公里

塔爾西斯山

●維京人1號（美國）登陸點
1976年7月20日

●火星拓荒者號（美國）登陸
1997年7月4日

月神高原

艾斯克雷爾斯山脈

塔爾西斯山脈

桑西地塊

帕弗尼山脈

阿瑞斯谷

盧卡斯高原

俄斐鏈坑峽谷

諾克提斯迷宮

水　手　號　谷

火星探測漫遊機會號

阿爾西亞山脈

伊烏斯峽谷

德峽谷

科普來特斷裂峽谷

尼羅斯峽谷

珍珠灣地

敘利亞高原　西奈高原

帝塔利亞高原

太陽高原

●火星6號（蘇聯）
1974年3月12日墜毀

克拉里塔斯槽溝

薩瑞爾地塊

●火星3號（蘇聯）登陸點
1971年12月2日

伊卡利亞高原

阿爾及爾平原

哥白尼坑

羅威爾坑

伽勒坑

阿俄尼亞地塊

施密特坑

南 極 高 原

比例尺 1:45,884,054

0　250　500　750　1,000 公里

0　250　500　750　1,000 英里

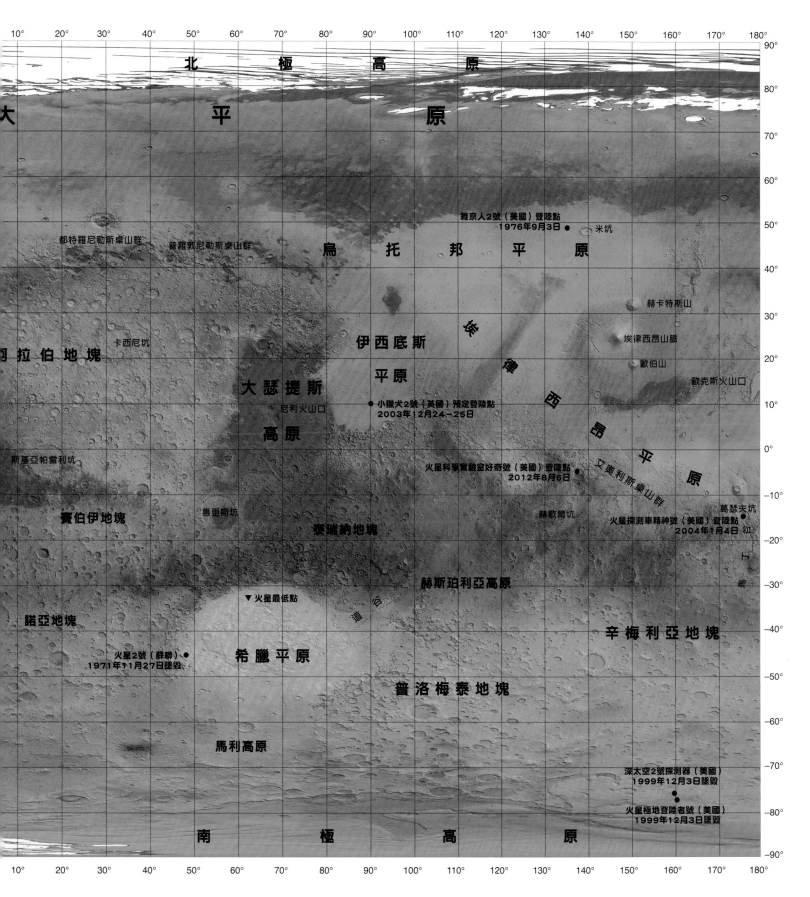

10° 20° 30° 40° 50° 60° 70° 80° 90° 100° 110° 120° 130° 140° 150° 160° 170° 180°

北　極　高　原

大　平　原

都特羅尼勒斯桌山群　　　　普羅敦尼勒斯桌山群　　　　烏　托　邦　平　原

維京人2號（美國）登陸點
1976年9月3日 ●　　　米坑

赫卡特斯山

卡西尼坑　　　　　　　　　　　　　　　　伊西底斯　　　　埃　　　　埃律西昂山脈

阿拉伯地塊　　　　　　　　　　　　　　　　　平原　　　律　　　歐伯山

大瑟提斯　　　　　　　　　　　　　　　　　　西　　歐克斯火山口

尼利火山口　　　小獵犬2號（英國）預定登陸點　昂
高原　　　　　　2003年12月24－25日　　　平

斯基亞帕雷利坑　　　　　　　　　　　　　　原

火星科學實驗室好奇號（美國）登陸點　文　　　　葛瑟夫坑
2012年8月6日 ●　奥　　火星探測車精神號（美國）登陸點

賽伯伊地塊　　惠更斯坑　　　　　　　　　赫歐爾坑　利　　2004年1月4日
斯

泰瑞納地塊　　　　　　　　　　　　　　　桌
山

赫斯珀利亞高原　　　群

▼ 火星最低點　　迪　　　　　　　　　　　辛梅利亞地塊
諾亞地塊　　　　　　　　　　　　　谷

火星2號（蘇聯）●　希　臘　平　原
1971年11月27日墜毀

普洛梅泰地塊

馬利高原

深太空2號探測器（美國）
1999年12月3日墜毀

火星極地登陸者號（美國）
1999年12月3日墜毀

南　極　高　原

10° 20° 30° 40° 50° 60° 70° 80° 90° 100° 110° 120° 130° 140° 150° 160° 170° 180°

# 火星上的水

火星是一個看不到液態水的世界。雖然火星的空中、表面和地表下方都有水，但都是以蒸氣或冰的形態存在。火星上曾經擁有豐沛的液態水，這些水對火星地貌產生的影響至今仍非常明顯。

今天的火星表面溫度和大氣壓力都很低，因此液態水無法存在。但是火星表面擁有液態水沉澱物質形成的沉積岩、靜水形成的礦物，以及被流動的水形塑的地貌特徵，這些全都顯示火星過去可能擁有大量液態水。

## 遠古的水

數十億年前的火星是一顆溫暖的行星，快速流動的水在地表雕刻出河床，以及數百公里長、如水道般的峽谷，另外還有災難性的大洪水淹沒了火星表面廣大的區域，留下氾濫平原。像卡賽谷（Kasei Valles）這樣的峽谷，曾經有過兩座巨大的瀑布，高度足足有地球上尼加拉瀑布的八倍，如今已經乾涸消失。火星的三角洲、湖泊和淺海也經歷了相同的命運。我們對火星過去的水了解得愈多，對於尋找生命愈有幫助。液態水對生命至關重要，如果火星曾經有水，那麼也可能曾經有生命。

△ 溢流水道
火星表面有溢流河道，這是液態水沖刷火星表面而形成的帶狀水道。在這些水道中，最大最長的非卡賽谷莫屬。卡賽谷長度超過2400公里，是由大量高速的溢流沖刷而成。從這張照片可以看見過去的水是往圖的左下方流動，並在水道中央形成一座島。

◁ 岩石中的證據
在小鷹坑（Eagle Crater）的一處岩石露頭上，散布著這些直徑約4公釐的灰色球體。火星探測車機會號（Opportunity）在2004年的分析顯示，這些球體由赤鐵礦組成，原本鑲嵌在露頭裡，但在較軟的岩石被侵蝕後，就在地上聚成一堆。一般來說地球上的赤鐵礦是在湖中形成，因此火星可能也有類似的狀況。機會號分析了圖中圓形區域下方的岩石作為對照。

▽ 撞擊融冰
過去在火星上流動的水，有的是火山活動或小行星撞擊釋放出來的。這張假色影像中的赫菲斯托斯槽溝（Hephaestus Fossae）有撞擊坑和水道，造成巨大坑洞的撞擊穿透地表，融化地下的冰，顯然也導致了災難性的洪水發生。

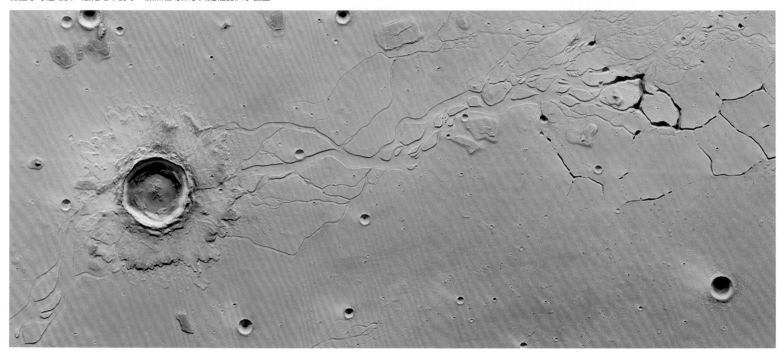

## 今日的水

現在火星上大部分的水都鎖在凍結的冰冠內，或是以蒸氣的形態存在於大氣中。環繞火星軌道運行的太空船，也在地表其他位置下方探測到冰。撞擊坑壁上仍有最近形成的溝渠，可能是液態的地下水流到地表的證據。

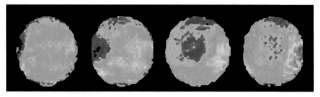

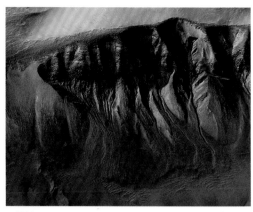

### △ 火星上的雲

這四張影像是由火星全球探勘者號（Mars Global Surveyor）拍攝，可看出水冰雲（藍色部分）通過火星的情形。這些纖細的卷雲會在大氣中的水蒸氣形成冰晶時偶爾出現，水蒸氣也會形成地面低處的霧氣和清晨的冰霜。

### ◁ 表面下的冰

2008年鳳凰號火星登陸器（Phoenix Mars Lander）於北極冰冠附近著陸，成為第一艘在地面上探測火星北極區的太空船。它利用機械手臂挖掘地面，在表面下方僅數公分處挖出了冰，四天後這些冰就蒸發消失。

### △ 溝渠

在撞擊坑壁上發現的這些樹根狀溝渠，可能暗示火星仍有流動的液態水。觀測結果顯示這些溝渠會隨著季節交替而變動。火星的溫度太低，純水無法以液態存在。但地表下方的鹹水凝固點較低，也許有機會流到地表，在短時間內把細小的沉澱物顆粒沿著坑壁往下帶。

### ▽ 水冰

這片巨大的冰層是火星北極附近一個無名撞擊坑內的永久特徵，寬約15公里，位在一片沙丘上。這個撞擊坑邊緣和坑壁的部分區域也可見到水冰。

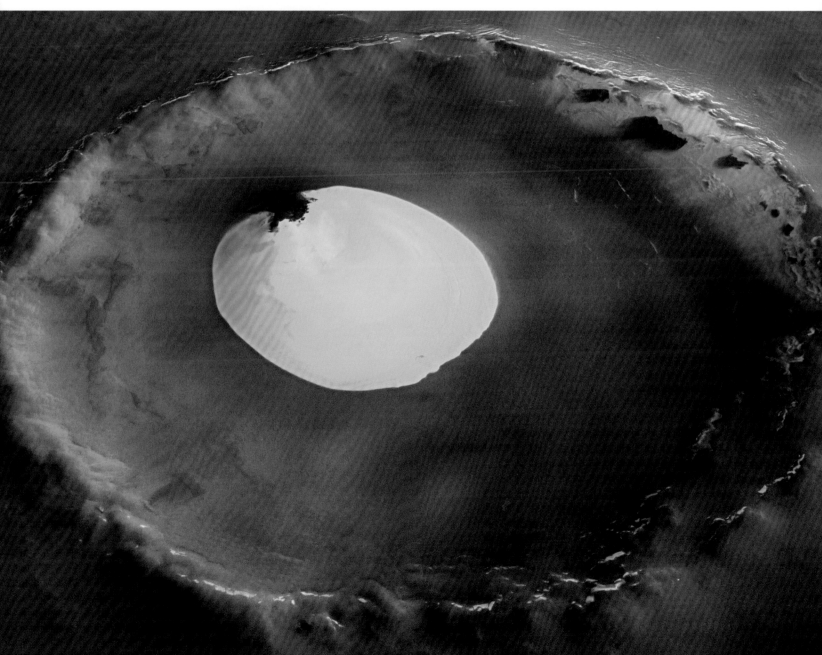

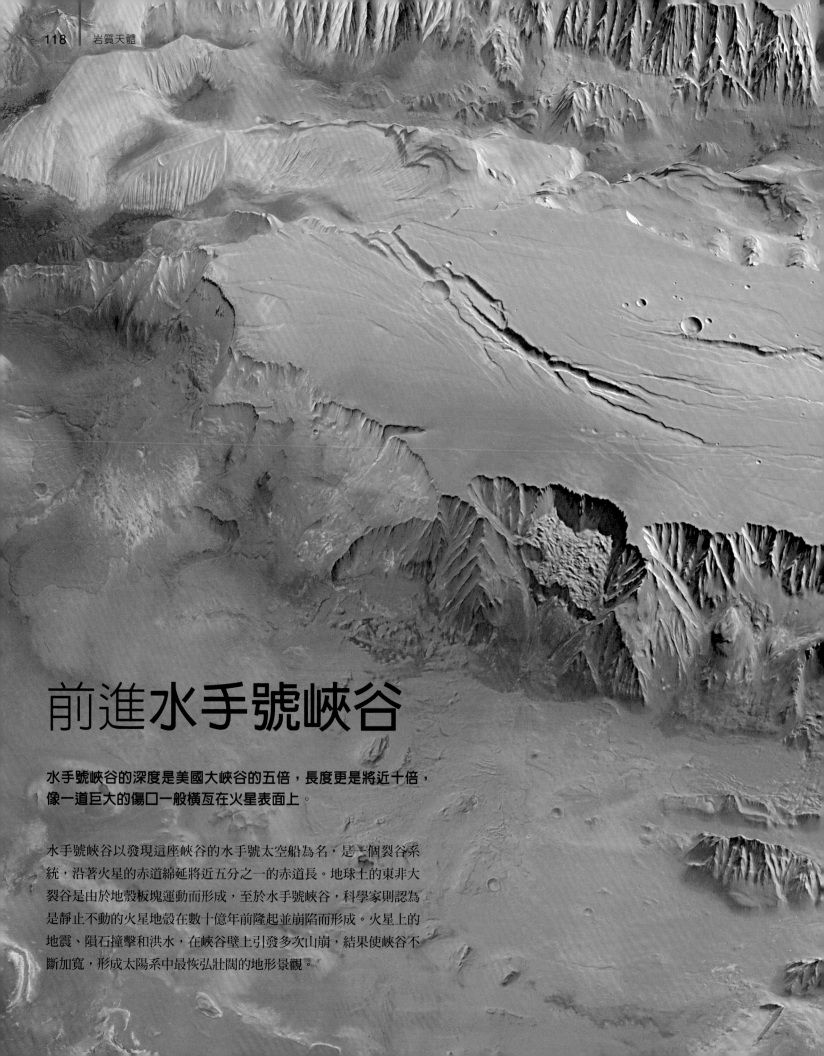

# 前進水手號峽谷

**水手號峽谷的深度是美國大峽谷的五倍，長度更是將近十倍，像一道巨大的傷口一般橫亙在火星表面上。**

水手號峽谷以發現這座峽谷的水手號太空船為名，是一個裂谷系統，沿著火星的赤道綿延將近五分之一的赤道長。地球上的東非大裂谷是由於地殼板塊運動而形成，至於水手號峽谷，科學家則認為是靜止不動的火星地殼在數十億年前隆起並崩陷而形成。火星上的地震、隕石撞擊和洪水，在峽谷壁上引發多次山崩，結果使峽谷不斷加寬，形成太陽系中最恢弘壯闊的地形景觀。

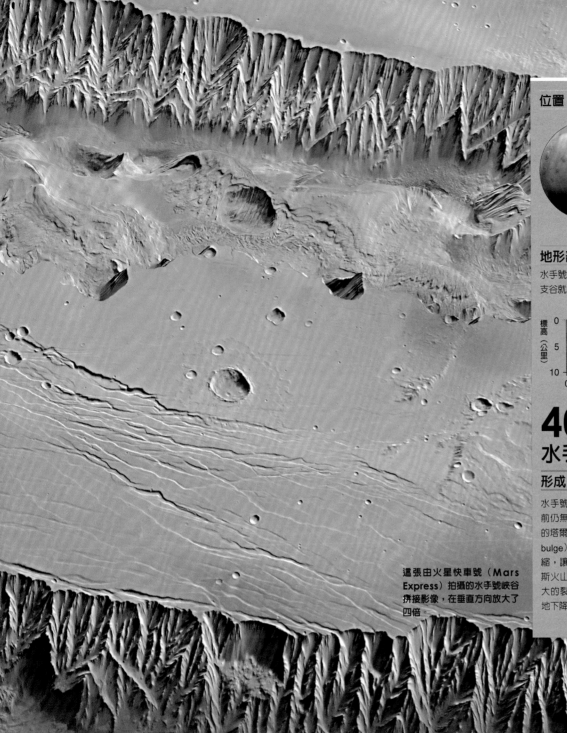

這張由火星快車號（Mars Express）拍攝的水手號峽谷拼接影像，在垂直方向放大了四倍。

## 位置

**緯度**：南緯3-18度；**經度**：東經268-332度

## 地形剖面圖

水手號峽谷是太陽系裡最龐大的峽谷系統，光是其中一條支谷就能輕易將地球的美國大峽谷容納在內。

美國大峽谷
29公里寬，1.8公里深

標高（公里）

水手號峽谷
250公里寬，10公里深

距離（公里）

# 4000公里
## 水手號峽谷系統的總長度

## 形成

水手號峽谷是怎麼形成的目前仍無定論。有可能是附近的塔爾西斯熔岩瘤（Tharsis bulge）形成後，地下岩漿退縮，讓地殼無法承受塔爾西斯火山的重量，因此形成巨大的裂隙，之後裂隙間的陸地下降，造成峽谷地形。

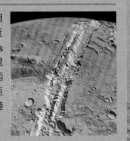

# 火星的火山

**火星上大部分都是火山地形，太陽系中最巨大的火山就聳立在大規模的熔岩流和遼闊的火山平原上。**

火山和熔岩平原證明了火星過去偶有火山活動。最近一次的大規模火山活動發生在 200 萬年前，但是天文學家相信未來還會有更多火山活動發生。塔爾西斯熔岩瘤是火星上最大的火山區域，這片廣大的高原在水手號峽谷西邊橫跨赤道，寬約 4000 公里，最高處達 8 公里，是在超過 30 億年前一次持續超過數千萬年的火山活動中，因地殼隆起而形成，火星上最龐大的火山群「火星盾狀火山」就位在此處。

## 組成和類型

火星上的火山有各式各樣的形狀和大小（右圖），從陡峭的穹頂形、平淺的碟形，一直到和地球火山相似的龐大盾狀火山都有。雖然火星上的盾狀火山比起地球上的規模大了許多，但外形非常相似，側面坡度平緩，山頂上則有破火山口。這些火山是低黏性的熔岩流在小規模噴發中形成，熔岩流往廣大的區域散布，堆積成淺淺的穹頂形。由於火星上重力較小，因此岩漿庫的規模較大，熔岩流也會更長、散布得更廣，此外，火星缺乏地殼板塊運動，導致火星上的火山能成長得比地球上的火山更大（下圖）。

△ **盾狀火山（Mons）**
外型類似盾牌的盾狀火山底部寬闊，坡度平緩。這樣的火山是由連續噴發的流動熔岩所形成，逐漸成長為極為龐大的尺寸，特徵是山頂有巨大的破火山口坑洞。

△ **穹頂形火山（Tholus）**
穹頂形火山的山體小，呈穹頂形，科學家認為這種火山是盾狀火山被掩埋後露出的山頂，山坡十分陡峭，破火山口和底部相比顯得特別大。

山頂的破火山口有部分坍塌，直徑32公里。

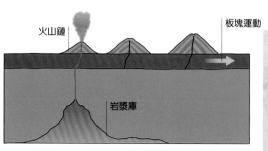

△ **地球**
夏威夷盾狀火山是在地球地函的熱點上方形成。由於海洋地殼緩慢移動到熱點上方，發展成一長串的盾狀火山鏈，也就是夏威夷群島。

△ **火星**
火星的地殼是完整的一塊，沒有會活動的板塊，因此像奧林帕斯山脈這樣的盾狀火山就是坐落在一個熱點上，經過數百萬年而累積成今天的巨大尺寸。

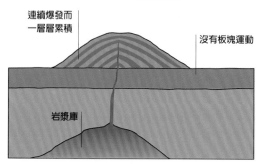

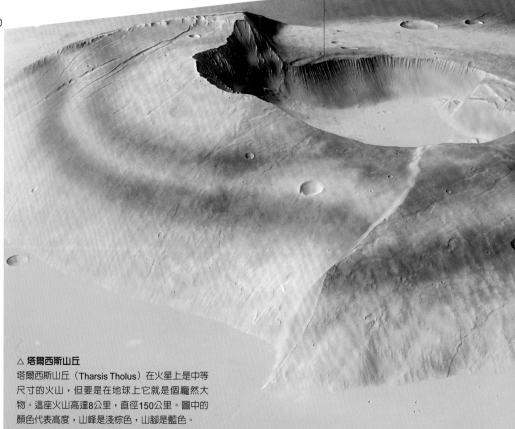

△ **塔爾西斯山丘**
塔爾西斯山丘（Tharsis Tholus）在火星上是中等尺寸的火山，但要是在地球上它就是個龐然大物。這座火山高達8公里，直徑150公里。圖中的顏色代表高度，山峰是淺棕色，山腳是藍色。

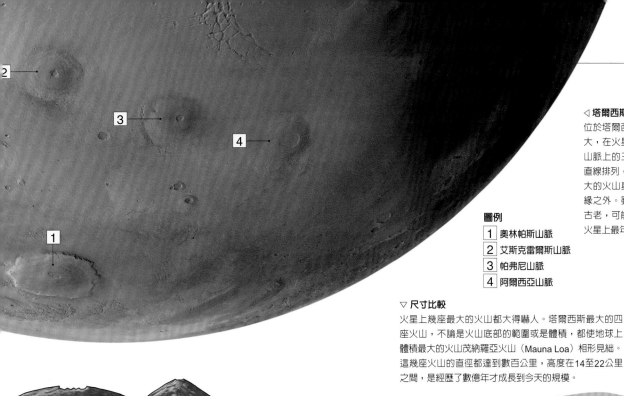

位於塔爾西斯熔岩瘤或是附近的火山都非常龐大，在火星表面上看起來十分顯眼。塔爾西斯山脈上的三座火山，沿著火山高原的頂端呈一直線排列，每座山峰相距約700公里。火星上最大的火山奧林帕斯山脈，就位在高原的西側邊緣之外。雖然科學家認為塔爾西斯熔岩瘤非常古老，可能在37億年前就已經存在，但有一些火星上最年輕的熔岩流也出現在這裡。

**圖例**
1　奧林帕斯山脈
2　艾斯克雷爾斯山脈
3　帕弗尼山脈
4　阿爾西亞山脈

▽ **尺寸比較**
火星上幾座最大的火山都大得嚇人。塔爾西斯最大的四座火山，不論是火山底部的範圍或是體積，都使地球上體積最大的火山茂納羅亞火山（Mauna Loa）相形見絀。這幾座火山的直徑都達到數百公里，高度在14至22公里之間，是經歷了數億年才成長到今天的規模。

**奧林帕斯山脈**
22公里高

**艾斯克雷爾斯山脈**
18公里高

**阿爾西亞山脈**
16公里高

**帕弗尼山脈**
14公里高

△ **淺碟形火山（Patera）**
火星表面有一種微微隆起的淺碟形火山，這樣的火山和穹頂形山丘一樣，可能是被掩埋的盾狀火山露出的山頂，但破火山口更大。

△ **錐狀無根火山（Rootless）**
這種小型的錐狀火山不到250公尺寬，是在新鮮熔岩流的表面上形成的火山錐。之所以稱為無根，是因為這種火山並不是在岩漿源的上方。

塔爾西斯山丘的側面是火星上最陡的山坡之一，平均坡度是10度。

撞擊坑

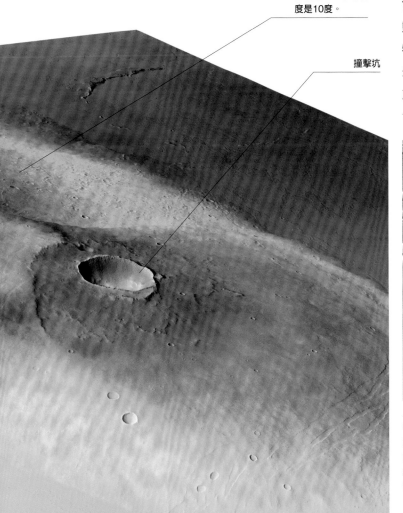

# 熔岩地

當熔岩從火星的火山噴發出來後，就會順著平緩的斜坡蜿蜒向下流動，接著才會在低地蔓延開來。這樣的噴發方式會在火星表面留下特殊的景觀，如熔岩管和熔岩平原。熔岩管的形成，是因為高溫的岩漿像地下河流一樣，持續在堅固的地殼下方流動，當源頭乾涸時就留下中空的管道，管道頂部可能後來會塌陷。熔岩平原則是大量古老的熔岩冷卻凝固而形成。

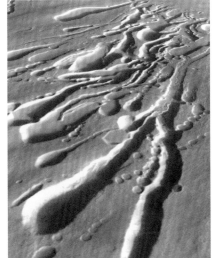

△ **熔岩管**
科學家在最大的盾狀火山斜坡上，辨認出遠古時代的熔岩管。這些熔岩管出現在帕弗尼山脈（Pavonis Mons）側面，其中最長的熔岩管有60公里長。空的熔岩管上方崩塌時，就會留下長長的凹地，這些特徵顯示過去曾有流動的液態岩漿。

△ **熔岩流**
赫斯珀利亞高原（Hesperia Planum）位在火星的南方高地上，是一塊1600公里寬的熔岩平原。大量的熔岩曾經淹上這片陸地，填滿這個直徑24公里撞擊坑的部分區域。這個橢圓形的撞擊坑是在低角度撞擊下形成，現在看起來仍相當明顯。

奧林帕斯山脈幾乎是地
球上聖母峰的三倍高。

# 前進奧林帕斯山脈

**奧林帕斯山脈是太陽系最大的火山，有 22 公里高，矗立在火星的平原上，是火星最高聳的地貌。但是因為這座火山太寬了，訪客要是站在山頂上，根本看不到平緩斜坡的盡頭。**

奧林帕斯山脈有 610 公里寬，和整個法國差不多。之所以能成長到這樣的規模，是因為在過去數百萬年間，連續數千次熔岩流不斷堆疊累積而成。火星的地殼是靜態的，不像地球有板塊活動，因此火山會永遠停留在火星地函的熱點上方。山頂高原被 6 公里高的陡峭懸崖環繞，熔岩曾經像瀑布一樣從懸崖上流下，然後注入周圍的平原。奧林帕斯山脈目前處於休眠狀態，但很可能再度噴發。19 世紀的天文學家就已經發現了奧林帕斯山脈，但一直要到水手 9 號太空船在 1971 年進入火星軌道後，才確認了火星上的這座巨大山脈是一座火山。

利用火星軌道雷射測高儀（Mars Orbiter Laser Altimetre，簡稱MOLA）的高度資料繪製的3D重建圖，精確呈現出實際的垂直高程差。

## 位置

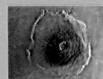

**緯度**：北緯19度；**經度**：東經226度

## 地形剖面圖

比起奧林帕斯山脈，地球上最高的火山——位於夏威夷群島的茂納開亞火山——簡直像個小不點。這兩座火山都是非對稱的盾狀火山，平均坡度都是5度左右。

茂納開亞火山（從海底算起） 奧林帕斯山脈

標高（公里）：30 20 10 0

剖面圖長度（公里）：0 300 600

## 破火山口

山頂的破火山口直徑約60公里，容納了至少六個火山口。這些火山口是熔岩流停止後，下方的岩漿庫崩塌而形成的。圖中的數字是火山口的概略年齡。

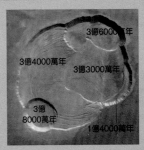

3億6000萬年
3億4000萬年
3億3000萬年
3億8000萬年
1億4000萬年

# 火星的沙丘

### 1 諾亞地塊

火星軌道衛星上的攝影機捕捉到許多令人驚豔的火星沙丘地影像。火星上的風吹動表面物質，形成漣漪狀的花紋。這張假色影像中的沙丘滯留在火星南半球諾亞地塊的撞擊坑內。

### 2 北極沙海

火星北邊的高地有一片稱為北極沙海（North Polar Erg）的區域，這裡的冰原上散布著許多由玄武岩和石膏顆粒構成的優美沙丘。北極沙海環繞北極冰冠，有一望無際的沙丘地；圖中的新月狀地形是因為砂粒覆蓋厚度較薄而產生。

### 3 季節變化

北極地區這片沙丘地上看似有樹木植被，但其實是錯覺。深色的部分是黑色花崗岩沙粒形成的條紋，旁邊是沙丘間的山口，瀰漫著冬季的二氧化碳霧氣。春季冰層變薄時，因風吹拂而露出下方的沙，就會發生這個現象。

### 4 移動的沙丘

火星上的沙丘就像地球上的一樣，也會明顯地移動，反映出局部風吹拂的效應。圖中沙丘緩緩從左邊移動到右邊，右下方深色的弧形是被風雕鑿而成的新月丘，地球的沙漠上也會出現同樣的景觀。

# 火星的極冠

**位於火星兩極地區的白色極冠主要由冰凍的水構成。雖然這兩塊近乎圓形的極冠是火星上的永久地貌，但仍會隨著季節而變化。**

極冠是高出周圍陸地的巨大冰堆，邊緣的峭壁顯示極冠是一層又一層的冰、沙、塵土，經過千百萬年逐漸堆疊累積而成。冬季時，極冠會因為被新的二氧化碳雪冰覆蓋而變大，到了夏天溫度升高，乾冰又變回二氧化碳氣體回到大氣中，極冠就會縮小。

## 北極極冠

北極極冠，也就是所謂的北極高原（Planum Boreum），是火星極冠中較大的一個，直徑約 1000 公里，厚度約 2 公里，90% 由水冰構成。科學家正利用美國太空總署火星勘測軌道衛星所收集到的冰層厚度和成分資料，研究火星的氣候變遷史。

由極地風吹蝕而成的巨大北極峽谷（Chasma Boreale）在北極極冠上造成一道明顯缺口。

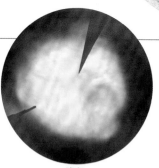

▷ **季節變換**
這兩張由哈伯太空望遠鏡（Hubble Space Telescope）拍攝的火星北極極冠影像，顯示由冬季到春季的轉變。隆冬時冰面會向南延伸，抵達將近北緯60度的地方，幾乎是最大的觸及範圍；三個月之後，天氣變暖，北緯70度以南的二氧化碳冰霜開始蒸發；到了初夏，只會剩下殘餘的水冰核心。

**隆冬**

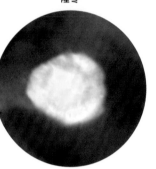

▽ **北極峽谷**
下圖是北極極冠上最大峽谷「北極峽谷」的3D立體重建圖。北極峽谷長約570公里，比地球的大峽谷稍微長一點，最深處達1.4公里，開口處約120公里寬，愈深入極冠處愈窄；峽谷壁是由冰層堆疊而成，深色的部分則是冰凍的沙。

**仲春**

▽ **螺旋形圖案**
北極極冠上黑暗的溝槽是極地強風千百萬年的吹拂所造成，構成獨特的螺旋形圖案。溝槽很可能一開始只是較淺的低地，然後逐漸變深，形成峽谷。從極冠延伸出去的這片廣闊深色沙丘，形成於火星較溫暖且還沒有冰的時期。

極地周圍的沙丘因極地的風而移動、變化。

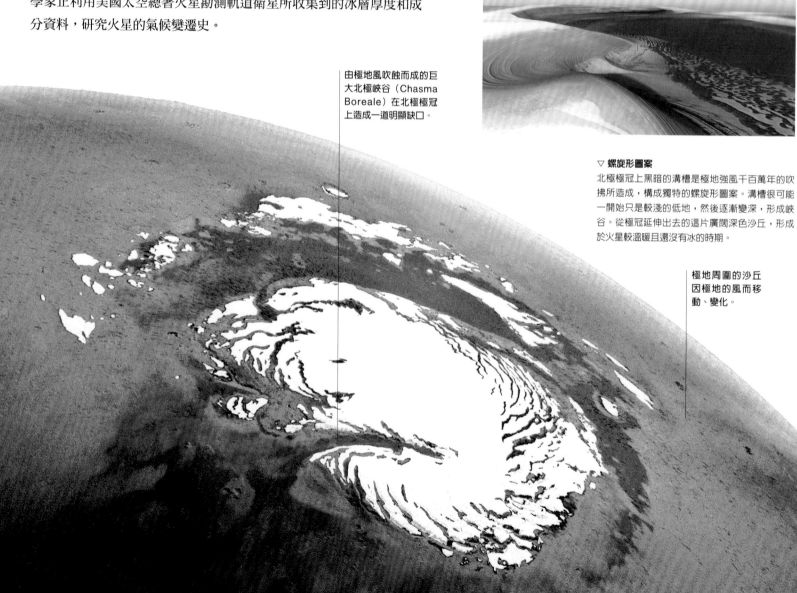

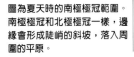

## 南極極冠

南極極冠，也就是所謂的南極高原（Planum Australe），底部是一層很厚的水冰，上面覆蓋了8公尺厚的乾冰。夏天規模最小的時候直徑約420公里。極冠在南半球的冬天處於永夜，溫度遽降，二氧化碳會結成霜，也會形成降雪。

圖為夏天時的南極極冠範圍。南極極冠和北極極冠一樣，邊緣會形成陡峭的斜坡，落入周圍的平原。

△ 凍結

二氧化碳的凝固點是攝氏零下125度，而南極極冠是火星表面上唯一一個二氧化碳全年結凍不會融化的地方。火星的南極和北極區域一樣，也被廣大的永凍層（混和土壤的水冰，硬度和固態岩石不相上下）包圍。

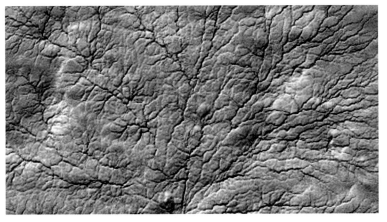

▷ 星爆

春季時位於冬季冰層下的二氧化碳氣體開始上升到表面，在地面上切割出溝槽，形成樹枝狀的圖案，往往被形容成星爆或蜘蛛。某些地方的氣體會帶著塵土落在結冰的表面，堆積成扇形。

▽ 冰窪

這張影像顯示出火星南極區域在夏末時會出現的一種效應。這裡約3公尺厚的乾冰被平底的冰窪穿透。在一年當中的絕大部分時間，冰窪壁覆蓋著明亮的霜，但是當上層的冰汽化成氣體之後，冰窪的邊緣就會露出來。這種冰窪最小的和一座體育場差不多，直徑約60公尺。

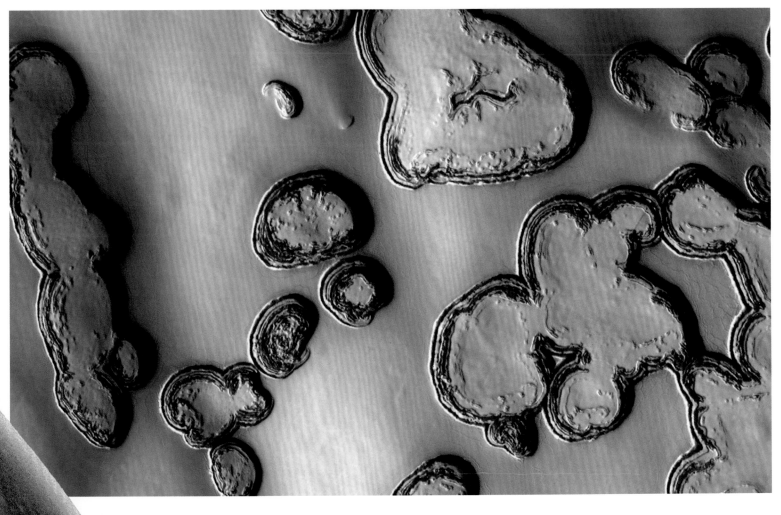

# 火星的衛星

火星有兩顆衛星，火衛一佛勃斯（Phobos）和火衛二戴摩斯（Deimos）。這兩顆衛星是不規則狀的岩質團塊，表面布滿坑洞。和月球環繞地球的速度比起來，它們環繞火星的速度非常快，不用一天半就能繞完一圈。

1877年，美國天文學家阿薩夫・霍爾（Asaph Hall）在幾天之內相繼發現了這兩顆衛星，並以希臘神話的人物命名——佛勃斯是驚懼之神，戴摩斯則是恐怖之神，這對兄弟陪伴著父親戰神阿雷斯（Ares）上戰場。直到最近，我們才拍攝到這兩顆衛星的高解析影像。科學家對火衛一的研究比較深入，因為它是2010年火星快車號一系列探測飛行的目標。目前仍無法確定這兩個衛星的起源，有天文學家認為它們都是被火星重力捕獲的小行星，也有人認為火衛一是火星形成時遺留的殘骸所形成。

## 在火衛一上，陰影區的溫度可低到攝氏零下112度。

地球的月亮（直徑）
3476公里

火衛一（平均寬度）
22.2公里

火衛二（平均寬度）
12.4公里

△ 火星和地球的衛星比較
月球大約比火衛一寬155倍，比火衛二寬280倍，但火星這兩顆衛星和火星之間的距離，比月球與地球的距離近很多。從火星表面看到的火衛一，大約是從地球上看到的月球的三分之一再大一點。

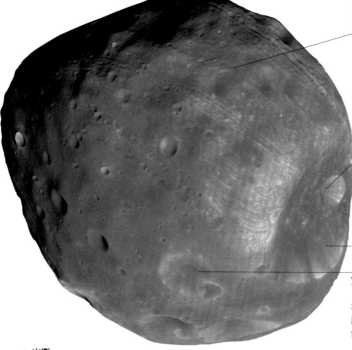

火衛一看起來很堅固，但其實大部分是因重力而聚集在一起的一堆碎石。

寬2公里的林托克坑（Limtoc Crater），是以喬納森・斯威夫特（Jonathan Swift）的《格列佛遊記》（Gulliver's Travels）中一位小人國的角色為名。

斯蒂克尼坑內壁的線條是岩石和沙塵崩塌所造成。

寬2.9公里的瑞得芮薩爾坑（Reldresal Crater）與林托克撞擊坑一樣，也是以《格列佛遊記》中的角色為名。

△ 火衛一
最長處約27公里的火衛一是火星兩顆衛星中較大的，屬於岩質天體，上面布滿坑洞。由於受到頻繁撞擊，荒蕪的表面上蓋滿了厚厚一層鬆軟的細沙塵。火衛一上有20處已被命名的表面特徵，幾乎都是撞擊坑，其中最大的是寬約9公里的斯蒂克尼坑（Stickney Crater）。斯蒂克尼坑周圍還有溝紋和一排排的撞擊坑，可能是由造成這個坑的撞擊所產生，也可能是流星體撞擊火星表面時噴射出來的碎片所形成。

火衛一繞火星公轉一圈的時間為7小時39分鐘。

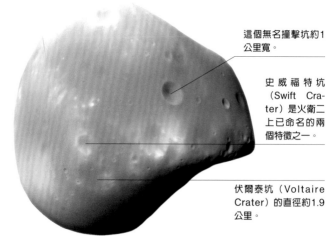

這個無名撞擊坑約1公里寬。

史威福特坑（Swift Crater）是火衛二上已命名的兩個特徵之一。

伏爾泰坑（Voltaire Crater）的直徑約1.9公里。

△ 火衛二
最長處約15公里的火衛二，大小約為火衛一的一半。火衛二和火衛一都是岩質天體，上面覆蓋著淡紅色岩石碎片和塵埃構成的土壤。火衛二的撞擊坑較少，除了最新的撞擊坑之外，其他撞擊坑內部都有土壤，因此火衛二的表面較光滑。火衛二表面的顏色有深有淺，最年輕的撞擊坑周圍的紅色最淺，因為紅色的土壤沿著邊坡滑下，暴露出下方的岩盤。

火星自轉一圈的時間為24小時37分鐘。

火衛二繞火星公轉一圈的時間為30小時18分鐘。

◁ 衛星的公轉和自轉
火衛一和火衛二在火星的赤道上空，沿著近圓形的軌道繞火星公轉。火衛一離火星較近，目前距離9376公里，每年都還會再靠近火星幾公分。估計火衛一有可能會在5000萬年內撞上火星，但更有可能會因為火星重力產生的應力而解體。火衛二距火星2萬3458公里，超過火衛一與火星距離的兩倍。這兩個衛星都在同步軌道上，隨時都以同一面面對火星。

△ **火星上空的火衛一**
維京人1號軌道衛星於1977年9月飛抵火星附近拍攝火星表面的影像時，也順道拍下了火星最大的衛星，也就是圖中這顆近乎黑色的球體。拍攝這張照片時，火衛一恰好來到維京人1號和火星之間。火衛一在軌道上繞火星公轉的速度，比火星自轉的速度要快，人要是站在火星表面上，就會看到火衛一從西邊升起，快速通過整個天空，然後在東邊落下——在每一個火星日裡都可以見到兩次這樣的演出。

# 火星研究史

人類從古代就知道火星的存在。早期的天文學家先是注意到它的顏色，和它在天空中的運動；後來的人才用望遠鏡看見火星的表面細節。

火星的顏色，讓古代的希臘人和羅馬人把這顆行星和流血與戰爭聯想在一起；很久之後，因為望遠鏡的發明，人類才開始看出火星不只是一顆淡紅色的光點而已。原本曾經誤以為火星上看到的東西是運河，而認為火星可能擁有先進的文明。但等到太空船直接造訪，才發現火星是一片乾燥不毛的荒漠。儘管如此，許多證據顯示火星過去是有水的。目前已有好幾代的探測車正在火星表面上探索，火星也是人類未來最有可能造訪的行星。

馬爾斯（Mars）是羅馬的戰神。

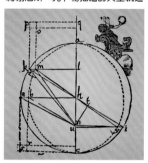

約翰尼斯·克卜勒描繪的火星軌道

### 公元前500年

**紅色行星** 火星這顆紅色行星，是以羅馬神話中的戰神為名。在占星學上，這顆行星和熱情、戰鬥與肉慾有關。在17世紀之前，火星在天空中的視運動和亮度變化一直讓天文學家感到困惑。

### 公元1609年

**計算軌道** 德國天文學家約翰尼斯·克卜勒繪出火星軌道的形狀，他認為這顆行星的軌道應該是橢圓形，而不是圓形，並且推導出有關行星運動的三條定律，這些成果後來激勵艾薩克·牛頓發展出重力的革命性研究。

水手4號拍攝的火星表面坑洞

在哥倫比亞廣播公司（CBS）播音間內的奧森·威爾斯

### 1965年

**第一艘前往火星的太空船** 美國航太總署的水手4號太空船首度成功飛掠火星，當時與火星表面的距離為9846公里。水手4號拍攝了21張火星南半球的照片，畫面中區域的地質年齡有數十億年之久，和月球一樣布滿撞擊坑。

### 1947年

**大氣** 在美國威斯康辛州葉凱士天文臺（Yerkes Observatory）工作的美國天文學家傑拉德·古柏（Gerard Kuiper），發現火星稀薄的大氣主要由二氧化碳組成，這項發現扭轉了當時普遍認為火星環境和地球類似的想法。

### 1938年

**火星與科幻** 科幻小說裡經常出現火星有人居住的情節。10月30日，奧森·威爾斯（Orson Welles）製作了赫伯特·喬治·威爾斯（H.G. Wells）小說《世界大戰》（War of the Worlds）的廣播劇，由於是以新聞播報的方式呈現，許多聽眾信以為真，以為火星人正大舉入侵地球。

奧林帕斯火山頂

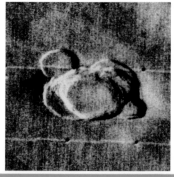

烏托邦平原（Utopia Planitia）上的維京人2號登陸器

### 1971年

**第一艘火星軌道飛行器** 水手9號是第一艘繞行其他行星的太空船。它在火星上找到巨大的休眠火山、雄偉的峽谷系統，以及液體侵蝕的證據。水手9號還發現火星南半球的坑洞比年輕的北半球更多。

### 1975年

**火星登陸器** 維京人號是兩艘一模一樣的太空船，各自帶了一艘軌道飛行器和一個登陸器離開地球前往火星。維京1號登陸器首先抵達火星表面，著陸後五分鐘內，就從火星地表傳回第一批影像。兩艘登陸器都試圖尋找過去和現有的生命證據，軌道飛行器則拍攝到看似乾枯分支河床的影像。

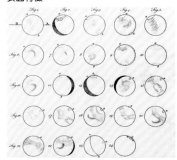

赫歇爾在1784繪製的火星，繪出了冰冠和表面特徵。

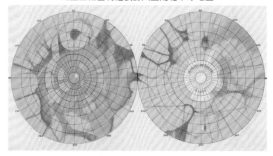

斯基亞帕雷利繪製的火星南北半球地圖

## 1659年

**首度觀測火星表面** 荷蘭科學家克里斯蒂安·惠更斯（Christiaan Huygens）透過望遠鏡觀察火星，注意到火星的表面特徵。他觀察到這些地貌會在消失之後再度出現，因此發現火星每24小時又40分鐘會自轉一圈。1672年，惠更斯在火星兩極發現極冠。

## 1784年

**火星上的季節** 英國天文學家威廉·赫歇爾改善火星自轉週期的量測方法，發現它的自轉軸傾斜了25.2度，因此推斷出火星上也有季節。他還注意到火星極冠的大小會隨著季節變化。

## 1863年

**最早的火星地圖** 義大利天文學家安吉洛·西奇（Angelo Secchi）製作出第一張彩色的火星地圖。到了1879年，義大利天文學家喬凡尼·斯基亞帕雷利製作了更精細的火星地圖，包括標上「canali」（義大利文「水道」的意思）的精細線條，但英文版的地圖將之誤譯成「運河」（canals）。

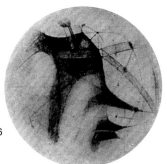

帕西瓦爾·羅威爾在1896年繪製的火星運河圖

美國海軍氣象臺的66公分折射式望遠鏡

## 1924年

**溫度** 美國天文學家愛迪生·佩蒂特（Edison Pettit）和賽斯·尼克爾森（Seth Nichol-son）使用位於加州威爾遜山（Mount Wil-son）的虎克（Hooker）望遠鏡，測量火星的表面溫度，發現火星的赤道溫度是攝氏7度，兩極是攝氏零下68度。風和溫度會隨季節變化。

## 1896年

**火星上的智慧生命** 美國天文學家帕西瓦爾·羅威爾（Percival Lowell）在美國亞歷桑納州擁有一座私人天文臺，他利用60公分的折射式望遠鏡觀察火星並繪製了火星地圖。受到斯基亞帕雷利的「運河」啟發，他在著作《以火星作為生命居所》（Mars as the Abode for Life）中，主張火星上有智慧生物居住。

## 1877年

**發現火星的衛星** 美國天文學家阿薩夫·霍爾在火星位於最適合觀測的位置時，發現了火星的兩顆衛星——火衛一和火衛二。他使用的是位在華盛頓特區的美國海軍天文臺（US Naval Observatory）內，當時全世界最大的66公分折射式望遠鏡。

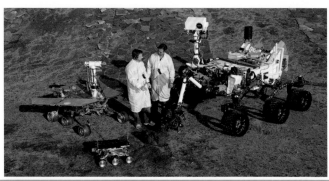

三代火星探測車：旅居者號（前）、機會號（左）和好奇號（右）。

## 1984年

**火星隕石** 在地球南極洲的阿倫山（Allan Hills）附近，發現了一顆名為ALH84001的隕石。它在1600萬年前從火星噴發出來，並在1萬3000年前抵達地球，其中含有看起來像是微生物化石的結構。

## 2012年

**火星探測車** 好奇號是四輛曾在火星漫遊的探測車中最大、最新的，在這一年抵達蓋爾坑（Gale Crater）。旅居者號（Sojourner）是第一輛探測車，在1996年探索了名為克里斯平原（Chryse Planitia）的氾濫平原，但一直待在母船附近。孿生探測車精神號（Spirit）和機會號（Opportunity）在2004年抵達火星，在探索過程中行駛了好幾公里。

發射　　　　　　　　　地球軌道　　　　　　　　　前往火星

| 1960 | 火星 1M1 |
| 1960 | 火星 1M2 |
| 1962 | 史波尼克22號 |
| 1962 | 火星1號 |
| 1962 | 史波尼克24號 |
| 1964 | 水手3號 |
| 1964 | 水手4號 |
| 1964 | 探測器2號 |
| 1969 | 水手6號 |
| 1969 | 火星1969A |
| 1969 | 水手7號 |
| 1969 | 火星1969B |
| 1971 | 水手8號 |
| 1971 | 宇宙419號Kosmos 419 |
| 1971 | 火星2號（Mars 2） |
| 1971 | 火星3號 |
| 1971 | 水手9號 |
| 1973 | 火星4號 |
| 1973 | 火星5號 |
| 1973 | 火星6號 |
| 1973 | 火星7號 |
| 1975 | 維京人1號 |
| 1975 | 維京人2號 |
| 1988 | 佛勃斯1號 |
| 1988 | 佛勃斯2號 |
| 1992 | 火星觀察者號（Mars Observer） |
| 1996 | 火星全球探勘者號 |
| 1996 | 火星96號 |
| 1996 | 火星拓荒者號和旅居者號（Mars Pathfinder and Sojourner） |
| 1998 | 希望號Nozomi |
| 1998 | 火星氣候軌道衛星（Mars Climate Orbiter） |
| 1999 | 火星極地登陸者號和深太空2號（Mars Polar Lander and Deep Space 2） |
| 2001 | 火星奧德賽號（Mars Odyssey） |
| 2003 | 火星快車號和小獵犬2號（Mars Express and Beagle 2） |
| 2003 | 火星探測車－A精神號（MER-A Spirit） |
| 2003 | 火星探測車－B機會號（MER-B Opportunity） |
| 2005 | 火星勘測軌道衛星 |
| 2007 | 鳳凰號 |
| 2011 | 佛勃斯－土壤號和螢火1號（Phobos-Grunt and Yinghuo 1） |
| 2011 | 火星科學實驗室好奇號（MSL Curiosity） |
| 2013 | 火星軌道任務號（Mars Orbiter Mission） |
| 2013 | 火星大氣與揮發物質演化任務（MAVEN） |
| 預定 | 火星天文生物學計畫軌道衛星（ExoMars Orbiter） |
| 預定 | 洞察號（InSight） |
| 預定 | 火星天文生物學計畫探測車（ExoMars Rover） |
| 預定 | 火星2020年探測車計畫 |

**■例**

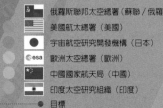

俄羅斯聯邦太空總署（蘇聯／俄羅斯）
美國航太總署（美國）
宇宙航空研究開發機構（日本）
歐洲太空總署（歐洲）
中國國家航天局（中國）
印度太空研究組織（印度）
目標
成功
失敗

▷ **登陸地點**
至今共有七艘太空船成功在火星表面著陸，其中三艘——1976年抵達的維京人1號和2號，還有2008年抵達的鳳凰號，留在登陸地點附近調查周邊環境；另外四艘太空船則是在火星地表行駛的探測車，其中兩輛仍在運作，但已停止行駛，並開始進行研究工作。

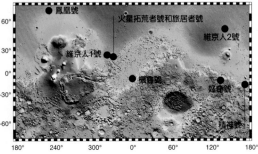

▷ **最早的火星表面影像**
美國的維京人1號是第一艘成功傳回火星表面影像的太空船，雖然更早期蘇聯的火星3號太空船裝有電視攝影機，但在著陸後的幾秒內就停止傳訊，因此我們並沒有看到它周圍的任何東西。維京人1號在1976年7月20日抵達火星後，立即拍下第一張影像（右），照片裡還可以看到太空船的其中一根支架。

飛掠　　　　　軌道衛星　　　　　　　　　　登陸器

探測車

# 火星探索任務

**過去 60 年間，有超過 40 次的太空任務以火星為目標，任務類型包含了飛掠、環繞軌道、著陸，或是以探測車探索表面。火星也是人類近距離觀察的第一顆行星。**

21 世紀的火星任務可說是空前成功，甚至是超乎預期，但這些成功其實是建立在早期的失敗之上。在所有火星任務中，有超過一半不是無法離開地球，就是在接近火星途中就失去聯繫。剛開始的幾次火星探索，是在 1960 和 70 年代由美國和蘇聯進行，之後暫時對火星失去興趣，直到 1990 年代中期為止。現在已有六個國家將太空船送往火星，還有更多正在規畫中的任務。此外，還有一個私人投資計畫正在進行，目標是開發出一套能把人類帶往火星的太空飛行系統。

**▷ 火星任務里程碑**
美國的水手號系列任務是第一個成功的火星任務。水手4號是第一艘飛掠火星的太空船，並拍下近距離的影像；水手9號則是第一艘環繞火星軌道飛行的太空船。蘇聯的火星3號首度成功地在火星上軟著陸，但沒有傳回任何資料。

**水手9號**
水手9號是第一艘環繞其他行星軌道的太空船，在1971年抵達火星，測繪了第一份火星全球地圖。

**維京人1號和2號**
維京人是兩艘完全相同的太空船，每艘都包含一架軌道飛行器和一個登陸器，兩者於1976年抵達火星進行土壤測試。

**旅居者號**
旅居者號是第一輛火星探測車，大小和微波爐差不多，從1997年7月開始運作了近三個月。

**火星快車號**
這艘軌道衛星是歐洲第一項行星任務，自2003年12月起持續進行火星的測繪工作。

# 火星探測車

火星是唯一一顆有無人探測車登陸探索的行星，到目前為止共有四輛探測車成功造訪火星：旅居者號、精神號、機會號和好奇號。除了地球之外，我們對火星地表的認識比其他任何行星都多。

探測車是為了在外星表面行駛而設計，就像一間會移動的科學實驗室，能夠尋找值得探究的地點，現場進行科學研究工作。探測車由車上的電腦控制，本身就有電源，並配備包括攝影機和岩石分析工具在內的各項科學儀器。地球上的操控人員可以決定探測車要往哪個方向前進、要做哪些事情，這些指令需要花費幾分鐘的時間傳遞；蒐集到的資料可以直接傳回地球，也可以透過像火星勘測軌道衛星這樣環繞火星軌道的太空船傳送。

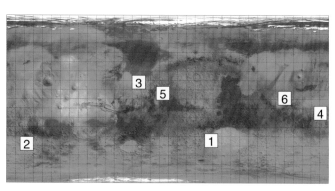

**圖例**
1 火星2號（1971）
2 火星3號（1971）
3 旅居者號（1997）
4 精神號（2004）
5 機會號（2004）
6 好奇號（2012）

這塊被命名為約翰·克萊恩（John Klein）的平坦露頭，是好奇號的第一個岩石鑽探地點。

### △ 探測車登陸點

前兩次嘗試將探測車送上火星都以失敗收場。蘇聯的火星2號登陸器攜帶了一輛有繫鍊和滑橇的探測車，但在著陸時墜毀；它的雙胞胎兄弟火星3號則是在著陸之後的幾秒鐘之內失效。之後的四輛探測車都成功著陸，探索了各式各樣的地形。為了順利著陸和平穩駕駛，探測車都做得非常低矮。

### ▽ 機會號

機會號於2004年在子午線高原（Meridiani Planum）著陸，進行研究工作的地點包括四個撞擊坑：堅忍坑（Endurance creater）、埃里伯斯坑（Erebus crater）、維多利亞坑（Victoria crater）和奮鬥坑（Endeavour crater）。機會號每秒大約可移動1公分，並將地貌影像及岩石分析結果傳回地球。原本機會號的設計只能夠運作三個月左右，但到目前為止已經工作了11年。

### ▽ 火星探測車

第一輛火星探測車——旅居者號的大小和微波爐差不多。它在著陸點附近運作了大約三個月。雙胞胎探測車精神號和機會號在2004年分別抵達火星的相對兩側，精神號已經不再運作，但機會號仍持續工作。好奇號的大小跟一輛小汽車差不多，而且還配備了能在數秒鐘內測出岩石成份的雷射工具。

**旅居者號**：1997年7-9月
行走距離：**100公尺**

**精神號**：2004年1月到2010年10月
**7.7公里**

**機會號**：2004年1月至今
**38.7公里**

**好奇號**：2012年至今
**4.89公里**

### ▷ 好奇號自拍照

好奇號正在調查蓋爾坑的底部。這個撞擊坑是在30億年前形成，寬154公里。自拍照中的探測車正位於撞擊坑內的黃刀灣（Yellowknife Bay）區域，這裡有稱為泥岩的沉積岩，顯示當地在古代可能是湖床。好奇號上有17部攝影機，其中一部稱為「火星手持透鏡成像儀」（Mars Hand Lens Imager，簡稱MAHLI），科學家利用它在2013年2月拍攝的數十幅單張照片，拼接成這幅好奇號自拍照。

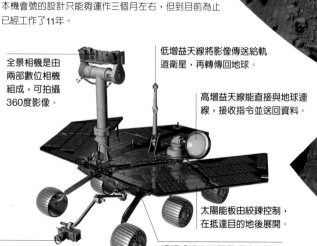

全景相機是由兩部數位相機組成，可拍攝360度影像。

低增益天線將影像傳送給軌道衛星，再轉傳回地球。

高增益天線能直接與地球連線，接收指令並送回資料。

太陽能板由絞鍊控制，在抵達目的地後展開。

岩石分析工具位在多節機械手臂的末端。

搖桿式轉向架懸吊系統可以讓車輪隨時與地面保持接觸。

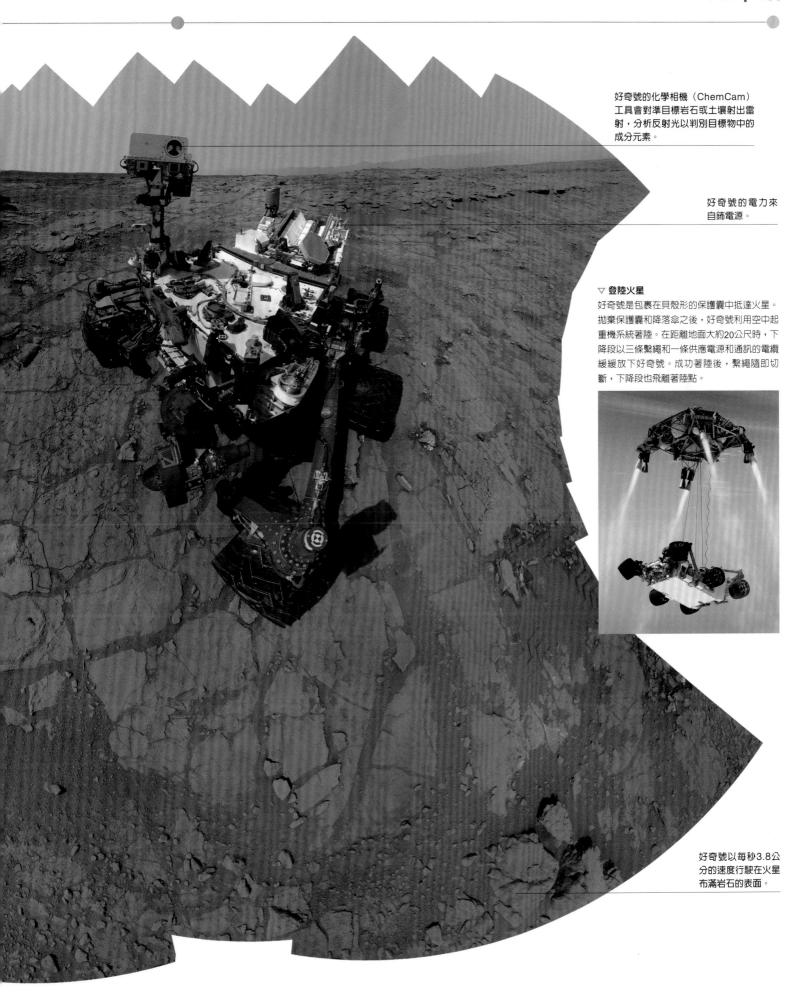

好奇號的化學相機（ChemCam）工具會對準目標岩石或土壤射出雷射，分析反射光以判別目標物中的成分元素。

好奇號的電力來自鈽電源。

▽ 登陸火星
好奇號是包裹在貝殼形的保護囊中抵達火星。拋棄保護囊和降落傘之後，好奇號利用空中起重機系統著陸。在距離地面大約20公尺時，下降段以三條繫繩和一條供應電源和通訊的電纜緩緩放下好奇號。成功著陸後，繫繩隨即切斷，下降段也飛離著陸點。

好奇號以每秒3.8公分的速度行駛在火星布滿岩石的表面。

# 探索火星

**1 堅忍坑（Endurance Crater）**

這張不可思議的影像，是在火星上運作時間最長的探測車機會號傳回來的，可以看到堅忍坑內布滿了因風吹而堆起的沙丘。不過機會號沒辦法直接開上沙丘，因為可能會陷在沙堆中動彈不得，它的雙胞胎兄弟精神號在2009年就曾經遭遇這樣的不幸。

**2 聖馬利亞坑（Santa Maria Crater）**

從機會號探測車拍攝的這幅拼接影像中，可以看到寬90公尺的聖馬利亞坑東側，遠處還可看到堅忍坑的邊緣。影像中的假色是以相機濾鏡凸顯不同的岩石和泥土，若以肉眼來看，這幅景象會是淡淡的紅棕色。

**3 蓋爾撞擊坑（Gale Crater）**

這張照片由美國航太總署的好奇號探測車拍攝，當中起伏的山丘是蓋爾撞擊坑的部分邊緣。2012年好奇號在這個寬154公里的古老撞擊坑著陸，之所以會選在這個地點，是因為這裡過去可能有流動的水，甚至可能在遠古時期有微生物存在。

**4 本壘板高原（Home Plate）**

這個鏽紅色的高原因為形似棒球場的本壘板而得名，精神號探測車曾在2006年造訪此處。據推測，這座高原應該是古代一次火山爆發噴出的岩漿接觸水而形成。圖右是精神號探測車的一組無線電波天線。

3

4

5 **佩森露頭（Payson Outcrop）**
從這張機會號探測車全景相機拍攝的影像中可以看到佩森露頭，也就是埃里伯斯坑破碎、受侵蝕的坑壁。影像中的假色是用來強化岩層和泥土層中的細微差異。佩森露頭大約深1公尺，長25公尺。

5

# 小行星

小行星是岩質天體，大小從數公釐到數百公里不等。整個太陽系都有小行星的蹤跡，但大部分的小行星位在火星和木星之間的小行星帶。

小行星也會繞太陽公轉，方向就跟一般行星一樣。但只有最大的小行星，才有足夠的質量把本身拉成規則的圓形。

太陽系早期的小行星數量比現在多很多，但由於它們繞著太陽運轉，有時會相互碰撞，因重力吸引而結合在一起，逐漸堆積成更大的天體。這些初期形成的天體，有些成為現在的類地行星；但比較靠近木星軌道的天體，則受到這顆巨大行星的強大重力干擾，導致互相劇烈碰撞而解體，散落的岩石碎屑在火星和木星軌道之間，形成小行星帶。

其實在現今的小行星帶中，天體分布十分稀疏，整個主小行星帶（Main Belt）加起來的總質量，僅相當於月球質量的4%。這裡是太陽系中發生碰撞的主要地點，絕大部分的小行星都是較大天體被摧毀後的碎片。

▷ 大小各異
小行星帶中最大的天體是952公里寬的穀神星，由於外型呈球形，也被歸類為矮行星。小行星帶中的大天體並不多，但據估計直徑超過1公里的小行星有2億個，還有數以百萬計更小的小行星。這些小行星呈現不規則形，表面布滿受到反覆撞擊和碰撞的痕跡，最小的小行星只有幾公釐大而已，更不用說還有數不清的如斑點般的小行星塵。

近地小行星會合－舒梅克號拍攝的253號小行星梅西爾德（253 Mathilde）

△ 碳質小行星（C型）
小行星可以根據組成物質的成分來分類。大約有75%的已知小行星是由碳組成，這些富含碳的小行星表面顏色非常深，大約只會反射3-10%的光線。可在主小行星帶的外圍區域發現。

穀神星
（Ceres）

最大的小行星（以直徑排列）

智神星
（Pallas）

灶神星
（Vesta）

健神星
（Hygiea）

704號小行星英特利亞星
（Interamnia）

歐女星
（Europa）

月球

灶神星的赤道上環繞著呈同心圓狀的溝槽。這是在灶神星的最大撞擊坑形成時產生的裂縫。

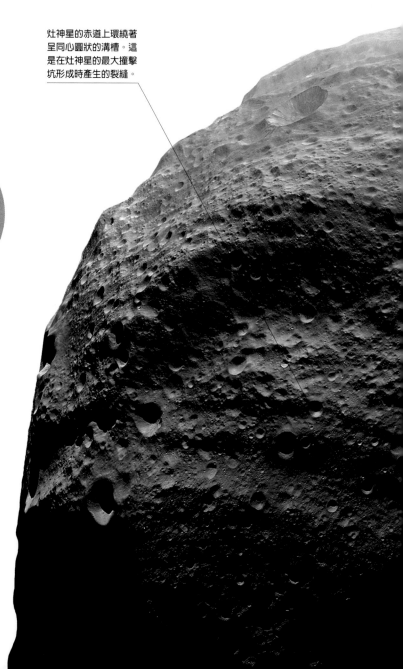

近地小行星會合－舒梅克號拍攝的433號小行星愛神星

阿雷西波無線電波遠鏡所拍攝的216號小行星艷后星
（216 Kleopatra）

△ 灰矽質小行星（S型）

這些岩質天體的主要成分是矽酸鐵和矽酸鎂，和組成地球地函的物質相同。S型小行星占小行星帶數量的17%，表面可以反射約10-22%照射在其上的光線。近地小行星會合－舒梅克號（NEAR Shoemaker）太空船在2000年造訪並繞行的愛神星（Eros）就是S型小行星。

△ 金屬小行星（M型）

這些天體可能是由和地球核心成分類似的鐵鎳混合物組成，這些物質在早期呈現熔融狀態時徹底混合，接著慢慢冷卻。位在美國亞利桑那州直徑1.2公里的巴林傑撞擊坑（Barringer Crater），就是在5萬年前因為一顆直徑50公尺的M型小行星，以時速5萬公里撞擊地球所造成。

▽ 小行星演化

如果一顆小行星成長到夠大尺寸，內部放射線元素衰變釋放的熱能可以讓小行星融化，這些呈熔融狀態的物質會因為重力而分層，鐵這類較重的元素會往下沉形成核心，而較輕的岩石礦物則會留在上層，形成地函和地殼。小行星會因為其他小行星的撞擊而不斷演化，小規模的撞擊只會產生碎片，成為新的小行星；但大規模的撞擊會摧毀整顆小行星，粉碎形成四處散落的碎片，但其中一部分有可能會因重力吸引而緩慢互相聚集，形成鬆散的碎石堆。

◁ 灶神星

寬525公里的灶神星是小行星帶中質量第二大的天體，每5.3小時自轉一圈。灶神星的表面有許多撞擊坑，撞擊噴出的碎片往地球墜落，形成約1200顆隕石。灶神星的質量夠大，因此早期能藉著放射性加熱而完全融化，並分層形成岩質地函和金屬核心。美國航太總署的曙光號（Dawn）太空船曾於2011年7月至2012年9月間造訪灶神星。

科學家認為雪人撞擊坑（Snowman craters）是由另一顆小行星撞擊灶神星表面而形成，其中最大的坑有70公里寬。

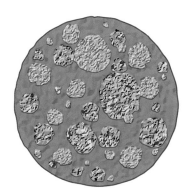

較小天體聚集

熔融的岩石往上升

地殼

鐵鎳核心

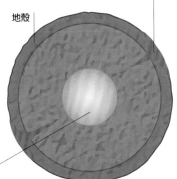

較重的元素沉到核心

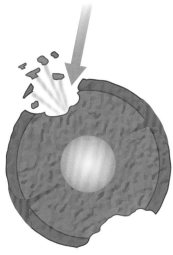

撞擊產生碎片

# 小行星帶

**太陽系中有數百萬顆小行星，其中大部分都位於火星和木星之間的小行星帶。小行星帶是像甜甜圈般的環型，其中每顆小行星依循各自的軌道繞太陽運轉，但都有相同的起源。**

小行星帶又稱為主小行星帶，從距離太陽 3 億 1500 萬公里處向外延伸到 4 億 8000 萬公里遠。頻繁的碰撞讓小行星飛出小行星帶之外，因此小行星帶的總質量逐漸減少。目前小行星帶裡所有小行星的質量總和相當於月球的 4%。穀神星是其中最大的小行星，光是它的質量就占了小行星帶總質量的 30%。整個小行星帶包含穀神星在內，只有八顆小行星的直徑超過 300 公里並呈球形。其他小行星則是不規則形，尺寸也小很多。

**951號小行星加斯普拉（Gaspra）**
這顆長18公里的小行星位在小行星帶內緣，繞太陽一圈需3.29年。表面散布著和其他小行星碰撞所留下的撞擊坑。

## 小行星帶簡介

小行星帶中大約有 20 萬顆直徑大於 10 公里的小行星，2 億顆大於 1 公里，甚至還有數十億顆尺寸更小的小行星。這些小行星環繞太陽的方向和其他行星一樣，也就是從上往下看為逆時針方向。個別小行星的軌道並非圓形，而且與行星的軌道面也有些微的傾斜，因此小行星帶不是扁平的，而是呈甜甜圈形。小行星帶內的天體大約要花四到五年才能繞太陽一圈，木星的重力牽引會改變小行星的軌道，把它們推出或拉離小行星帶之外。還有一些小行星是位在小行星帶之外，包含近地小行星，和數千個軌道與木星相似的兩組特洛伊小行星。

**糸川小行星（Itokawa）**
這顆近地小行星長5.4公里，軌道位在小行星帶之外，繞太陽一圈需1.52年。

**愛神星**是長34公里的近地小行星，繞太陽一圈需1.76年。

小行星帶與太陽的距離大約是地球與太陽距離的2.8倍。

**4179號小行星托塔蒂斯（Toutatis）**是長4.3公里的近地小行星，軌道位在小行星帶之外，繞太陽一圈需4.03年。

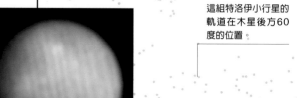

**穀神星**
穀神星是最大的小行星，也被歸類為矮行星，繞太陽一圈需4.6年，軌道有10.6度的傾斜。

這組特洛伊小行星的軌道在木星後方60度的位置。

# 起源與碰撞

天文學家認為在太陽系還很年輕時，火星和木星間的物質比現在多了約 1000 倍，相當於地球質量的四倍，在這個空隙之間有一顆行星開始成形，岩質和金屬碎屑聚集成更大的天體，但年輕木星的重力擾亂了行星形成的過程，強大的重力改變了成長中天體的軌道，導致這些天體碰撞、解體，留下的殘骸就成為目前小行星帶內的小行星，有些小行星被拋出小行星帶外，撞上其他行星或衛星則會毀滅。現在的小行星帶內仍不時發生碰撞，造成撞擊坑，但偶爾也會造成小行星內部破裂，更罕見的情況是小行星會破碎而消散。絕大多數碰撞都是在每小時數千公里的高速下發生，碰撞的結果主要視天體的大小來決定。

兩組特洛伊小行星（Trojans）的公轉週期都是11.8年，和木星差不多。其中這組特洛伊小行星的軌道在木星前方60度的位置。

艾女星（Ida）長60公里，繞太陽一圈需4.84年。

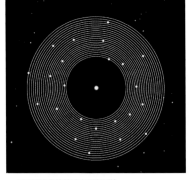

△ **木星形成前的小行星軌道**
火星和木星間的大量物質原本沿著接近圓形的軌道運行，以很低的速度互相碰撞，因此物質開始聚積，直到有些天體變得和火星差不多大。

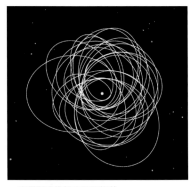

△ **木星形成後的小行星軌道**
在木星的重力影響下，這些天體的軌道變成橢圓形，使得天體互相碰撞的速度變大。因此發生碰撞的天體碎成許多碎片，形成小行星帶。

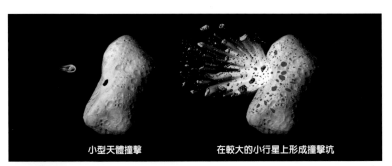

小型天體撞擊　　　　在較大的小行星上形成撞擊坑

△ **形成撞擊坑**
大部分的撞擊都是由某一顆較小的小行星撞上另一顆較大的小行星，結果較小的小行星會粉碎，在較大的小行星表面留下撞擊坑，

撞擊坑的大小約是撞擊天體的十倍大。絕大多數從撞擊坑噴出的物質，會進入各自繞行太陽的軌道。

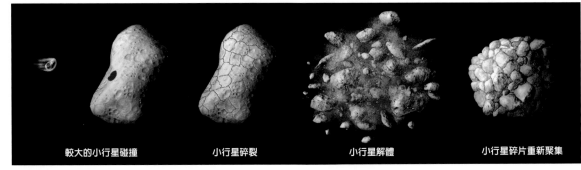

較大的小行星碰撞　　小行星碎裂　　小行星解體　　小行星碎片重新聚集

△ **碎屑堆**
如果產生撞擊的小行星較大，尺寸大約是被撞擊小行星的五萬分之一時，撞擊的力道會更大，那麼被撞擊的小行星會碎裂解體。但很快地，重力又會把這些碎片拉回來，形成由一團碎屑——而不是一個完整的實心固體——組成的小行星。

▽ **小行星家族**
若是產生撞擊的小行星更大，尺寸超過被撞擊小行星的五萬分之一時，產生的破壞力會更具毀滅性。較大的小行星會粉碎，但相互之間的重力牽引已經無法將碎片拉回來，這些碎片就會散布在原本被撞擊的小行星軌道周圍，形成小行星家族。

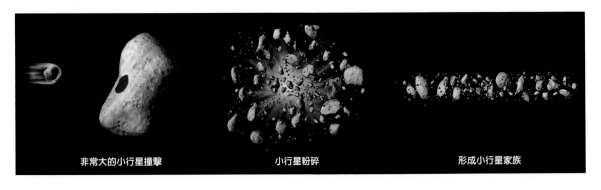

非常大的小行星撞擊　　小行星粉碎　　形成小行星家族

# 近地小行星

**數以千計的小行星在繞行太陽的旅程中會非常靠近地球，有的會對我們造成真正的危險。地球表面的巨大撞擊坑就是過去小行星撞擊留下的疤痕。**

近地小行星（Near-Earth asteroids，簡稱 NEAs）一開始位於小行星帶，但之後受到木星的重力影響，或是彼此之間發生碰撞而進入新的軌道，如今這些小行星離太陽不到 1 億9450 萬公里，所以稱為「近地小行星」。小行星若與地球的距離在 750 萬公里以內——也就是在月球與地球平均距離的 20 倍以內——大小又超過 150 公尺，就屬於「潛在威脅小行星」（potentially hazardous asteroids，簡稱 PHAs）。在這個尺寸以上的天體要是撞上地球，會造成毀滅性的影響。撞到海洋，會形成巨大的海嘯；撞上陸地，會把面積相當於美國曼哈頓的區域蒸發。

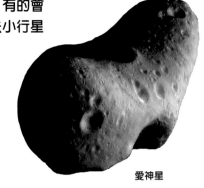
**愛神星**

△ **近距離接近地球**
愛神星是阿莫爾群（Amor group）近地小行星（參見右圖）的一員，曾經在2012年1月以不到2670萬公里的距離飛掠地球。在同一個月，另一顆寬8公尺的小行星，編號2012 BX34，則創下有史以來距離最近的小行星飛掠紀錄——離地球6萬5000公里，是地球和月球距離的六分之一。

▷ **測繪小行星**
在這張太陽系的側視圖中，每一個小點代表「近地小行星廣域紅外線巡天探測」（NEOWISE）計畫偵測到的一顆近地小行星，這個計畫是由廣域紅外線巡天探測望遠鏡（Wide-field Infrared Survey Explorer telescope）在2010年至2011年間執行。天文學家已經發現了 1 萬個大於 1 公里的近地小行星，大概占小行星總數的九成，推估其中大約5000個是屬於潛在威脅小行星。在2014年初已經監測了1500個潛在威脅小行星。

**圖例**
— 地球軌道
● 潛在威脅小行星
● 近地小行星

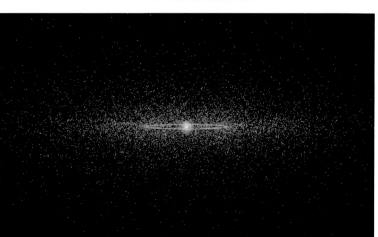

▽ **軌道類型**
近地小行星可根據軌道路線來分類。阿波羅族（Apollo group）小行星的軌道會穿越地球軌道，大約有5200顆；阿登族（Aten group）小行星的軌道大部分位在地球軌道之內，約有750顆；阿提拉族小行星（Atiras）是阿登族的亞族，軌道完全在地球軌道內；阿莫爾族（Amor group）的軌道則主要位於地球和火星之間。

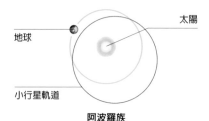
太陽
地球
小行星軌道
**阿波羅族**

地球軌道
**阿登族**

**阿提拉亞族**

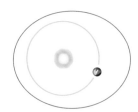
**阿莫爾族**

◁ 車里雅賓斯克隕石

2013年2月的一天早上,有一顆明亮的火流星劃過俄羅斯車里雅賓斯克上空,那是一顆先前沒有偵測到的小行星,寬18公尺、重1萬1000噸,高速通過地球大氣層。小行星在23公里上空爆炸,產生了大量碎片落到地面成為隕石。這是在1908年西伯利亞通古斯加(Tunguska)大爆炸事件之後,進入地球大氣層的最大天體。

▽ 發現與監測

天文學家利用光學望遠鏡偵測並追蹤近地小行星和潛在威脅小行星,當潛在威脅小行星與地球的距離夠近時,再利用電波望遠鏡進行成像。偵測到小行星之後,美國麻薩諸塞州的小行星中心(Minor Planet Center)會確認並編目。軌道參數會隨時更新,並對小行星未來接近地球的路徑提出更準確的預測。

## 撞擊地球

每年都有成千上萬噸的小行星物質進入地球大氣層,大部分是小碎片,因此抵達地球表面之前就會燒光。比較大的小行星才有機會存活下來落到地面,稱為隕石。雖然地球受到撞擊的機會比以前少,但並未停止。150公尺以上的小行星撞擊大約每1萬年發生一次,超過1公里的小行星撞擊事件則大約75萬年會發生一次。

# 地球被我們還不知道的天體擊中的機會,是被我們已知的天體擊中機會的兩倍。

望遠鏡發出無線電波後,再由碟型天線接收小行星等天體反射的回波。

▽ 地球上的撞擊坑

位在美國亞利桑那州的巴林傑撞擊坑(下圖)寬約1.2公里,是由一顆50公尺寬的隕石所造成。目前地球上有180個已知的撞擊坑,最大的一個是南非夫里德堡(Vredefort)的撞擊坑,有300公里寬,形成於至少20億年前。另外有許多撞擊坑因為火山或板塊活動重新覆蓋地表,或是侵蝕作用而消失無蹤。

發射　　　　　　　地球軌道　　　　　　　　　　　　小行星帶

1989年10月　伽利略號　　　　　　　　　　　　　　1991年10月　　　　　　　　1993年8月
　　　　　　　　　　　　　　　　　　　　951號小行星加斯普拉　　　243號小行星艾女

1996年2月　近地小行星會合－舒梅克號　　　　　　1997年6月
　　　　　　　　　　　　　　　　　　253號小行星梅西爾德

1997年10月　卡西尼－惠更斯號　　　　　　　　　2000年1月
　　　　　　　　　　　　　　　　　2685號小行星馬瑟斯基
　　　　　　　　　　　　　　　　　（2685 Masursky）

1998年10月　深太空1號　　　　　　　　　　　1999年7月
　　　　　　　　　　　　　　　　9969號小行星布萊葉
　　　　　　　　　　　　　　　　（9969 Braille）

1999年2月　星塵號（Stardust）　　　　　　　　　　2002年11月
　　　　　　　　　　　　　　　　　　5535號小行星安妮法蘭
　　　　　　　　　　　　　　　　　　（5535 Annefrank）

2003年5月　隼鳥號　　　　　　　　　　2005年9月　糸川小行星

2004年3月　羅賽塔號（Rosetta）　　2867號小行星斯坦斯（2867 Steins）2008年9月

2006年1月　新視野號　　　　　　　　2006年6月
　　　　　　　　　　　　　132524號小行星APL

2007年9月　曙光號　　　　　　　　　　2011年7月
　　　　　　　　　　　　　　4號小行星灶神星

2010年10月　嫦娥2號（Chang'e 2）　　　2012年12月
　　　　　　　　　　　　4179號小行星圖塔蒂斯
　　　　　　　　　　　　（4179 Toutatis）

2014年12月　隼鳥2號（Hayabusa 2）　　　　　　預定2018年7月
　　　　　　　　　　　　　　162173號小行星龍宮（162173 Ryugu）

2016年9月　歐西里斯號－雷克斯號（OSIRIS-REx）　　101955號小行星貝努（101955 Bennu）

預定　　阿依達號（AIDA）　　　　　　　　65803號小行星迪代莫斯
　　　　　　　　　　　　　　　　　　（65803 Didymos）

## 圖例

- 美國航太總署（美國）
- 宇宙航空研究開發機構（日本）
- 歐洲太空總署（歐洲）
- 中國國家航天局（中國）
- 目的地
- 飛掠
- 進入軌道
- 樣本攜回
- 登陸器
- 撞擊

▷ **近地小行星會合－舒梅克號**
這艘太空船航行了四年之後，於2001年2月抵達愛神星，並進入環繞這顆小行星的軌道。接下來的12個月，太空船的軌道更接近愛神星表面，因此得以拍攝非常清晰的表面影像。雖然在一開始的計畫中，這艘太空船是以軌道衛星為目標進行設計和建造，但後來它的任務改成在愛神星進行軟著陸，成為最早登陸小行星的任務。

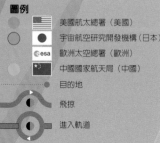

近地小行星會合－舒梅克號
拍攝的愛神星表面

▷ **隼鳥號**
日本的隼鳥號太空船在2005年9月抵達糸川小行星，先在數公里外進行調查，之後著陸採集小行星的表面樣本。這艘太空船在重返地球大氣時解體，但事先彈射出的樣本艙已乘著降落傘在2010年6月13日於澳洲南部內陸著陸。

取回樣本艙

**433號小行星愛神星**
2001年2月

**2010年7月**
**21號小行星魯特西亞**
（21 Lutetia）

**2015年7月**

**冥王星**

**2015年 3月**
**穀神星**

# 小行星探索任務

太空船至今已經造訪了超過 12 顆小行星，但只有四項太空任務是專門研究這些岩質天體。最近的一項小行星任務已成功把樣本帶回地球。

第一張小行星的近距離影像，是 1991 年伽利略號太空船在飛往木星途中拍攝的 951 號小行星加斯普拉，這是一顆 18 公里長、表面遍布坑洞的巨石，當時送回的影像令人驚嘆不已。最早的小行星太空任務，則是在 2001 年登陸愛神星的近地小行星會合－舒梅克號；近五年後，日本的隼鳥號（Hayabusa）太空船在 1 公里寬的糸川小行星上著陸，採集小行星樣本攜回地球。曙光號太空船在繞行過灶神星之後，又在 2015 年造訪人類發現的第一顆、也是最大的一顆小行星：穀神星。還有許多宏大的計畫正在討論階段，包括美國航太總署的小行星捕捉任務，打算把一顆小行星拉進月球軌道，再派遣太空人造訪。

## 隼鳥號帶回了大約1500顆小行星塵埃。

這個小小的透明容器保存了直徑小於十分之一公釐的塵埃顆粒。

△ **糸川小行星的塵埃樣本**
科學家分析隼鳥號樣本艙帶回來的小行星塵埃，顯示這些塵埃已經在糸川小行星表面存在了約800萬年。此外他們也發現，糸川小行星可能是一顆較大的小行星在碰撞後解體的碎片。

▽ **曙光號**
曙光號任務的目標是要繞行兩顆最大的小行星：灶神星和穀神星。這艘太空船在飛掠火星後，於2011年7月進入灶神星軌道，傳回了好幾千幅影像，讓科學家能夠仔細研究灶神星的表面地質。太空船接著在2012年9月離開灶神星前往穀神星，拍攝這顆矮行星的整個表面。

**曙光號太陽能板全部展開的寬度有20公尺。**

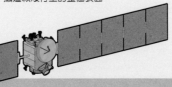

◁ **小行星捕捉任務**
美國航太總署正在考慮進行一項任務，要捕捉一顆約500噸重、8公尺寬的近地小行星，把它拉進月球軌道，然後獵戶座（Orion）載人太空船會在這裡與捕捉小行星的太空船對接，讓太空人研究小行星的岩石。在月球軌道上研究比在地球軌道上安全性高，因為與地球發生意外碰撞的風險較低。

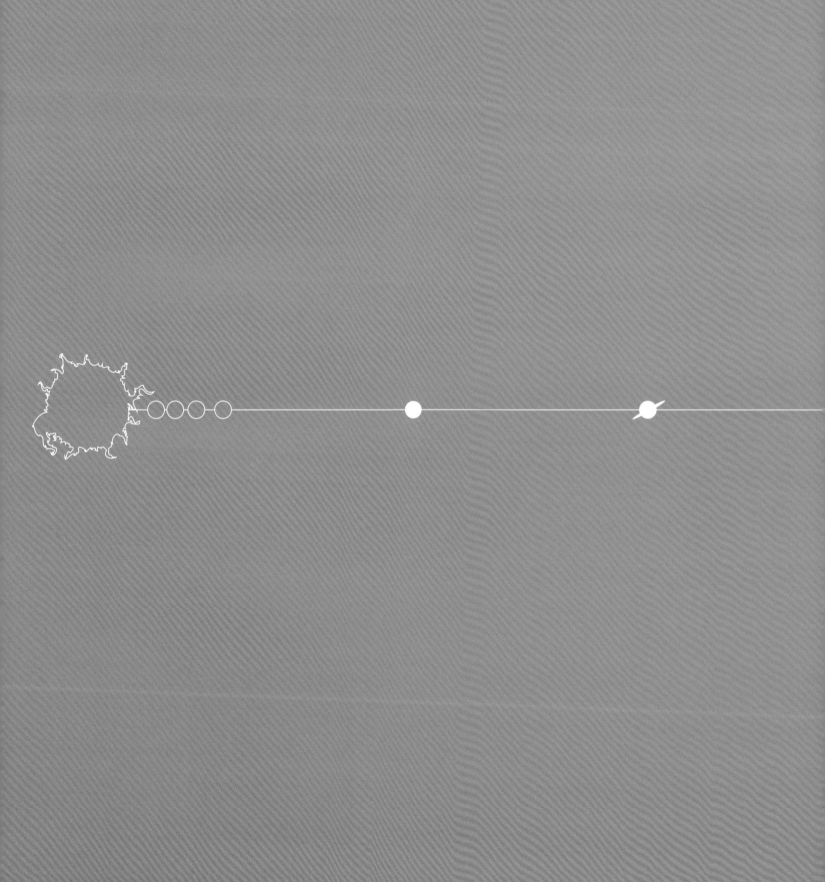

# 氣體巨行星

# 巨行星的世界 ────────○

我們把木星、土星、天王星和海王星這四顆位在太陽系寒冷外側的行星，統稱為氣體巨行星。這些行星是由氫和氦組成的巨大球體，只有核心部分呈現固態，因此太空船無法在此登陸。太陽從一團旋轉的塵埃雲氣盤中誕生，而這些氣體巨行星也是從同一團雲氣的外圍形成。這些行星一開始只是一團團的岩石和冰塊，但後來愈長愈大，直到重力開始吸引一層又一層的氣體，進而膨脹成巨大的行星。太陽占了太陽系物質總質量的 98%，而剩下的所有質量，則幾乎全被四顆巨行星中最大的木星占去。這些太陽系外側的行星繞太陽公轉的時間非常長：木星的一年是將近 12 個地球年，而海王星則差不多是 165 個地球年。這些行星相當活躍，高溫的行星內部產生了驚人的宇宙天氣。照片中經常出現的木星大紅斑（Great Red Spot），就是個是巨大的風暴系統，大小足足有地球的三倍。海王星則有太陽系裡最高速的風，風速超過每小時 2000公里。所有的氣體巨行星外圍，都有碎屑組成的行星環圍繞，其中最著名的就是土星環，透過雙筒望遠鏡看起來就像個閃爍的光盤。如果把地球放到土星環裡，土星環的寬度幾乎會一路延伸到月球去。外側的每顆行星，都有一群形狀和大小各異的衛星。

◁ **遙遠的世界**
太陽系外側有大天體，也有小天體。在這張由美國航太總署卡西尼號所拍攝的影像中，木星最內側的一顆大衛星──木衛一，在巨大木星的旋渦雲帶前方，看起來就像個不起眼的小點。

# 木星

**木星是太陽系中僅次於太陽的最大天體。這顆有彩色雲帶條紋的巨大氣體球高速自轉，上頭還有終年不歇的狂風和風暴。**

木星是小行星帶外側的第一顆巨行星，與太陽的距離比地球遠了五倍。這顆行星幾乎就像一顆迷你恆星，是由氣體組成，愈往核心的壓力愈高，強大的重力吸引了一大群衛星。木星在夜空中相當明亮，即使用肉眼也能輕鬆辨識。

木星自轉一圈的時間不到十小時，是太陽系裡日子最短的行星。這麼快的自轉速度，使得木星的赤道明顯凸出。我們能從不同顏色的雲層，分辨出木星周圍的高氣壓和低氣壓環帶，這些條紋也因為快速自轉的關係被拉展延長。永不停歇的風沿著相反的方向奔流，激起比地球還大的巨大風暴。木星上最明顯的特徵就是大紅斑，這是一場已經肆虐了300多年的風暴。

## 木星赤道地區的風速超過每小時400公里。

### 木星相關數據

| | |
|---|---|
| 赤道直徑 | 14萬2984公里 |
| 質量（地球=1） | 318 |
| 赤道處重力（地球=1） | 2.36 |
| 與太陽的平均距離（地球=1） | 5.2 |
| 自轉軸傾斜 | 3.1度 |
| 自轉週期（一天） | 9.93小時 |
| 公轉週期（一年） | 11.86地球年 |
| 雲頂溫度 | 攝氏零下108度 |
| 衛星數量 | 79 |

北溫帶（North Temperate Belt）有一道與木星自轉方向相同的強烈噴射流。

▷ **北半球**
直到2003年，天文學家才在木星的北極地區發現了一個隱藏已久的祕密——有大紅斑兩倍大的大暗斑。這個特徵可能位在木星大氣的最高層，但只能偶爾觀察到。

▷ **傾斜**
木星的自轉軸幾乎沒有傾斜，所以木星上並沒有季節之分，赤道所接收到的太陽輻射熱能，總是比兩極多很多。這可能是木星的大尺度天氣系統如此穩定的原因之一。

幾乎看不太到的細薄木星環，可以畫分為四個不同的區域。

大紅斑是位於南赤道帶和南熱帶區之間的巨大風暴。

▷ **南半球**
陽光輻射造成木星大氣的化學變化，因此兩極地區有部分籠罩在霧霾之下。兩極的巨大電能讓木星產生壯麗的極光，比我們在地球高緯度地區所看到的極光還要強好幾千倍。

南熱帶區（South Tropical Zone）是木星最活躍的天氣區，強烈噴射流的方向與木星自轉方向相反。

「帶」和「區」的交界處非常紊亂，形成了一種緞帶般的複雜特徵——我們稱之為「綵帶」（festoon）。

北赤道帶（North Equatorial Belt）的大氣相當清澈，可以看見更深處的深色雲層。

赤道區（Equatorial Zone）是明亮的高空雲帶。

南赤道帶（South Equatorial Belt）通常是木星上最寬、顏色最深的雲帶。

◁ **暴風雨的一面**
木星擾動的雲帶和區能維持非常久，但仍會因為天氣狀況和內部湧出的化學物質組成不同，而有強度上的變化。

**大氣層**
木星的大氣主要由氫氣和一些氦氣組成，往上延伸超過5000公里，直到進入行星際空間。

# 木星結構

**木星雖然很大，但組成木星的物質卻很輕。而且木星內部由重力壓縮所產生的巨大力量，讓行星內部成了能源發電廠。**

雖然木星的內部幾乎完全是由氫氣組成，但較上層的大氣有較多更複雜的氣體，形成明顯的大氣條紋。在這個明顯的「表面」下方約 1000 公里處的壓力，足以使氫氣變成液體。再往內約 2 萬公里的壓力更高，是地球大氣壓的數百萬倍，這麼高的壓力能將氫原子扯開，釋放出被束縛的電子，使得氫表現出液態金屬般的特性。

在木星內部，密度較高的物質往下沉，密度較小的物質則向上升。這讓木星得以產生能量，主要是熱和無線電波的形式，放出的能量甚至比木星從太陽接收到的能量還要多。金屬氫層中的巨大電流，產生了太陽系所有行星裡最強大的磁場。

**核心**
木星中心可能有個固態核心，但並未獲得證實。這個核心可能是最初讓行星聚合起來的種子，也可能是木星持續收縮時形成、愈來愈大的核心。

**液體金屬氫層**
高溫和高壓會使液態氫原子分解，產生一層液態金屬氫。這種極端條件下才能形成的液體，在地球上絕對不可能自然存在。

**液態層**
在木星的雲層下方，由於壓力逐漸增加，氫氣的特性慢慢變得不像氣體，而比較像是液體。

**木星質量是所有其他行星相質量總和的2.5倍。**

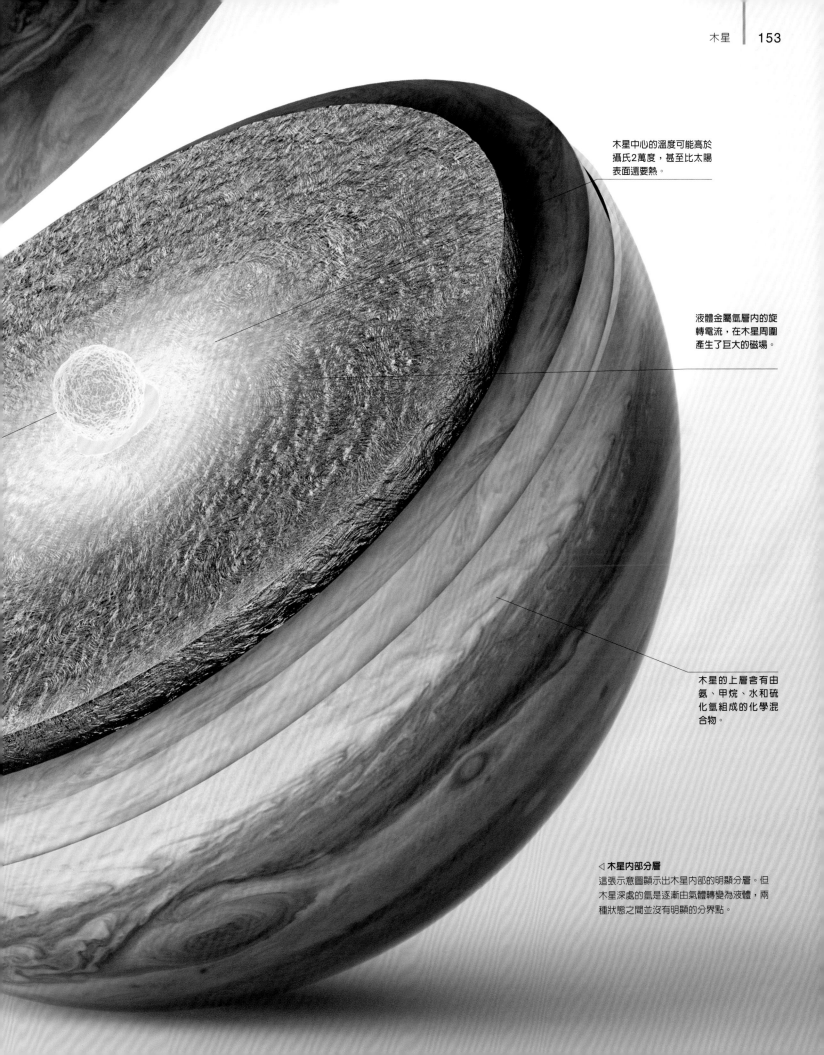

木星中心的溫度可能高於攝氏2萬度，甚至比太陽表面還要熱。

液體金屬氫層內的旋轉電流，在木星周圍產生了巨大的磁場。

木星的上層含有由氨、甲烷、水和硫化氫組成的化學混合物。

◁ 木星內部分層

這張示意圖顯示出木星內部的明顯分層。但木星深處的氫是逐漸由氣體轉變為液體，兩種狀態之間並沒有明顯的分界點。

# 木星近觀

雖然木星沒有固態表面，但覆蓋表面的紊亂雲層充滿細緻的紋路，獨立的天氣系統可以在轉動的大氣中維持數年，有些甚至可以持續存在數十年之久。

木星最明顯的特徵就是平行於赤道的雲層，天文學家把這些雲層分類為淺色的「區」和深色的「帶」。「區」是雲層往高空堆積的高壓地區，而「帶」則是高空清澈的低壓區，往下沉降的無雲空氣讓我們能看見下方深色的雲層。像大紅斑這樣的風暴是高壓區，雲層高於周圍其他區域。

　　許多不同的因素交互作用，造成了這顆巨行星的各種天氣現象：包括從木星內部湧升的熱量，造成赤道地區比高緯度地區移動速度更快的差異自轉，以及在溫暖赤道區和寒冷極區重新分配熱能的高層大氣對流。

　　威力強大且風向相反的噴流風，在「區」和「帶」之間造成複雜的邊界。這樣的噴流風會使「區」往東（相對於行星自轉的方向）流動，相反地，「帶」則是向西（或逆行）流動。這種全球的區帶系統，長時間看來似乎相當穩定，但特定雲帶的寬度、顏色和雲量，還是會有明顯的變化。

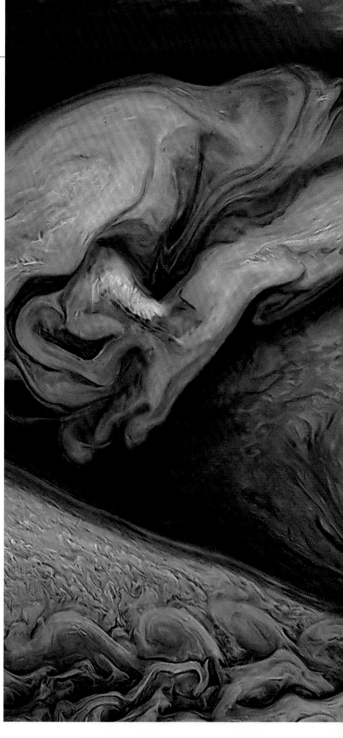

▽ **有條紋的行星**
科學家以所在的地理位置來命名個別的帶和區，例如北溫帶和赤道區。我們能監測深色的雲帶運動，來大略得知木星的自轉速度，但也能測量行星磁層的自轉，獲得更準確的結果。

▷ **大紅斑**
木星最壯觀的特徵就是大紅斑，至少早在1830年就有它的觀測記錄，甚至還可能追溯到17世紀。這個颶風般的反氣旋天氣系統以逆時針旋轉，大小有地球的兩倍，還有一個高壓中心。目前還不確定為什麼大紅斑會呈現紅色，但它的強度變化非常大，而且似乎跟鄰近的南赤道帶的出現有關。

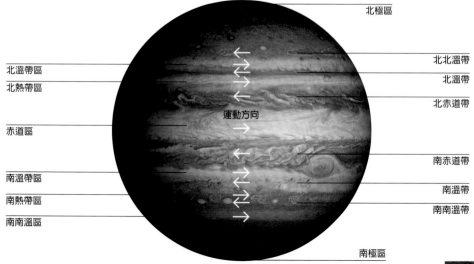

北極區
北北溫帶
北溫帶
北赤道帶
北溫帶區
北熱帶區
赤道區
運動方向
南赤道帶
南溫帶區
南溫帶
南熱帶區
南南溫帶
南南溫區
南極區

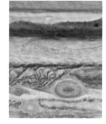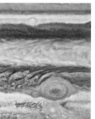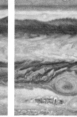

△ **小斑點**
哈伯太空望遠鏡在2008年夏天所拍攝的這一系列影像，顯示出木星大紅斑和兩個較小風暴近距離接觸的情形。影像底部的小紅斑（Red Spot Junior）跟大紅斑擦肩而過幾次之後，仍然完好如初，但影像中最小的迷你紅斑（Baby Red Spot）則被巨大的風暴捕獲並摧毀。

◁ **雲層溫度和高度**
這張雙子星天文臺（Gemini Observatory）拍攝的影像，以色彩表示溫度差異。「區」的雲層比「帶」更高也更冷，因此呈現藍色，而「帶」則偏紅色。大紅斑的雲頂和一些高度較高的風暴，甚至比「區」的雲層都還要更高、更冷，所以呈現白色。

「區」裡的雲層較高、較冷，顏色也較淺。

噴流風往相反的方向移動。

從木星內部往上升的溫暖氣體

「帶」裡的雲層較低、較暖，顏色也較深。

▷ **對流循環**
氣體對流維持了「區」和「帶」的結構。雲層上升冷卻的部分形成「區」，而雲層下降升溫的部分則形成「帶」。「區」頂部明亮的氨冰雲，遮擋了下方的雲層。大氣較深處的雲層，由氫硫化銨和水組成。

氣體冷卻後往下沉。

# 木星系統

**木星不但是太陽系裡最大的行星,也擁有最龐大的衛星家族——目前已知至少有 79 顆。不過,行星般大的衛星只有四顆,主宰了整個系統。**

木星的衛星分為三大類:也稱為木衛五群(Amalthea group)的四顆內側小衛星;四顆巨大的伽利略衛星(1610 年由義大利天文學家伽利略發現);和大部分都只有數公里大、數量可能超過 61 顆的外側小衛星,當然其中也有幾顆是比較大的。木衛五群和伽利略衛星繞行木星的方向,與木星的自轉方向相同,也大致在同一個平面上,因此統稱為「規則衛星」。外部的「不規則衛星」則是木星重力陸續捕捉到的小天體。

### 衛星的大小和規模

木星的四顆伽利略衛星占了木衛系統的大部分質量,其他不規則的衛星大部分都只是由冰塊或岩石所組成的團塊,但也有些衛星有數十公里寬、甚至更大。這些衛星包含被木星捕捉的小行星、半人馬小行星(centaur)和彗星。

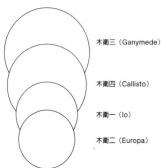

木衛三(Ganymede)
木衛四(Callisto)
木衛一(Io)
木衛二(Europa)

木衛六(Himalia)
木衛五(Amalthea)
木衛十四(Thebe)
木衛七(Elara)
木衛八(Pasiphaë)
木衛十一(Carme)
木衛十六(Metis)
木衛九(Sinope)
木衛十(Lysithea)
木衛十二(Ananke)
木衛十五(Adrastea)
木衛十三(Leda)
木衛十七(Callirrhoe)
木衛十八(Themisto)
木衛二十七(Praxidike)
木衛二十四(Iocaste)
木衛二十(Taygete)
木衛二十三(Kalyke)
木衛十九(Megaclite)
S/2000 J11
木衛四十五(Helike)
木衛二十二(Harpalyke)
木衛三十(Hermippe)
木衛二十九(Thyone)
木衛二十一(Chaldene)
木衛四十一(Aoede)
木衛四十七(Eukelade)
木衛二十六(Isonoe)
S/2003 J5
木衛二十八(Autonoe)
木衛四十六(Carpo)
木衛三十三(Euanthe)
木衛三十一(Aitne)
木衛二十五(Erinome)
木衛三十二(Eurydome)
木衛三十九(Hegemone)
木衛四十三(Arche)
木衛三十四(Euporie)
S/2003 J3
S/2003 J18
木衛四十二(Thelxinoe)
木衛三十五(Orthosie)
S/2003 J16
木衛四十(Mneme)
木衛五十(Herse)
木衛三十七(Kale)
S/2003 J19
S/2003 J15
S/2003 J10
S/2003 J23
木衛四十四(Kallichore)
木衛三十八(Pasithee)
S/2010 J1
木衛四十九(Kore)
木衛四十八(Cyllene)
S/2003 J4
木衛三十六(Sponde)
S/2003 J2
S/2003 J12
S/2001 J1
S/2010 J2
S/2011 J2
S/2003 J9

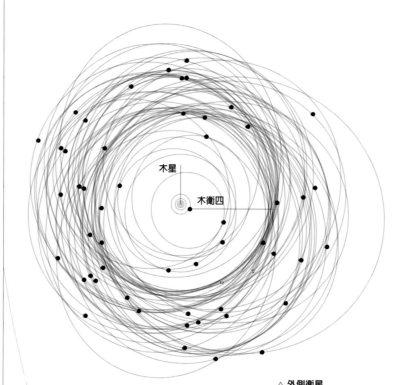

木星
木衛四

**木衛三**
木衛三是太陽系裡最大的衛星。它和其他的木星衛星產生軌道共振的鎖定效應,木衛三繞木星一圈的週期是7天3.7小時——木衛二週期的兩倍,或是木衛一週期的四倍。現在的木衛三沒有受到明顯的潮汐加熱,但地表特徵顯示過去曾經有此現象。

**△ 外側衛星**
規則衛星在木星外圍形成混亂的軌道。有些衛星的運行方向和木星自轉方向相同,有些卻相反。這些外側衛星可以分成好幾個不同的類群,像是木衛六群(Himalia group)、木衛十一群(Carme group)、木衛十二群(Ananke group)和木衛八群(Pasiphaë group),每個群都包含一個大衛星和其他幾個軌道類似的小衛星,可能是一個更大的天體破碎形成的。

**木衛四**
木衛四是伽利略衛星中最靠外側的一顆,距離木星約190萬公里,繞木星公轉一圈需時16天又16.5小時。木衛四的表面布滿坑洞,顯示這顆衛星未曾經歷極端的潮汐加熱,否則它可能會產生在其他三顆伽利略衛星上很明顯的表面重整現象。

**木衛二 Europa**
木衛二是最小的伽利略衛星，和木衛一處於軌道共振的鎖定狀態，木衛二的軌道週期剛剛好是木衛一的兩倍。它和木衛一一樣受到木星強大的潮汐力影響，且科學家認為它冰冷的地殼下方可能有火山活動，加熱著隱藏的海洋。

**木衛一**
木衛一是最內側的伽利略衛星，距離木星中心42萬1700公里，比月球與地球的距離還要再遠一些。因此木衛一承受了巨大的潮汐力，讓內部的溫度升高，驅動地表火山持續活動。

**木衛五**
木星的內側衛星中最大的一顆，也是最先被發現的。木衛五呈卵形，長約250公里，表面呈現明顯的紅色。這顆衛星一開始可能位在比目前軌道更遠的地方，後來才向內遷移到現在的位置。由於受到木衛一的重力影響，木衛五的軌道略呈橢圓形。

木衛十四表面的塵埃向內旋入，提供了木衛十四薄紗環（Thebe gossamer ring）內的物質。

**木衛十五**
木衛十五是木星的規則衛星中最小的一顆，平均直徑約16公里，軌道位在木星主環外緣。木衛十五和其他內側衛星一樣，表面受到大量微隕石撞擊，所產生的塵埃能為木星環供應粒子。

**木星**

**木衛十四**
個怪異的衛星是木星內側衛星中第二大、也是距離木星最遠的一顆。它的表面和木衛五一樣呈明顯的紅色，可能是由一堆多孔又鬆散的碎石，或是水冰和其他化學物質所組成。

主環相對較窄，中心大約落在木星半徑的1.8倍處。

木衛五薄紗環（Amalthea gossamer ring）呈寬廣的盤狀，內部的顆粒源自木衛五的塵埃。

**木衛十六**
木衛十六是目前已知的木星衛星中最接近木星的一顆，由航海家1號在1979年飛掠時發現。它的軌道位於木星主環中一個明顯的環縫，繞木星一圈的時間僅7小時又4分鐘，比木星的一天還短。這顆衛星呈橢圓形，為內側的木星環提供大量的塵埃粒子。

# 木衛三比水星還大，和火星大小差不多。如果它不是繞木星而是繞太陽轉，就會被歸類為行星了。

△ **內側衛星**
木星的內側衛星包含了四顆和細細的木星環有關的小衛星，以及四顆伽利略衛星——木衛三、木衛四、木衛一，和木衛二。伽利略衛星的體積很大，因此很容易受到潮汐力的影響。木衛一、木衛二和木衛三的軌道形成共振，產生的重力拉扯能讓木衛一和木衛二的軌道更為穩定。

# 木衛一（埃歐）

**木衛一是木星四顆巨大的伽利略衛星中最內側的一顆，強大的潮汐力和劇烈的火山噴發讓這裡彷彿煉獄。**

木衛一是第三大的木星衛星。由於它的位置靠近整個木星系統的中心，因此受到木星和較遠的木衛二和木衛三這兩顆大衛星的重力互相拉扯。強大的潮汐力從各個方向擠壓，讓木衛一的表面產生多達 100 公尺的扭曲。相較之下，地球上最大的潮汐高度差也只有 18 公尺。木衛一內部的含硫岩石，熔點比地球上的矽酸鹽岩低得多，在強大的潮汐力加熱之下，這些岩石熔化成液態，地表火山因此大量噴出含硫的岩漿，或是像噴泉一樣，往空中噴出高達 300 公里的含硫化合物，造就了全太陽系火山活動最劇烈的天體。由於表面的硫能以不同形式（同素異形體）呈現不同的物理性質，所以木衛一的地表就像個五顏六色的披薩。木衛一幾乎沒有大氣層，只有薄薄一層主要由二氧化硫組成的氣體。

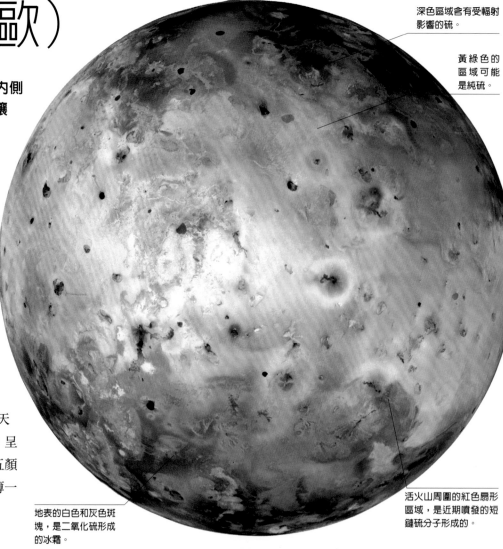

深色區域含有受輻射影響的硫。

黃綠色的區域可能是純硫。

地表的白色和灰色斑塊，是二氧化硫形成的冰霜。

活火山周圍的紅色扇形區域，是近期噴發的短鏈硫分子形成的。

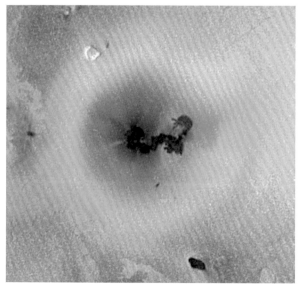

**△ 火山煙流**
普羅米修斯火山會定期爆發，因而有了「老忠實」的稱號。這座火山像噴泉一樣，會把熔融的硫噴上天空，落回地面的噴發物在火山口周圍形成了不斷變化的環暈。

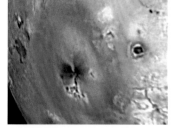
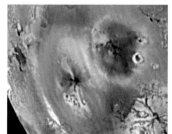

**△ 新的噴發**
木衛一的地貌充滿變化。從伽利略軌道衛星相隔五個月拍攝的這兩張影像中，可以看出皮蘭火山（Pillan Patera）造成了一個400公里寬的暗斑。

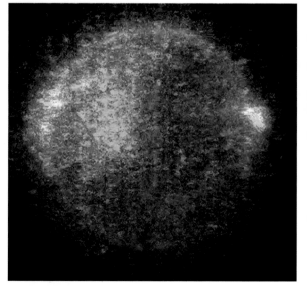

**△ 木衛一的極光**
基於木衛一在木星磁場中的位置，它會不斷受到木星輻射帶捕獲的高能粒子轟炸。當這些高能粒子與木衛一稀薄大氣中的氣體碰撞時，就產生了鮮明的紅色和綠色極光。

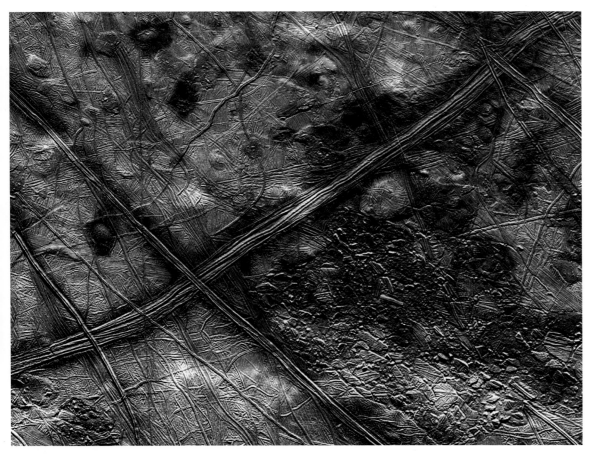

◁ **裂冰**
線條兩側的地形特徵都是互相對應的，顯示出不斷改變的潮汐力造成木衛二變形，使冰凍的地殼出現裂縫。鹽和硫染紅了較溫暖的冰，從下方往上湧出，填補了裂縫。但液態水有時也會猛烈噴發，湧出巨大的羽狀噴流，有超過200公里高。

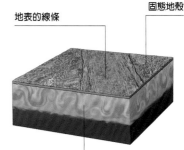

固態地殼

地表的線條

地表下方有液態水或是對流的冰泥。

△ **水世界**
科學家認為木衛二地殼下方的海洋大約有100公里深，但上方覆蓋著數十公里厚的冰層。最近在木衛二發現的液態水噴發，表示有些地方的地殼可能比較薄，不過目前仍不清楚噴發是源自於海洋或是地殼中獨立的水坑。

# 木衛二（歐羅巴）

**木衛二是木星伽利略衛星中最小的一顆。在它冰冷平靜的地表下方，其實和滿是火山的木衛一有著非常相似的內部構造。**

木衛二的地殼結冰，因此它的地表是太陽系的大型天體中最平滑的。即使有任何像撞擊坑這樣明顯的地貌特徵，也會逐漸回到地表的水平。但在這張經過彩色強化處理的影像中，縱橫交錯的線條使地表變了色，表示木衛二其實一點也不平靜。木衛二和木衛一一樣，被兩股互相拉扯的強大潮汐力不斷擠壓拉伸：一邊是木衛一和木星，另一邊則是和行星一樣大的木衛三。科學家認為，這些作用所促成的火山活動，加熱了冰凍地殼下方的巨大液態水海洋。這個藏身於地下的海洋，可能是太陽系少數幾個適合生物生存的地方之一。

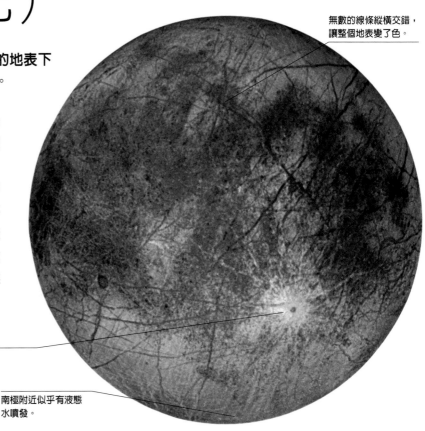

無數的線條縱橫交錯，讓整個地表變了色。

相當年輕的普維斯坑（Pwyll crater）是木衛二上最明顯的撞擊坑。

南極附近似乎有液態水噴發。

**木衛二是搜尋地外生命的首選目標。**

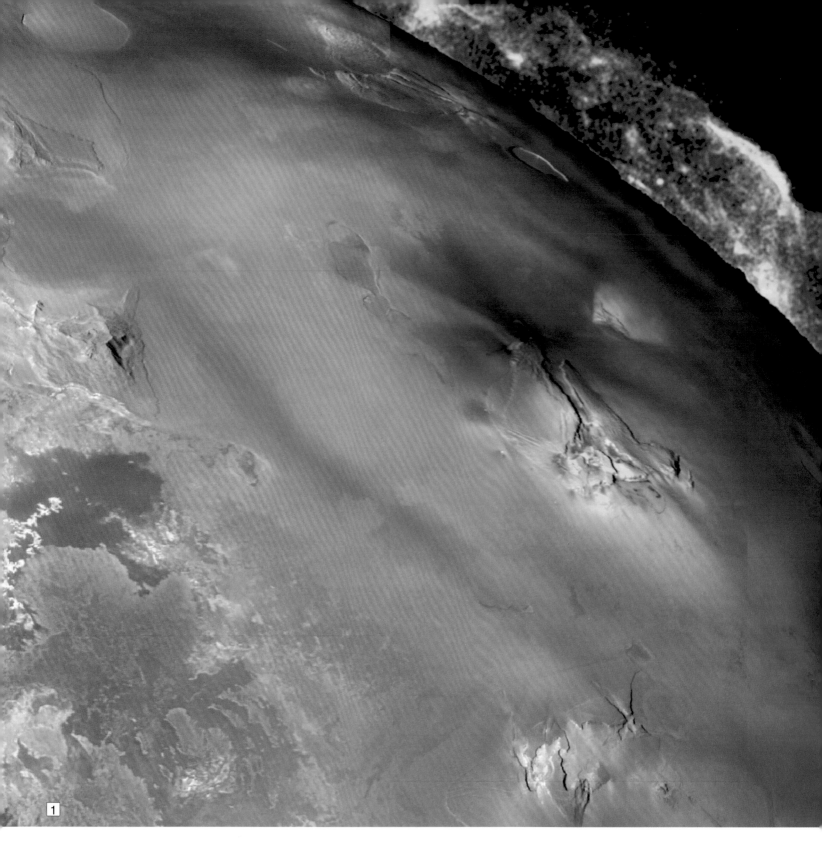

1

# 伽利略衛星

### 1 木衛一上的佩勒火山噴發

從這張由航海家1號所拍攝的影像中，可以看到巨大的佩勒火山（Pele）在木衛一噴發的情形。氣體和塵埃形成的煙流，從火山口向上噴出，高度達300公里。雖然我們無法從上空往下看到地表上方的噴發物，但如果背景是黑暗的天空，就能看到明亮的傘狀煙流。這些煙流在佩勒火山附近落下，形成和美國阿拉斯加州差不多大的心形區域。

### 2 木衛二

當伽利略號拍攝木衛二的影像時，發現在明亮冰雪所形成的廣闊平原上，有著交錯蜿蜒、一直延伸到地平線的裂縫，以及可能含有冰塊和塵埃的暗斑。木衛二上還有一些高地和巨大的撞擊坑。科學家觀察到木衛二的表面噴出高達200公里的水蒸氣，或許在冰凍的地殼下方，藏著液態鹽水形成的海洋——甚至是生命。

### 3 木衛三

這幅影像是航海家2號在距離木衛三30萬公里處拍攝的。古老而深色的伽利略區（Galileo Regio）位在影像的右上方，影像中下方則是一個較年輕的撞擊坑，周圍環繞著由水冰碎片形成的白色線條。顏色更淺的區域是地表較年輕的部分，擁有板塊活動造成的溝槽和山脊。木衛三和木衛二及木衛四一樣，地表下方可能都有鹽水存在。

### 4 木衛四

雖然木衛四和木衛一是同時形成的，但這兩顆衛星卻相當不同。木衛一的地表非常年輕，火山活動不斷重塑地表。木衛四的地表卻非常古老，撞擊坑的密度傲視全太陽系，也沒有火山或是較大的山脈。事實上，木衛四就是個巨大的冰原，上頭滿是裂縫和數十億年來星際碎片撞擊產生的坑洞。

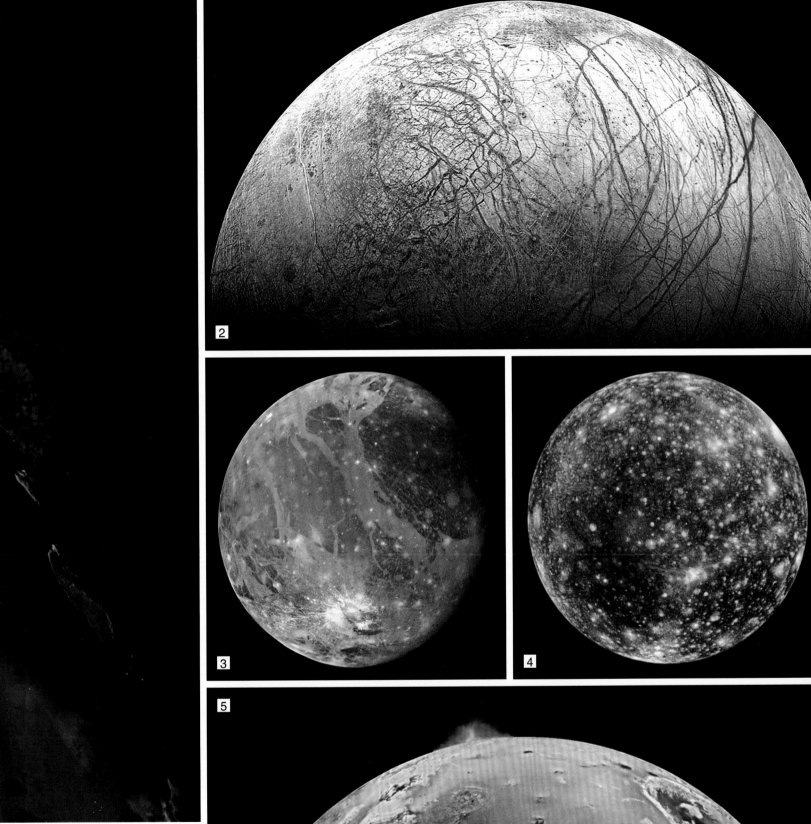

5 **木衛一的火山煙流**

木衛一的表面幾乎沒有撞擊坑，火山噴出的熔岩不斷重新覆蓋地表，讓地表變得平滑。在這張伽利略號拍攝的影像中，可以看到有兩個地方噴出硫磺。在影像上方的木衛一邊緣，藍色的煙流從皮蘭火山的破火山口向上噴發，高達140公里。影像下方中央，普羅米修斯火山的火山口上方有一道環形煙流，高度大約有75公里。

# 木衛三（甘尼米德）

**木衛三是太陽系裡最大的衛星，甚至比水星這顆行星還要大。雖然現在的木衛三看起來沒有什麼活動的跡象，但它的地表由各式各樣的地貌拼湊而成，記錄了過去的複雜歷史。**

木衛三的直徑有 5268 公里，比水星寬了 8%，若以體積來說，比水星大了 25%。但它的密度卻比水星低很多，這表示它和更靠近木星的木衛二一樣，由岩石和冰的混合物組成。木衛三有一層以氧氣為主的稀薄大氣，地表交雜著明亮和深色的區域。明亮區域的撞擊坑遠比深色區域來得少，這表示深色區域經歷了長時間的太空撞擊，而淺色區域因為地表曾經被重新覆蓋，之後遭受撞擊的時間沒有那麼長。淺色區域的平行溝槽和山脊，就是地質活動的證據。

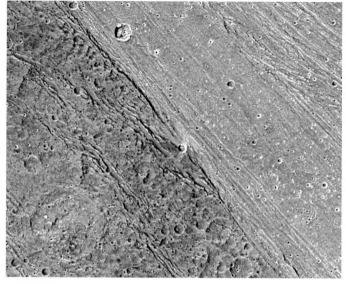

△ **冰冷的板塊**

雖然在木星潮汐力的加熱之下，木衛三內部呈熔融狀態，但木衛三的表面可能很早就已經凝固。木衛三的地殼分裂成像地球一樣的板塊構造，泥濘的岩石和冰塊混合物從板塊移動產生的縫隙中湧出，形成溝槽地形，類似地球地殼較年輕的部位。

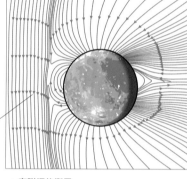

△ **有磁場的衛星**

木衛三是太陽系中唯一擁有明顯磁場的衛星。這表示木衛三內部有明顯分層，還可能有液態鐵組成的核心。科學家在2002年偵測到一些磁場特徵，顯示在地表下方約200公里處的冰層之間，可能有海洋存在。

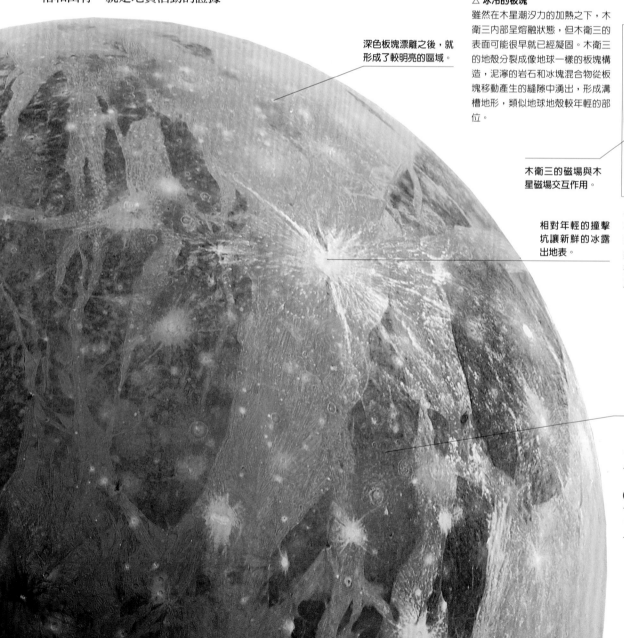

深色板塊漂離之後，就形成了較明亮的區域。

木衛三的磁場與木星磁場交互作用。

相對年輕的撞擊坑讓新鮮的冰露出地表。

布滿坑洞的深色區域是木衛三最古老的地形。

**木衛三表面有90%左右是水冰。**

最近的撞擊讓明亮新
鮮的冰露出地表

# 木衛四
# （卡利斯多）

木衛四是木星的伽利略衛星中最外側的一顆。這顆
由冰塊和岩石組成的球形衛星表面布滿坑洞，結構和
外觀都和較內側的幾顆衛星很不一樣。

木衛四自形成以來，似乎沒有什麼太大的變化。太空船所拍攝的影像顯
示，木衛四的表面在太陽系過去 45 億年的歷史中，累積了大量的撞擊坑，
其中最大的地表特徵是像阿斯嘉特（Asgard）和瓦爾哈拉（Valhalla）這樣的
巨大環形撞擊盆地。太陽輻射使得木衛四的表面隨著時間逐漸變暗。相對於
晦暗的地表，那些最年輕的撞擊坑看起來就像是明亮的星芒。

　　木衛四是密度最小的伽利略衛星，這表示相較於其他的伽利略衛星，它擁
有的冰塊較多、岩石較少。科學家認為在一開始，所有的伽利略衛星從內到外
都是由相對均勻的的岩石和冰混合而成，後來潮汐加熱開始作用，才讓其他三
顆伽利略衛星的內部開始熔融分層，但木衛四還是維持這種均勻的結構。

大型撞擊盆
地的周圍有
一圈圈同心
圓。

瓦爾哈拉是
木衛四最大
的撞擊坑。

新鮮的冰往上冒出，
填滿盆地中心。

△ 撞擊坑
木星的重力將彗星和小行星拉過去時，非常靠近木星的木衛四
就位在火線上，因此飽受撞擊，成為全太陽系撞擊坑最多的天
體。

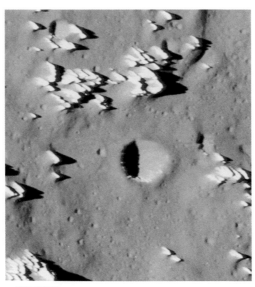

△ 鋸齒狀丘陵
撞擊坑突起的邊緣是由岩石和冰的混合物組成，其中大部分的
冰會受到太陽輻射侵蝕而蒸發，讓結構崩壞，在地表留下一串
串鋸齒狀的小山峰，這些剩餘物質也常發生山崩。

△ 陡坡
木衛四最大的撞擊盆地裡，有一些又長又深的陡坡。這是撞擊
之後地殼破裂、相鄰的地塊之間產生垂直位移而形成的斷層頂
部。

彗星和小行星被
木星的重力拉向
毀滅之途，碎成
片片、撞上木星
的衛星。

藝術家根據美國航太總署
的影像所繪製的想像圖

## 位置

**緯度**：北緯39度；**經度**：西經14度

## 成因

形成恩基鏈坑的彗星或小行星在解體並撞上木衛三之前，
應該就已經被拉進了環繞木星的軌道。

1. 天體往木星偏移，靠得太近。
2. 天體碎裂解體，碎片沿著軌道散布。
3. 碎片撞上木衛三。

## 鏈坑

恩基鏈坑下方的地表，有一
邊比較年輕，一邊則較為古
老。我們只能在地表較年輕
的那一邊看到撞擊噴出的冰
塊碎片。這可能是因為較古
老地區的顏色較深，讓我們
看不到噴出物的痕跡。

在年輕的淺色地區可以看到
明亮的噴出物

# 前進恩基鏈坑

在木衛三的表面，有一長串撞擊坑排列成壯觀的鏈狀，綿延 160 公里。這個明顯的特徵是最近的一連串撞擊所形成的。

恩基鏈坑（Enki Catena）由至少 13 個直徑約 10 公里或更大的撞擊坑重疊構成，斜斜跨越了木衛三上明暗地形的交界處（見第 162 頁）。木衛三和木衛四上都有好幾個類似的地形，但恩基鏈坑無疑是其中最醒目的一個。我們幾乎可以肯定，這是彗星或小行星在木星的強大重力拉扯下支離破碎之後，幾乎同時撞上木衛三造成的。1994 年撞上木星的舒梅克－李維 9 號彗星（Shoemaker-Levy 9）也是這樣的狀況。

# 木星研究史

木星非常明亮，而且在天空中緩慢移動，因此早期的觀星人在神話中賦予了它重要地位。自天文學成為真正的科學以來，木星在許多重大發現中都扮演了關鍵角色。

由於木星非常巨大，所以即使只用簡單的望遠鏡，它看起來都不是一個光點而是一個圓盤，四個最大衛星也很容易觀察到。但早期的天文學家仍對不斷變化的木星表面特徵感到十分困惑。直到 20 世紀，大家才廣泛接受木星是顆氣體行星。1970 年代之後，才開始有像伽利略號這樣的太空船前往木星，解開了木星的許多謎團。

宙斯

伽利略記錄的木星衛星

### 公元前500年

**行星之王** 不論是古代的希臘人還是羅馬人，都把這顆行星視為眾神之王——對希臘人來說是宙斯（Zeus），對羅馬人來說則是朱比特（Jupiter）或朱威（Jove）。更久以前的巴比倫天文學家，則把木星當成巴比倫的眾神之王——馬爾杜克（Marduk）。

### 1610年

**伽利略衛星** 義大利科學家伽利略用望遠鏡觀察木星，看到附近有四顆昏暗的星星，後來證明是木星的衛星。當時的主流想法認為宇宙萬物都繞著地球轉，但發現四星繞著其他行星運轉，卻與這種想法相矛盾。

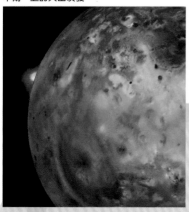

木衛一上的火山噴發

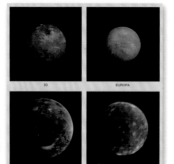

航海家號拍攝的木衛一、木衛二、木衛三和木衛四影像

先鋒10號紀念郵票

### 1979年

**木衛一上的火山** 航海家2號拍到木衛一表面有高聳的煙流。在木星的潮汐力加熱之下，木衛一噴出大量硫磺，成為太陽系中火山活動最劇烈的天體。

### 1979年

**航海家號** 航海家1號和2號太空船首度近距離觀測木星的伽利略衛星，發現這四顆行星般大的衛星都非常複雜。航海家1號還發現木星周圍有稀疏顆粒構成的稀薄行星環。

### 1973年

**飛掠木星** 先鋒10號在1972年發射，並在隔年飛掠木星，送回第一張木星的近距離影像。太空船在飛掠木星磁層的赤道帶時，受到輻射的嚴重破壞，證實了木星擁有強大的磁場。

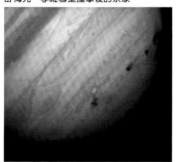

舒梅克－李維彗星撞擊後的景象

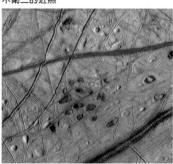

木衛二的近照

### 1994年

**彗星撞擊** 舒梅克－李維9號彗星的碎片撞擊木星，造成比地球還大的火球，還激起了木星深處的物質。撞擊產生的「傷痕」讓我們首度有機會研究行星內部的化學性質。

### 1995年

**探測木星大氣** 美國航太總署的伽利略號太空船釋放探測器，衝入木星雲層，在木星高層大氣中下降156公里，送回木星天氣狀況和大氣化學的數據，直到失去聯繫。

### 1995年至2003年

**環繞木星** 伽利略號軌道衛星環繞木星系統超過八年，仔細研究木星和幾顆主要的衛星，有了許許多多的發現。它也找到證據，顯示木衛二冰凍的地表下方有液態海洋。

奧勒・羅默觀察木星

卡西尼描繪的木星

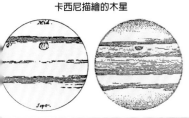

## 1665至1690年

**木星的天氣** 義大利裔法籍天文學家喬凡尼・卡西尼觀察木星，並以素描的方式記錄木星大氣，發現木星雲帶和能用來測量行星自轉速度的斑點。他在1690年指出，木星的不同部位以不同速度自轉。

## 1676年

**測量光速** 丹麥天文學家奧勒・羅默（Ole Rømer）注意到，木衛發生食和凌的真正時間和預測時間並不相同，他認為這是因為木星在不同位置時，光抵達地球所需的時間也不同。奧勒・羅默根據這個方法，首度估算出光速。

## 1733年

**計算木星直徑** 英國天文學家詹姆斯・布拉德利（James Bradley）利用望遠鏡測量木星的圓盤大小，並利用這個結果計算出木星的直徑。他還追蹤木星衛星的移動，研究木衛的影子和木衛食。

木星的磁場

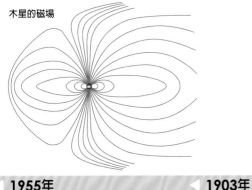

19世紀的木星地圖

## 1955年

**木星的磁場** 美國的肯尼斯・富蘭克林（Kenneth Franklin）和貝爾納・柏克（Bernard Burke）偵測到來自木星的同步輻射無線電波爆發。這代表木星有磁層存在，因為同步輻射是在磁場中旋轉的高速電子產生的。

## 1903年

**木星是顆氣體巨行星** 美國天文學家喬治・哈克（George W. Hough）認為，木星主要是由很厚的氣體殼層組成，而深處的高壓會讓氣體轉變為液體。他首度提出木星不是由稀薄大氣包覆的固態天體，而是一顆氣體巨行星的想法。

## 1830年

**大紅斑** 可能早在1660年代，喬凡尼・卡西尼和英國天文學家羅伯特・虎克（Robert Hooke）就觀察到了這個稱為大紅斑的巨大風暴，但第一筆確鑿的觀測記錄是德國天文學家海因利希・史瓦貝（Heinrich Schwabe）在1830年留下的。自此之後，人們就一直定期觀測大紅斑。

卡西尼號拍攝的木衛一和木星影像

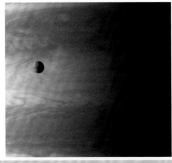

木星上的三個紅斑（左下為小紅斑）

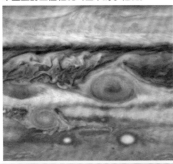

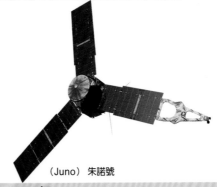

（Juno）朱諾號

## 2000年

**卡西尼號飛掠** 卡西尼號太空船在飛往土星途中，以1000萬公里的距離飛掠木星，拍了2萬6000張木星影像。這些影像加上伽利略號的近距離影像，讓科學家對木星的天氣系統有了新的認識。

## 2006年

**小紅斑** 天文學家注意到，在1998年到2000年間由三個白色小風暴合併形成的大風暴，正逐漸轉變為紅色。接下來的幾年間，小紅斑逐漸變大，甚至超過著名大紅斑的一半大。

## 2011年

**朱諾號發射** 美國航太總署的朱諾號（Juno）在2016年抵達木星後，測繪木星磁場、測量大氣中水和氨的含量、觀察木星極光，並研究木星是否有固態核心。朱諾號的研究或許能解答氣體巨行星是如何形成的。

發射　　　　　　　　地球軌道　　　　　　　　　　前往木星

| 1972 | 先鋒10號 |
| 1973 | 先鋒11號 |
| 1977 | 航海家1號 |
| 1977 | 航海家2號 |
| 1989 | 伽利略號 |
| 1997 | 卡西尼號 |
| 2006 | 新視野號 |
| 2011 | 朱諾號 |
| 預定 | 木星冰衛星探測器JUICE |

# 木星探索任務

**大部分造訪木星的太空船，都是在前往其他行星時，為了藉助木星的重力改變軌道而飛掠的，只有兩艘太空船曾經進入環繞木星的軌道。**

先鋒 10 號和先鋒 11 號是最早進入外太陽系的太空船。證明了太空船可以安全通過小行星帶之後，它們在 1973 年和 1974 年傳回了近距離拍攝的木星影像。接下來是更複雜的航海家 1 號和航海家 2 號，它們傳回令人驚嘆的木星衛星影像。1995 年，伽利略號太空船進入環繞木星的軌道，花了八年的時間仔細研究木星系統，之後才墜入木星大氣自毀。之後的卡西尼號和新視野號（New Horizons），則分別在前往土星和冥王星之前先造訪了木星。

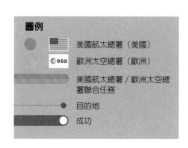

圖例

美國航太總署（美國）

esa 歐洲太空總署（歐洲）

美國航太總署／歐洲太空總署聯合任務

● 目的地

成功

**航海家2號拍攝的木星環影像**

△ **航海家1號和2號**
這兩艘航海家號太空船在飛掠木星時，首度拍攝到這顆巨行星和幾顆大衛星的清晰影像，證實了木星周圍有稀薄的行星環系統（上），並在木星環內部發現了三個新衛星。太空船傳回許多美麗的影像，包括木衛一的活火山和木衛二破裂的冰冷地殼。木星的縮時影片更是讓木星旋轉的雲帶和大紅斑躍然眼前。

◁ **伽利略號**
伽利略號軌道衛星花了八年時間監測木星的天氣和衛星。它在木星上發現了氨雲，以及木衛二、木衛三和木衛四可能含有地下水的證據。伽利略號任務在2003年結束時墜入木星自毀，以消除地球微生物汙染伽利略衛星的任何風險。

▽ **大氣探測器**
伽利略號在抵達木星軌道後不久，就釋放了一個探測器，以降落傘通過上層雲層150公里，進入木星大氣。對探測器來說，大氣中的的熱和壓力很快地就變得太高，但探測器還是成功地在78分鐘內，蒐集了溫度、風、閃電，以及它所通過的雲層和氣體的資料。

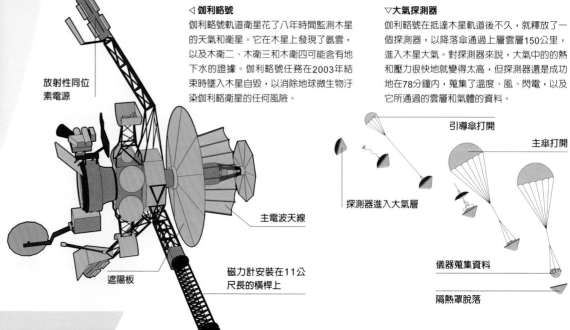

放射性同位素電源

主電波天線

磁力計安裝在11公尺長的橫桿上

遮陽板

引導傘打開

主傘打開

探測器進入大氣層

儀器蒐集資料

隔熱罩脫落

飛掠 軌道衛星 探測器

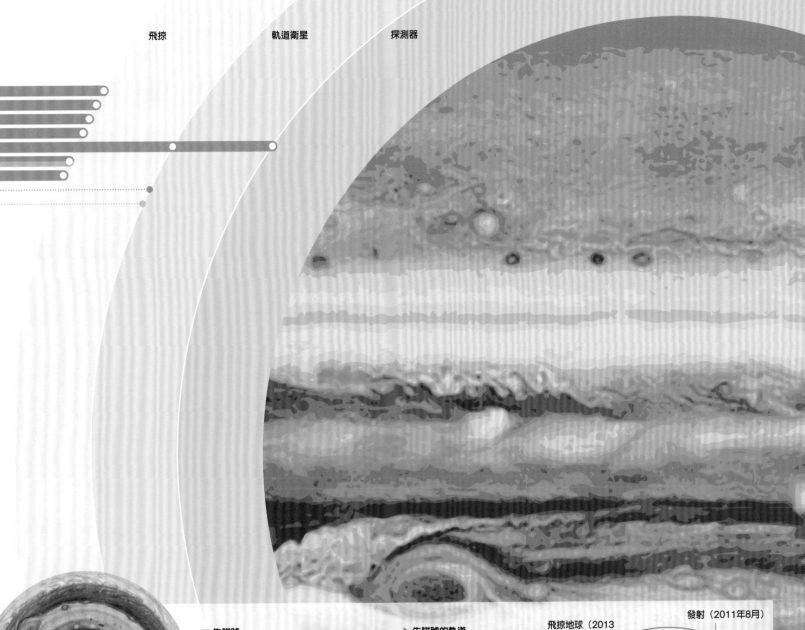

卡西尼號拍攝到的木星南半球影像

△ 卡西尼號

卡西尼號太空船在前往土星的旅程中,先在2000年12月飛掠木星,從比伽利略號更高的緯度觀測木星的南北兩半球,繪製出至今最詳盡的木星全球地圖。卡西尼號的其他重要發現,還包括了深色雲帶內的白色風暴,以及北極的深色橢圓形風暴。

▽ 朱諾號

朱諾號是第一艘在距離太陽這麼遠的地方以太陽能作為能量來源的太空船。它會繞行木星33圈,用太空船上的九個科學儀器探測木星濃密雲層下方的情形。它的其中一個目標是測量木星上的水量。木星有多「溼」,就代表年輕的木星捕獲了多少冰冷的原行星。如果木星上的水量不多,就會挑戰現有的木星形成理論。

電波天線

由於木星接收到的陽光比地球弱了27倍,因此需要很大的太陽能板。

磁力計

▷ 朱諾號的軌道

朱諾號在2011年8月發射,2013年再度飛掠地球,利用地球的重力輔助來提高其速度。這艘太空船在2016年,開始以繞極軌道繞行木星,從北極繞到南極,又從南極繞到北極,這樣就能保持它的太陽能板一直被太陽照射到。朱諾號為了準確測量磁場和重力場,必須非常接近木星——離木星雲頂不到5000公里。

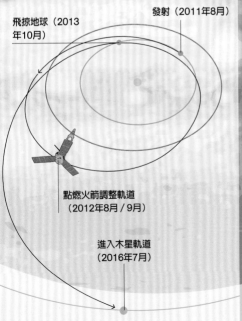

飛掠地球(2013年10月)

發射(2011年8月)

點燃火箭調整軌道(2012年8月/9月)

進入木星軌道(2016年7月)

# 土星

土星距離太陽很遠。從地球看去，它在夜空中的光芒很容易就會被木星和金星掩蓋。但從太空中看去，土星可以說是所有行星中最美麗的一顆。

高海拔的氨雲像條乳白色的毯子般覆蓋著整顆行星，朦朧之中只能隱約看到色彩柔和的條紋。這樣的土星看似平靜，但在這欺人的外表之下，土星的大氣其實非常狂暴。土星的自轉速度很快，產生的狂風在星球上呼嘯不止，經常發生可持續數個月的巨大帶電風暴，落下比地球上還要強大千萬倍的閃電。

所有的巨行星都有行星環，但土星的行星環是全太陽系最壯麗的。這些同心圓盤由無數的小環組成，每個小環內又有數百萬個大小和組成各異的冰塊。

## 土星相關數據

| | |
|---|---|
| 赤道直徑 | 12萬536公里 |
| 質量（地球=1） | 95.2 |
| 赤道處重力（地球=1） | 1.02 |
| 與太陽的平均距離（地球=1） | 9.58 |
| 自轉軸傾斜 | 26.7度 |
| 自轉週期（一天） | 10.66小時 |
| 公轉週期（一年） | 29.46地球年 |
| 雲頂溫度 | 攝氏零下140度 |
| 衛星數量 | 62+ |

**土星的密度比水還小——如果有個夠大的海洋能把土星放在裡面，土星就會浮在水上。**

土星快速自轉，把氣體向外推，造成赤道明顯凸起。

▽ **北半球**
土星的北極地區有個存在已久的六邊形雲系結構，寬度超過2萬7000公里，中心有個巨大的風暴。科學家認為這個在太陽系中獨一無二的天氣系統，是繞極噴射氣流造成的。

▽ **自轉軸傾斜**
土星的自轉軸傾斜了26.7度，因此在土星繞太陽29.5年的週期裡，隨著北極或南極轉而朝向太陽，我們就能以不同的角度觀察土星和土星環。當土星環恰好以側面面對我們時，地球上的觀測者是無法看見土星環的。

▽ **南半球**
土星的南極地區有個像颶風的風暴，直徑幾乎與地球相當，旋轉速度達到每小時550公里左右，比土星本身的自轉速度還快。風暴眼周圍有一圈高達75公里的雲層。

土星的極地地區在冬季會呈藍色調。

土星上有平行於赤道的寬廣雲帶。

雖然土星環的直徑很寬,但主環只有幾十公尺厚。

◁ **土星環和雲帶**
土星和木星一樣,看上去有特殊的條紋,不過土星的條紋顏色比較淺。巨大的土星環系統遠遠向外延伸,主環直徑超過27萬公里。

上層大氣的氣體形成環繞整顆星球的雲帶，內部則形成雲層和風暴。

風速高達每小時1800公里。

# 土星結構

土星的的組成和結構都和木星類似，但土星的質量比木星小得多。由於重力較小，土星能向外擴張，因此整體密度就降低了。

由於土星的密度較低，再加上它與太陽的距離更遠，所以土星的外層比木星要冷得多——這也是為什麼土星的整個上層大氣都有氨冰形成的雲。土星的顏色就來自這些黃白色的雲層。

在可見的雲層底下，土星大約有 96% 的氫氣、3% 的氦氣和 1% 其他集中在中心的較重元素。和木星一樣，這些依照密度分層的元素能夠驅動「熱引擎」效應，讓土星發出能量，是它從太陽接收到的能量的 2.5 倍。再往下探，土星內部可以大致分成好幾層，主要是氣態氫、液態分子氫、液態金屬氫，以及固態的核心。

**核心**

土星的核心直徑約2萬5000公里，溫度高達攝氏1萬1700度，可能不是呈現固態，而是熔融的岩石和金屬混合物，質量可能有地球的9到22倍。

**液態金屬氫**

在大約1萬5000公里深處，氫分子開始分解成單個原子，形成能導電的液態金屬海洋，電流產生了土星的強大磁場。

**液態氫**

隨著深度增加，分子氫（$H_2$）逐漸凝結成液態。到了大約1000公里以下的深處，主成分就是液態氫。

**大氣層**

土星最外層的厚度約1000公里，成分以純氫氣為主。這個部分的雲層由不同的化合物（包括氨和水）凝結而成。

## 土星的閃電是地球上閃電強度的1萬倍。

氫分子在100個地球大
氣壓的壓力下，會分解
成金屬氫的形式。

液態氫層底部的
溫度達到攝氏
6000度。

土星環系統是由許多
獨立的環以及環之間
的縫隙組成。

◁ **複雜的大氣**
土星平靜的外觀，掩蓋了動盪的內部和充滿風
暴的大氣。從太空船拍攝的彩色強化影像中可
以看到，外層的氨霧底下有洶湧的雲層，這些
雲層主要是由高處的硫化氫銨和較低處的水冰
組成。

# 土星環

**土星擁有全太陽系最大的行星環系統。從地球就能看見的壯觀土星環結構，幾乎全由冰塊組成，它們呈同心圓繞著土星旋轉。**

土星環包含了數十億顆大小不一的冰塊，從房子般大的巨石到微小的冰晶都有。這些顆粒在土星重力的影響下，聚集在土星赤道面上方的扁平面上，互相擠壓。土星環系統非常複雜，每個大環又由許多狹窄的小環組成。由於受到離土星較遠的衛星重力影響，加上環內物質互相聚集，環與環之間產生了明顯的縫隙。環內的物質主要都是水冰顆粒，因此會自然反射光線。儘管隨著時間過去，水冰顆粒的表面逐漸布滿塵埃，但環內不斷發生碰撞，導致這些顆粒碎裂，又露出明亮的斷面。

土星環的起源依舊成謎，可能是有個冰質小衛星被土星強大的重力撕裂，或是與另一個天體碰撞毀滅後所留下的殘骸。

← 可倫坡環縫

D環 距土星中心7萬4700公里

## 土星的主環在某些地方只有10公尺厚。

▷ **環中有環**
天文學家已經確定土星至少有九個主要的環。A環和B環的冰粒最大，也是最亮的。在這張假色影像中，以白色和紫色代表大於5公分的顆粒。在A環和B環之間有個很寬的縫隙，稱為卡西尼環縫（Cassini Division）。較淺的C環和D環從B環向內延伸，顆粒的尺寸小於5公分（影像中以綠色和藍色表示）。

▷ **最佳角度**
相較於在地球上，太空船可以看到土星環的更多細節，但即使是最清晰的影像，也無法解析出土星環中的單一顆粒。在這張卡西尼號太空船拍攝的土星外側C環（左）和內側B環（右）的紫外線影像中，我們以顏色來標示冰粒的化學和物理性質。紅色顯示被塵埃覆蓋的冰粒，藍綠色則代表較純淨的水冰。較為緻密的B環看起來更乾淨也更純，代表這裡的冰粒碰撞較為頻繁。當冰粒碎裂時，會一直有新的斷面產生。

▽ **牧羊犬衛星**
牧羊犬衛星（shepherd moon）指的是在土星環內部或非常接近土星環的地方運行的小衛星。這些天體的重力能在環面造成複雜的結構，包括細緻交錯的小環、狹窄的縫隙、甚至是垂直的凸起。在土星的春分與秋分，這些內側衛星會在環上投下長長的影子，例如在下方的影像中，就能看到土衛三十五（Daphnis）的影子。這顆小衛星維持著A環中的基勒環縫（Keeler Gap）。

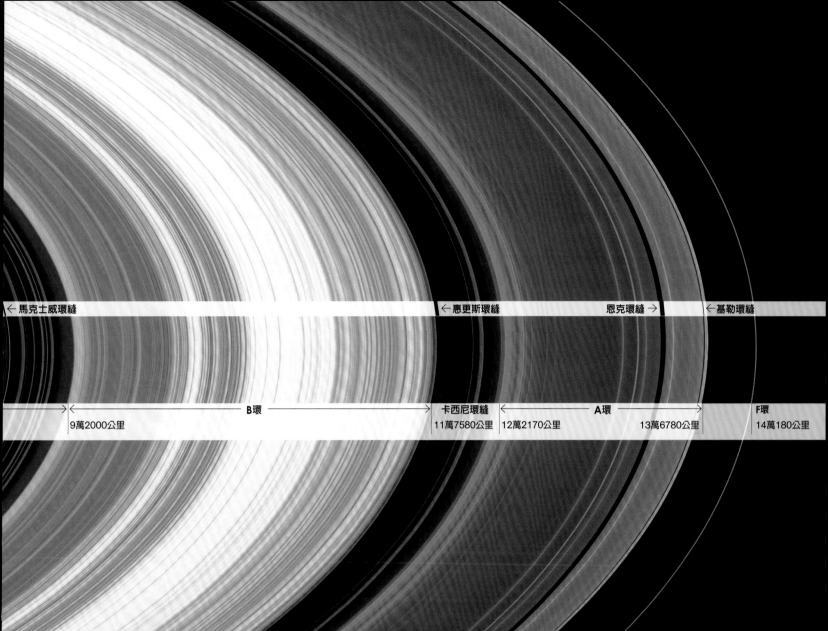

←馬克士威環縫　　　←惠更斯環縫　　恩克環縫→　　←基勒環縫

| B環 | | 卡西尼環縫 | A環 | | F環 |
|---|---|---|---|---|---|
| 9萬2000公里 | | 11萬7580公里 | 12萬2170公里 | 13萬6780公里 | 14萬180公里 |

▽ 外環

土星除了我們所熟知的主環之外，還有幾個較為朦朧不清的外環。必須使用特殊的成像技術，才能看見這些塵埃和冰發出的微弱光暈。下方的影像是從背光側觀測土星，由於太陽剛好被土星遮住，因此能看到黯淡的E環。土星有顆非常有趣的衛星——土衛二，表面噴出的冰質羽狀噴發，為E環提供了微粒來源。E環跟超薄的土星主環不同，厚度超過2000公里。

◁ 土衛九環

2009年，天文學家利用美國航太總署的史匹哲紅外線太空望遠鏡（Spitzer Space Telescope），發現了一個巨大的塵埃環，他們認為這是流星體撞擊較靠土星外側的土衛九（Phoebe）而產生的。和其他的環相比，土衛九環傾斜了27度，範圍從距離土星約400萬公里處開始，一直向外延伸達三倍以上的距離。

# 前進土星環

**B 環是最大、最亮、最密集的土星環。此處有無數閃耀的巨大冰塊比鄰飄浮，看起來就像一場不可思議的芭蕾舞。盤中密集的碎屑，會摧毀任何想穿越此處的物體。**

這個由環繞土星旋轉的粒子所構成的盤面，向外延伸到比土星直徑還要遠好幾倍的地方。土星環包含了數兆個天體，其中每一個粒子的路徑都非常一致——在土星的赤道上方，沿著接近完美的圓形軌道運行。任何天體只要軌道稍微偏向橢圓形，或者試圖橫越這個平面，很快就會與相鄰的天體碰撞，然後被推回原本的路徑。到處都有剛發生碰撞而產生的碎片在陽光下閃閃發亮。這些碎片會受到彼此的重力牽引，慢慢重新聚集在一起。

**藝術家繪製的B環想像圖**

土星的主環位在土星的洛希瓣（Roche lobe）內——這個區域內的天體會受行星重力影響，無法聚集成單一衛星。

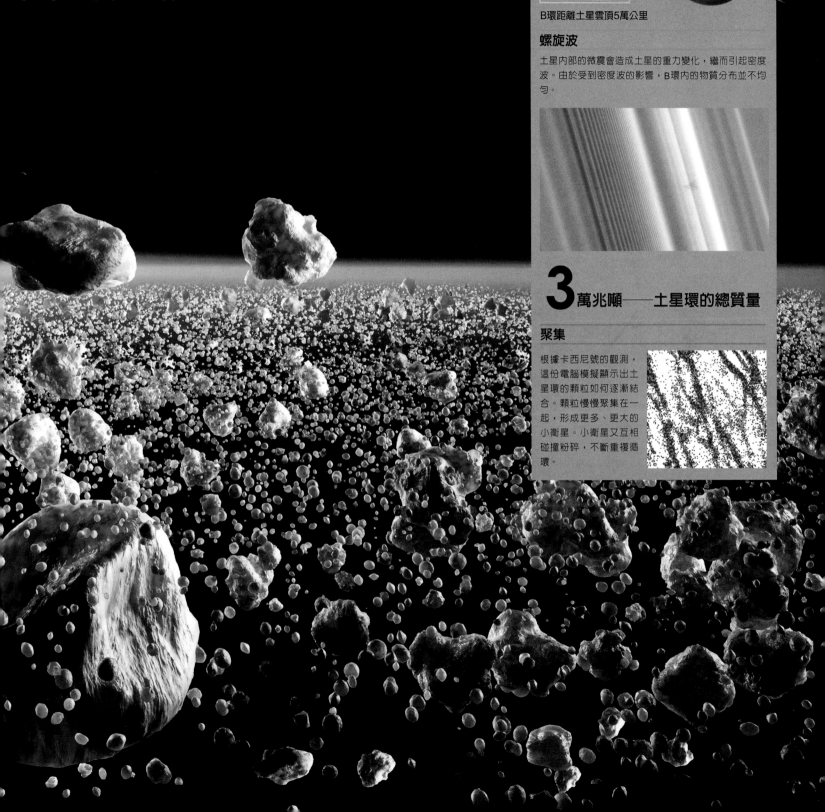

## 位置

B環距離土星雲頂5萬公里

## 螺旋波

土星內部的微震會造成土星的重力變化，繼而引起密度波。由於受到密度波的影響，B環內的物質分布並不均勻。

# 3 萬兆噸——土星環的總質量

## 聚集

根據卡西尼號的觀測，這份電腦模擬顯示出土星環的顆粒如何逐漸結合。顆粒慢慢聚集在一起，形成更多、更大的小衛星。小衛星又互相碰撞粉碎，不斷重複循環。

# 土星近觀

**外層朦朧明亮的氨雲，讓土星呈現深褐色的色調。但底下的深層大氣卻活躍狂暴，和鄰近的木星一樣。**

土星與太陽的距離是木星的兩倍，所得到的太陽熱能只有木星的四分之一，所以土星的上層大氣溫度較低，平均約為攝氏零下140度。在這樣的低溫下，大氣中的氨會凍結成冰晶，讓整顆行星籠罩在一層薄薄的雲霧中。但由於受到太陽熱能和土星內部能量的驅動，雲層底下的土星充斥著風暴、狂風和閃電。

## 暴風雨的天空

土星大氣擁有與木星相似的條紋外觀，不過土星的雲帶較寬，深色和淺色區域之間的對比也沒那麼強烈。在這些雲帶中，隱藏著存在已久的風暴和威力強大的閃電。我們可以從風暴發出的無線電波訊號偵測到它們的存在，但偶爾也能在可見光波段看到這些風暴——也就是出現在土星表面的季節性「大白斑」。

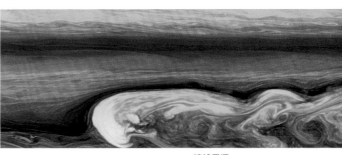

△ **繽紛雲湧**
這張卡西尼號拍攝的紅外線影像捕捉了一個大白斑的全貌，它在2010年出現，並在2011年快速成長。風暴系統前端的高空雲（左側）暗示，原本的白斑是行星內部的溫暖物質向上湧出造成的，也許跟季節變化有關。

▽ **白色風暴**
土星最明顯的天氣特徵是定期出現在北半球的大白斑。這些斑點大約每29年出現一次，通常和北半球的夏季同時到來，暗示著它們可能是太陽熱能增加所引發的。發展的過程裡，白斑有時會環繞土星一周，形成紊亂的淺色雲帶。

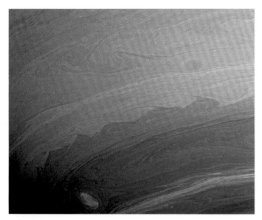

△ **雲帶**
土星的藍色雲彩是由水蒸氣組成，而較高的紅橙色雲層則大部分是硫酸氫銨。在這張卡西尼號拍攝的紅外光影像中，特別強化了顏色和溫度的變化。深色和淺色的雲帶看起來似乎是往相反方向移動，但這其實是雲帶以不同速率旋轉所造成的錯覺。

## 土星的風速在太陽系中排名第二。

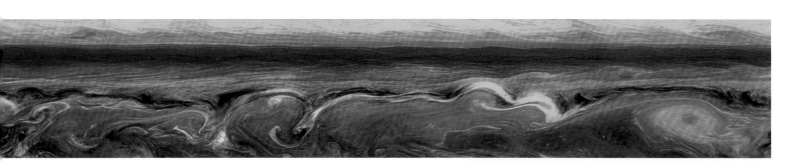

# 極區

土星的自轉軸傾斜角度和地球差不多，因此土星也有和地球類似的季節循環。南北兩極各自會有長達半個土星年的時間處於永夜的狀態，因此極地的天氣和其他地區非常不同。南極和北極各有一個颶風般的漩渦，中央是一個無雲的「暴風眼」。

▷ 南極光

土星強大的磁場會捕捉太陽風中的帶電粒子，並引導這些粒子流向兩極周圍的上層大氣。帶電粒子與氣體分子碰撞造成氣體發光，因而產生美麗的極光——就像這張哈伯太空望遠鏡所拍攝到的景像。

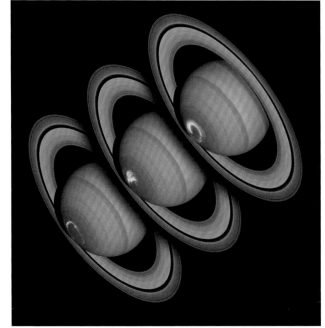

▷ 南半球熱點

從這張卡西尼號拍攝的紅外光影像中，我們可以看到土星的深處散發出熱量，深色的輪廓是覆蓋在上方的低溫雲帶。由於內部物質收縮，土星輻射出的能量比它從太陽接收到的能量還要高出2.5倍，但天文學家仍不清楚為何有大量的能量從南極附近散逸出來。

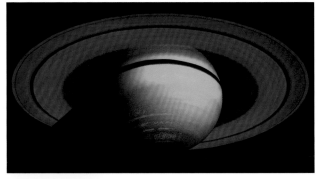

▽ 六邊形颶風

在土星北極的極地渦旋周圍，有一個明顯的六邊形雲系結構，這個結構至少從航海家號在1980年代初期飛掠以來，就一直存在至今。科學家認為這種特殊的幾何圖案，是在相對速度差異很大的大氣區域邊界產生的。這個六邊形的每一邊，都比地球的直徑還要長。

△ 北方玫瑰

這張卡西尼號拍攝的特寫，是土星北極極地渦旋的中心眼。可以看出，周圍的高層雲（影像中標示為綠色）與中心眼深處的雲層（紅色）之間有明顯的分界。中心眼寬達2000公里，周圍風速可達每小時530公里。

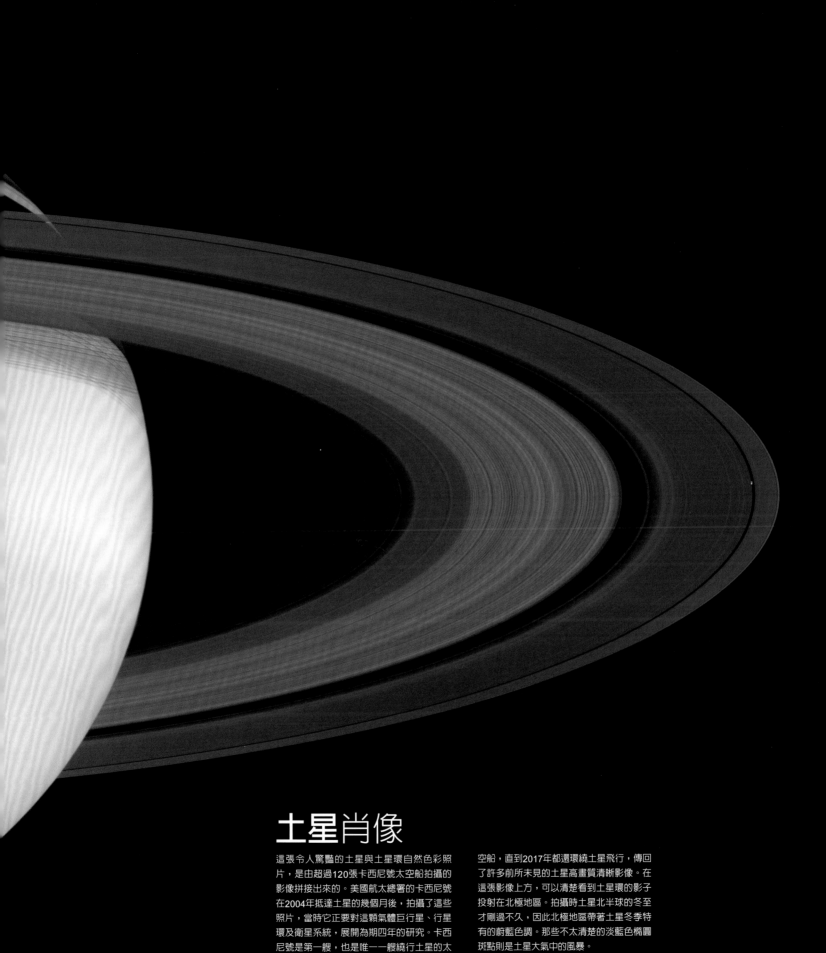

# 土星肖像

這張令人驚豔的土星與土星環自然色彩照片，是由超過120張卡西尼號太空船拍攝的影像拼接出來的。美國航太總署的卡西尼號在2004年抵達土星的幾個月後，拍攝了這些照片，當時它正要對這顆氣體巨行星、行星環及衛星系統，展開為期四年的研究。卡西尼號是第一艘，也是唯一一艘繞行土星的太空船，直到2017年都還環繞土星飛行，傳回了許多前所未見的土星高畫質清晰影像。在這張影像上方，可以清楚看到土星環的影子投射在北極地區。拍攝時土星北半球的冬至才剛過不久，因此北極地區帶著土星冬季特有的蔚藍色調。那些不太清楚的淡藍色橢圓斑點則是土星大氣中的風暴。

# 土星系統

土星周圍有一大群衛星環繞。這些衛星大小不一，大衛星與行星大小相近，有著複雜的大氣和活躍的表面，小衛星則只是被土星重力抓入軌道的小團石頭和冰塊。

土星有 62 顆正式確認的衛星，其中 53 顆已被命名。衛星、「小衛星」和環內的大顆粒，三者之間並沒有明確的分界，因此我們永遠無法確認土星衛星的精確數量。最靠近土星的衛星，軌道就在行星環上，衛星本身的重力在環上清出環縫，它們就在環縫中運行——名為牧羊犬衛星。而最外側的衛星，軌道非常橢圓，最遠時甚至可以距離土星數千萬公里。相較之下，土星最大的幾顆衛星軌道呈圓形，也比較靠近土星，但位在主環外側。

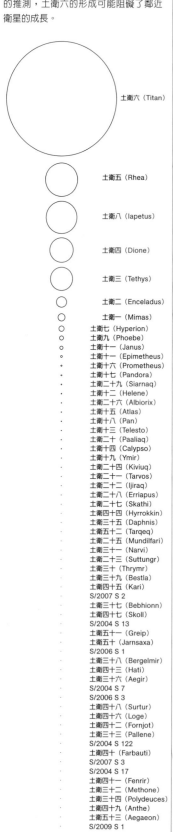

### 衛星的大小和規模
土衛六是土星衛星中的巨無霸，其他所有的衛星都比它小非常多。根據科學家的推測，土衛六的形成可能阻礙了鄰近衛星的成長。

土衛六 (Titan)
土衛五 (Rhea)
土衛八 (Iapetus)
土衛四 (Dione)
土衛三 (Tethys)
土衛二 (Enceladus)
土衛一 (Mimas)
土衛七 (Hyperion)
土衛九 (Phoebe)
土衛十一 (Janus)
土衛十一 (Epimetheus)
土衛十六 (Prometheus)
土衛十七 (Pandora)
土衛二十九 (Siarnaq)
土衛十二 (Helene)
土衛二十六 (Albiorix)
土衛十五 (Atlas)
土衛十八 (Pan)
土衛十三 (Telesto)
土衛二十 (Paaliaq)
土衛十四 (Calypso)
土衛十九 (Ymir)
土衛二十四 (Kiviuq)
土衛二十一 (Tarvos)
土衛二十二 (Ijiraq)
土衛二十八 (Erriapus)
土衛二十七 (Skathi)
土衛四十四 (Hyrrokkin)
土衛三十五 (Daphnis)
土衛五十二 (Tarqeq)
土衛二十五 (Mundilfari)
土衛三十一 (Narvi)
土衛二十三 (Suttungr)
土衛三十 (Thrymr)
土衛三十九 (Bestla)
土衛四十五 (Kari)
S/2007 S 2
土衛三十七 (Bebhionn)
土衛四十七 (Skoll)
S/2004 S 13
土衛五十一 (Greip)
土衛五十 (Jarnsaxa)
S/2006 S 1
土衛三十八 (Bergelmir)
土衛四十三 (Hati)
土衛三十六 (Aegir)
S/2004 S 7
S/2006 S 3
土衛四十八 (Surtur)
土衛四十六 (Loge)
土衛四十二 (Fornjot)
土衛三十三 (Pallene)
S/2004 S 122
土衛四十 (Farbauti)
S/2007 S 3
S/2004 S 17
土衛四十一 (Fenrir)
土衛三十二 (Methone)
土衛三十四 (Polydeuces)
土衛四十九 (Anthe)
土衛五十三 (Aegaeon)
S/2009 S 1

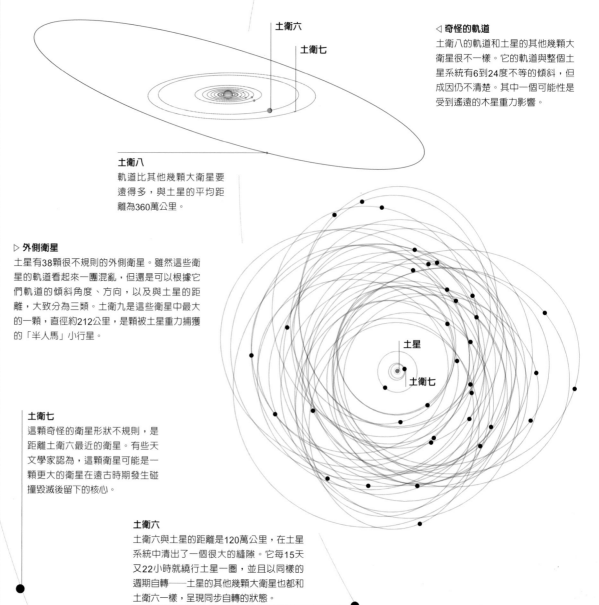

**土衛六**
**土衛七**

◁ **奇怪的軌道**
土衛八的軌道和土星的其他幾顆大衛星很不一樣。它的軌道與整個土星系統有6到24度不等的傾斜，但成因仍不清楚。其中一個可能性是受到遙遠的木星重力影響。

**土衛八**
軌道比其他幾顆大衛星要遠得多，與土星的平均距離為360萬公里。

▷ **外側衛星**
土星有38顆很不規則的外側衛星。雖然這些衛星的軌道看起來一團混亂，但還是可以根據它們軌道的傾斜角度、方向，以及與土星的距離，大致分為三類。土衛九是這些衛星中最大的一顆，直徑約212公里，是顆被土星重力捕獲的「半人馬」小行星。

**土星**
**土衛七**

**土衛七**
這顆奇怪的衛星形狀不規則，是距離土衛六最近的衛星。有些天文學家認為，這顆衛星可能是一顆更大的衛星在遠古時期發生碰撞毀滅後留下的核心。

**土衛六**
土衛六與土星的距離是120萬公里，在土星系統中清出了一個很大的縫隙。它每15天又22小時就繞行土星一圈，並且以同樣的週期自轉——土星的其他幾顆大衛星也都和土衛六一樣，呈現同步自轉的狀態。

# 科學家在土星環內發現了
# 超過150個小衛星。

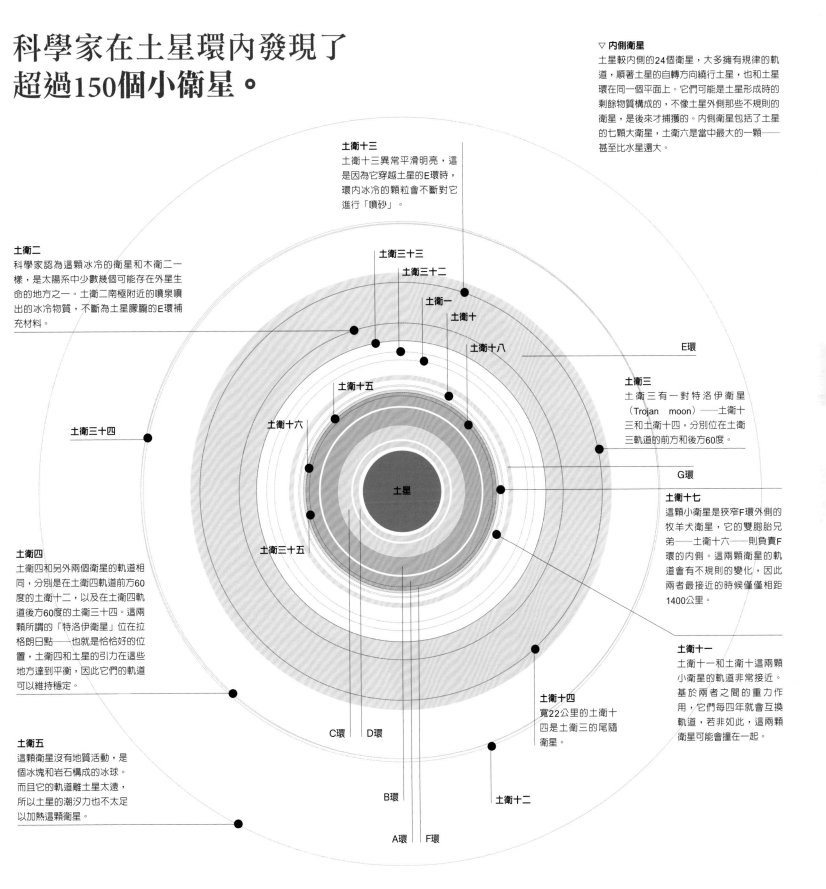

**土衛十三**
土衛十三異常平滑明亮，這是因為它穿越土星的E環時，環內冰冷的顆粒會不斷對它進行「噴砂」。

**土衛二**
科學家認為這顆冰冷的衛星和木衛二一樣，是太陽系中少數幾個可能存在外星生命的地方之一。土衛二南極附近的噴泉噴出的冰冷物質，不斷為土星朦朧的E環補充材料。

**土衛三十三**

**土衛三十二**

**土衛一**

**土衛十**

**土衛十八**

E環

**土衛十五**

**土衛十六**

**土衛三十四**

**土衛三**
土衛三有一對特洛伊衛星（Trojan moon）──土衛十三和土衛十四，分別位在土衛三軌道的前方和後方60度。

G環

土星

**土衛十七**
這顆小衛星是狹窄F環外側的牧羊犬衛星，它的雙胞胎兄弟──土衛十六──則負責F環的內側。這兩顆衛星的軌道會有不規則的變化，因此兩者最接近的時候僅僅相距1400公里。

**土衛四**
土衛四和另外兩個衛星的軌道相同，分別是在土衛四軌道前方60度的土衛十二，以及在土衛四軌道後方60度的土衛三十四。這兩顆所謂的「特洛伊衛星」位在拉格朗日點──也就是恰恰好的位置，土衛四和土星的引力在這些地方達到平衡，因此它們的軌道可以維持穩定。

**土衛三十五**

**土衛十一**
土衛十一和土衛十這兩顆小衛星的軌道非常接近。基於兩者之間的重力作用，它們每四年就會互換軌道，若非如此，這兩顆衛星可能會撞在一起。

**C環** **D環**

**土衛十四**
寬22公里的土衛十四是土衛三的尾隨衛星。

**土衛五**
這顆衛星沒有地質活動，是個冰塊和岩石構成的冰球。而且它的軌道離土星太遠，所以土星的潮汐力也不太足以加熱這顆衛星。

**B環**

**土衛十二**

**A環** **F環**

# 土星的主要衛星

**土星的衛星中，有七顆的重力夠大，能大致形成球形。其中有些衛星已經沉寂數十億年，有些仍有地質活動。**

土星的主要衛星以希臘神話中的巨人命名。跟土星的距離由近到遠排列，依序是土衛一（Mimas）、土衛二（Enceladus）、土衛三（Tethys）、土衛四（Dione）、土衛五（Rhea）、土衛六（Titan）和土衛八（Iapetus）。這些衛星中最小的是僅 396 公里寬的土衛一，最大的則是直徑 5150 公里的巨無霸——土衛六，它甚至比月球還要寬50%。1655 年發現的土衛六，是第一顆被發現的土星衛星。到了 1789 年，七顆主要衛星都已經發現，並且完成命名。

濃厚的大氣

土衛六表面的深色區域可能是乾燥的海床。

▷ **土衛六**
土衛六比水星和冥王星還大，是太陽系中唯一具有明顯大氣的衛星，也是除了地球之外，唯一空氣中富含氮氣的天體。這顆衛星由岩石和冰組成，表面平均溫度約為攝氏零下180度。雖然溫度很低，但土衛六濃厚的大氣能捕捉足夠的熱能，驅動複雜的天氣循環，地表上的甲烷液體會像地球上的水一樣，蒸發進入大氣之後，又靠著降雨回到地面上。有證據顯示土衛六表面有冰火山爆發，噴出泥狀的冰。

比較明亮的區域是地勢較高的地方。

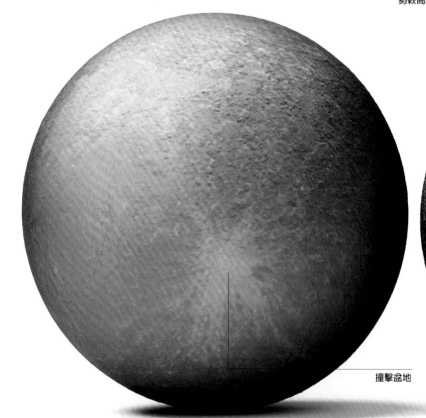

撞擊盆地

安傑利爾火山口
(Engelier Crater)

△ **土衛五**
土衛五是土星的第二大衛星，但它比月球還要小很多。這顆衛星是由冰和岩石組成的球體，因為自身的重力壓縮而形成密度非常高的冰。土衛五的表面充滿坑洞，還有兩個巨大的撞擊盆地，表示這顆衛星已經有數十億年沒有地質活動了。

△ **土衛八**
土衛八是土星主要衛星中最外側的一顆，它的外觀非常特別，前方的前導半球（leading hemisphere）非常黑暗，後方的後隨半球（trailing hemisphere）則較為明亮。黑暗的部分可能是土衛九環的碳粒沉積造成的。這些黑暗的塵粒會從太陽吸收額外的熱能，導致表面的冰蒸發，因此更為黑暗。

伊薩卡峽谷有2000公里長。

土衛二的表面有長長的裂縫，稱為「溝」（sulcus）。

赫歇爾坑

△ 土衛四
這個中型的冰衛星表面布滿坑洞，內部含有大量高密度的岩石。在土衛四表面的不同區域，撞擊坑數量相差很多，表示有些地區過去曾因冰火山噴發而變得較為平滑。在土衛四的後隨半球上有許多斷層，遠遠看去就像是明亮的條紋。

△ 土衛三
土衛三的表面跟土衛四很像，但土衛三的密度較低，表示它幾乎是由純水冰組成。雖然土衛三的表面有大量坑洞，但它也擁有冰火山噴發形成的廣大平原，地質活動似乎比鄰近的衛星更為活躍。看起來像是地表裂縫的伊薩卡峽谷（Ithaca Chasma），可能是土衛三內部凍結擴張形成的。

土衛二 △
這個小衛星在土星和土衛四的重力拔河中被不斷拉扯，造成內部的摩擦和加熱。熔融的冰變成蒸氣和水從表面噴出，在南極周圍形成壯觀的噴泉。冰噴泉為土星黯淡E環提供了物質來源。

△ 土衛一
在太陽系裡因自身重力而成為球形的天體中，土衛一是非常小的一顆。它的表面布滿坑洞，最大的就是130公里寬的赫歇爾坑（Herschel Crater）。造成這個坑洞的那場撞擊幾乎摧毀了土衛一。

# 前進麗姬亞海

麗姬亞海（Ligeia Mare）位在土星最大衛星土衛六的極北之處，是片光滑且一望無際的巨大湖泊。構成這片海的不是水而是甲烷，土衛六地表的極度低溫會使甲烷呈現液態。

科學家在土衛六的兩極附近，發現了好幾個由乙烷和甲烷等液態碳氫化合物組成的海洋和大型湖泊。其中一個就是比地球上任何淡水湖都還要大的麗姬亞海。美國航太總署的卡西尼號軌道衛星，利用穿透湖泊再從湖底反彈的雷達訊號，測出湖泊的深度，並且得知這座湖泊幾乎是由純甲烷組成。麗姬亞海的表面非常光滑平坦，但季節性的天氣變化可能還是會引起一些擾動。它的海岸非常曲折，有大大小小的海灣，有些地方的海岸成了平滑的海灘，也可能是甲烷泥灘。其他地區的地形則比較崎嶇，隆起形成圓丘。

**據估計，麗姬亞海的甲烷含量有地球全部液體燃料存量的40倍。**

藝術家根據卡西尼號的雷達和高度儀數據繪製的想像圖

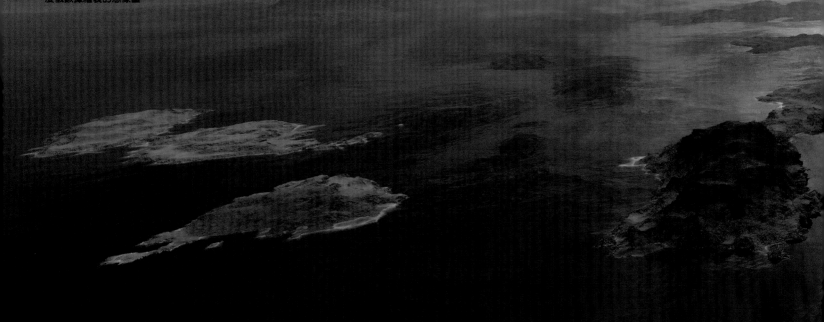

## 位置

緯度：北緯80度；經度：西經248度

卡西尼號軌道衛星的雷達訊號所量測到的麗姬亞海深度有 **170** 公尺

## 湖泊簡介

麗姬亞海和其他大部分的土衛六湖泊一樣，位在土衛六的北極附近，面積約12萬6000平方公里，海岸線長約2000公里。麗姬亞海與南半球的少數幾個湖泊不同，並沒有因為化學物質蒸發而出現縮小的跡象。這種差異可能與南北半球的季節循環有關。

卡西尼號的雷達拍攝到的麗姬亞海影像，藍色區域代表平滑的液體。

上圖是人造衛星拍攝的北美蘇必略湖（Lake Superior），與麗姬亞海的等比例對照。

美國太空總署的湖底等高線圖顯示，中心處的最大深度估計有210公尺。

## 土衛六的河流

從卡西尼號拍攝的影像中，可以看到一條400公里長的河流流入麗姬亞海，這是非常有力的證據，顯示土衛六上有甲烷降雨和逕流。這條河以北歐神話中一條有毒的河流為名，叫維德河（Vid Flumina）。

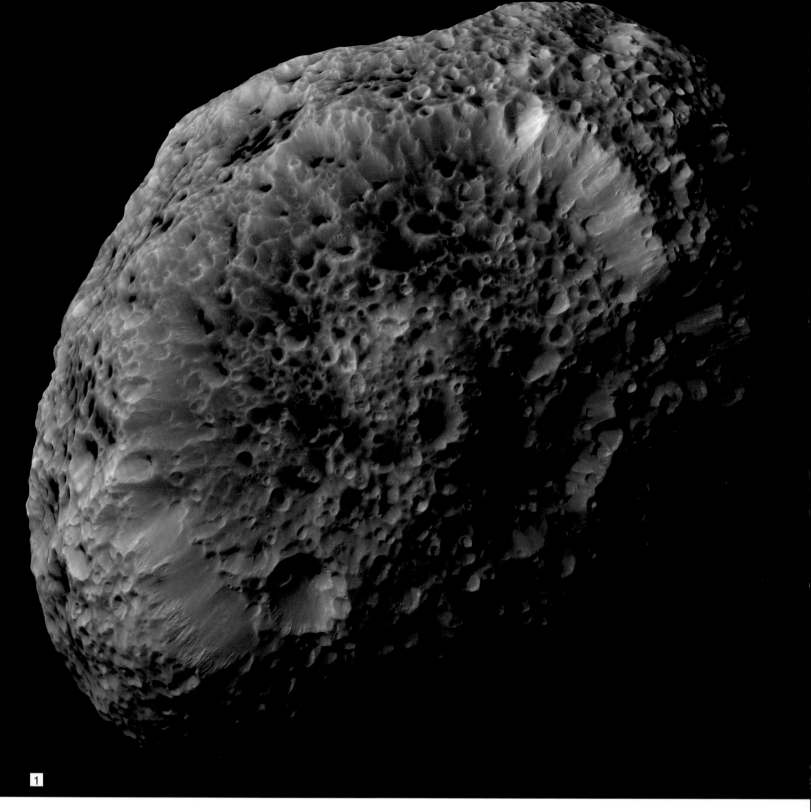

1

# 卡西尼號的影像

### 1 土衛七

美國航太總署的卡西尼號太空船在土星系統周圍繞行期間，捕捉了許多壯觀的影像，包括這顆奇怪土星衛星的特寫鏡頭。土衛七不夠大，因此重力不足以讓它成為球體。這顆衛星的形狀很奇怪，而且自轉非常混亂，又有個像海綿一樣的表面，因此科學家認為這顆衛星是一顆較大衛星碰撞毀滅後所產生的碎片。

### 2 土衛四

卡西尼號在近距離飛過冰冷的小衛星土衛四時，拍下了這張令人屏息的影像，當時這顆衛星因受陽光斜照而呈現彎彎的月牙形。在黑暗的陰影下，千瘡百孔的土衛四表面的撞擊坑輪廓更為明顯。土衛四的大部分表面都滿是這樣的坑洞，最大的坑洞直徑超過100公里。

### 3 土衛一

土衛一是土星最內側的主要衛星，但與背景中的土星北半球相比，卻顯得十分渺小。土星雲層中的黑暗條紋，是土星環在土星的冬季半球所投下的陰影。北半球天空的雲層較少，陽光散射使大氣呈現藍色的色調。

### 4 土衛六

在這張放大的影像中，充滿霧霾的土衛六和土星的尺寸差異看起來似乎沒有原本那麼大。土衛六的軌道與土星環在同一個平面上，緻密的A環和B環在土星的南半球上投下寬廣的帶狀陰影，陰影中明亮的縫隙是卡西尼環縫。

2

3

4

5

5  土衛二

這張土星最亮衛星的色彩強化影像,顯示出
地形景觀上的顯著差異。布滿坑洞的北半球
有最古老的地形,而南半球則坑洞較少,表
示後來的地質事件重新覆蓋了表面。藍色的
冰是最近出現的地貌,包括仍然持續噴發地
下水的獨特「虎紋」(tiger stripes)。

科學家偵測到土衛二的噴泉
以每小時6萬3000公里的高速
將冰粒噴入太空。

# 前進土衛二

土衛二是土星 E 環上的一顆明亮衛星。土衛二實在太小,所以在這顆衛星上只要花兩個星期時間,就能徒步繞行赤道一周。往南方望去,還能看到天際線上噴發的巨大噴泉。

土衛二覆蓋著厚厚一層明亮的積雪,反射來自遙遠太陽的光和熱,因此這顆小衛星的表面一直維持在低溫狀態。但土星和土衛四等外側衛星把土衛二往不同的方向拉扯,所產生的潮汐力讓土衛二的內部升溫,產生地下融冰。南極附近的潮汐力讓地表收縮,因而產生名為「虎紋」的深縫。此處地表面噴出的地下水進入真空的太空時,會劇烈沸騰而形成蒸氣和冰晶的混合物。

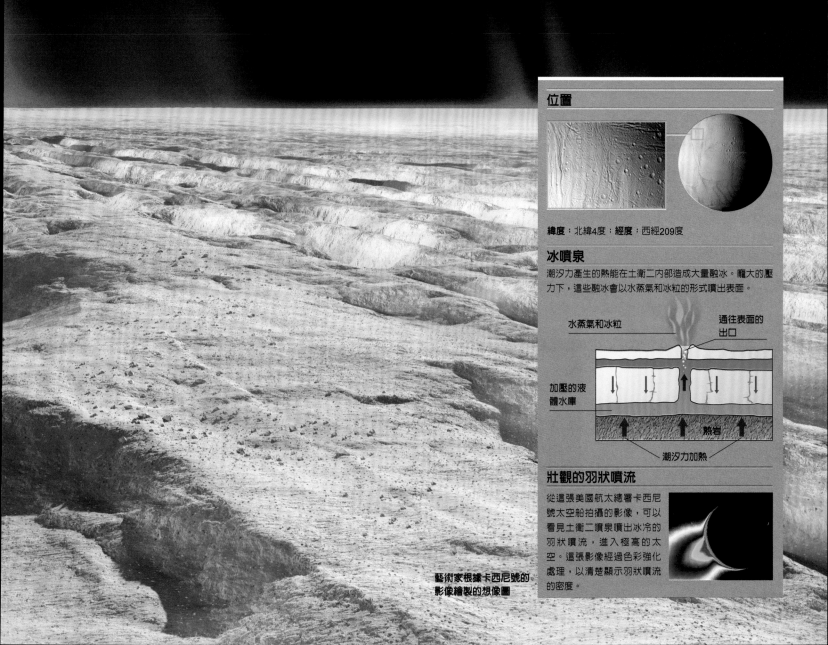

### 位置

**緯度**:北緯4度;**經度**:西經209度

### 冰噴泉

潮汐力產生的熱能在土衛二內部造成大量融冰。龐大的壓力下,這些融冰會以水蒸氣和冰粒的形式噴出表面。

水蒸氣和冰粒

通往表面的出口

加壓的液體水庫

熱岩

潮汐力加熱

### 壯觀的羽狀噴流

從這張美國航太總署卡西尼號太空船拍攝的影像,可以看見土衛二噴泉噴出冰冷的羽狀噴流,進入極高的太空。這張影像經過色彩強化處理,以清楚顯示羽狀噴流的密度。

藝術家根據卡西尼號的影像繪製的想像圖

# 土星研究史

天文學家第一次透過望遠鏡觀察到土星環時，就已經深深為之著迷。近代太空船拍攝到的土星衛星，也同樣迷人。

在太空船發現其他行星也有行星環之前，大家一直認為土星環是獨一無二的。雖然在 17 世紀就有最早的土星環觀測記錄，但一直要到物理學家詹姆斯・克拉克・馬克士威（James Clerk Maxwell）解釋土星環的真實性質之後，才真正解開近 250 年來的土星環之謎。19 世紀中葉之前的科學家沒有觀測到太多土星本身的特徵，後來望遠鏡的功能逐漸改善，我們才終於能夠觀察到環內的結構、環縫，以及許多繞著土星運行的衛星。但一直要到第一次行星際旅行，天文學家才開始了解土星系統的複雜性。

托勒密觀察土星

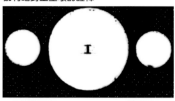

伽利略對土星環的詮釋

### 公元127年

**最外側的行星** 對早期的天文學家而言，土星非常特殊，因為它是五顆已知行星中移動速度最慢的一顆。希臘學者托勒密在他的地心模型中，把土星放在水晶球的最外側，在它之外僅有一層恆星所在的球殼。

### 1610年

**奇形怪狀的土星** 義大利科學家伽利略透過簡陋的望遠鏡，看到了形狀怪異的土星，因此他懷疑土星有水壺般的「把手」，再不然就是有兩個大衛星。伽利略不知道，他看到的其實是扭曲的土星環影像。

土衛九是土星靠外側的衛星中相當大的一顆

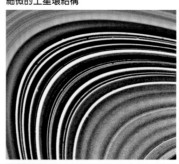

細微的土星環結構

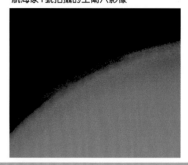

航海家1號拍攝的土衛六影像

### 2004年

**飛掠土衛九** 美國航太總署的卡西尼號太空船在經歷了漫長的旅程後，終於抵達並開始繞行土星。在最後接近土星時，卡西尼號飛掠了土衛九這顆神祕的外側衛星。從太空船傳回的影像中可以發現，土衛九的表面布滿坑洞，代表這顆衛星是土星捕獲的彗星或小行星。

### 1981年

**土星環的結構** 航海家2號比航海家1號晚八個月抵達土星。這兩艘太空船拍攝了土星的主要衛星，發現土星環內的細微結構，包括單一的小環，以及較暗物質在土星環系統中向外移動所形成的徑向輻狀漣漪。

### 1980年

**首度近探土衛六** 美國航太總署的航海家1號太空船抵達土星。科學家修正了太空船軌道，好讓它接近土衛六這顆巨大的衛星，並傳回土衛六的第一張近距離影像。但由於土衛六的大氣非常濃厚，太空船完全看不到下方的地表。

卡西尼號拍攝的土衛六影像

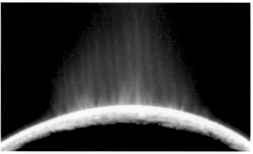

土衛二噴發出的冰質羽流

### 2005年

**穿透面紗** 卡西尼號的紅外線儀器能穿透土衛六的朦朧大氣，拍攝到地表樣貌。傳回的影像顯示，液態甲烷流過地表所產生的侵蝕過程，抹平了土衛六的地貌特徵，讓地面變得非常平滑。

### 2005年

**活躍的土衛二** 卡西尼號在近距離飛掠土衛二這顆明亮的小衛星時，拍攝到到冰冷物質所構成的羽狀噴流，往高達數百公里的太空噴發。進一步研究顯示，衛星內部的潮汐加熱驅動了這些活躍的噴泉，從南極附近的地表斷層噴出。

惠更斯的素描呈現出土星外觀的變化

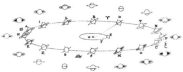

巴黎天文臺

土衛八的兩個半球對比非常分明

## 1655年

**發現土星環** 荷蘭天文學家和儀器製造商克里斯蒂安·惠更斯，利用自己設計的強大望遠鏡研究土星。他得到結論，認為有個平坦的薄環繞土星。同年，惠更斯也發現了土星最大的衛星——土衛六。

## 1675年

**分解土星環** 義大利裔法國天文學家喬凡尼·卡西尼在巴黎天文臺觀測時，發現土星環中有個暗圈——介於A環和B環之間，現在我們稱之為卡西尼環縫。這是我們首度發現土星環有複雜的內部結構。

## 1705年

**雙色衛星** 自1671年以來，卡西尼觀察到的土衛八就一直都在土星的同一側。直到1705年，他才從土星的另一邊觀測到這顆衛星，結果發現衛星的這一面比較黯淡。他得到正確的結論：土衛八的前導半球比較黑，尾隨半球則比較亮。

先鋒11號拍攝的土星影像

威爾·黑

## 1979年

**先鋒11號** 先鋒11號是第一艘造訪土星的太空船，以2萬1000公里的距離飛掠，並傳回最詳細的土星環和大氣天氣系統影像。先鋒11號還為後來的航海家號任務探勘飛行路線。

## 1933年

**大白斑** 英國喜劇演員和業餘天文學家威爾·黑（Will Hay）發現土星上出現了一個巨大的白斑，後來確認了它是個風暴，跟1876年和1903年看見的斑點很像。如今大白斑（Great White Spot）被認定為土星反覆出現的天氣特徵中最明顯的一個。

## 1859年

**土星環的真實性質** 詹姆斯·克拉克·馬克士威首度解釋土星環的真實性質。他用數學證明，土星環不可能是一體成形的平面或小環。反之，它們必定由無數的小顆粒構成，每個顆粒都在獨立的圓形軌道上運行。

土衛六上的安大略湖

2011年爆發的風暴

## 2005-2007年

**土衛六的湖泊** 雖然卡西尼號的子船——惠更斯號探測器——2005年著陸的土衛六赤道區域相當乾燥，但後來卡西尼號的雷達影像發現，土衛六的兩極附近有湖泊存在。2007年，卡西尼號使用紅外線相機，偵測到土衛六南極的安大略湖（Ontarius Lacus）所反射的陽光。

## 2010年

**細緻的土星環結構** 科學家從卡西尼號所拍攝的影像中，發現土星B環外側邊緣有波紋和尖峰狀的結構，在平坦的土星環面上投出陰影。這些存在時間不長的垂直結構，可能是受土星環內的小衛星重力影響所產生的。

## 2011年

**風暴特寫** 卡西尼號記錄了土星北半球一個大白斑風暴的發展過程，它的面積後來變得比地球的八倍還大。這場風暴似乎是土星的北半球春季變暖而引起的。

| 1973 | 先鋒11號 |
| 1977 | 航海家1號 |
| 1977 | 航海家2號 |
| 1997 | 卡西尼號 |
| 預定 | 土衛六之土星系統任務 |

# 土星任務

**自1970年代開始，已經有好幾艘太空船造訪土星和土星的衛星。最開始的任務只是飛掠，但近期已有美國航太總署的卡西尼號軌道衛星，進行長達十年的研究工作。**

土星是先鋒號任務的重要目標。先鋒10號只是飛掠木星，而先鋒11號在1979年9月利用木星的「重力彈弓」效應，將太空船往土星推進，這個任務為接下來的外太陽系探索計畫做準備。接下來的兩艘航海家號探測器，先後在1980年11月和1981年8月抵達土星，首度傳回眾多土星衛星的精采影像。從那時起便不再有太空船造訪土星，直到2004年，卡西尼號（和惠更斯號土衛六探測器）才成為第一艘繞行土星的太空船。

**圖例**

| | 美國航太總署（美國） |
| esa | 歐洲太空總署（歐洲） |
| | 美國航太總署／歐洲太空總署聯合任務 |
| ● | 目的地 |
| ○ | 成功 |

掃描平台讓相機和儀器指向觀測目標。

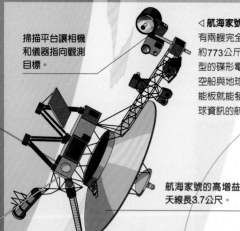

**◁ 航海家號太空船**

有兩艘完全相同的航海家號太空船，每艘重量約773公斤，各載有105公斤的科學儀器。大型的碟形電波天線（高增益天線）負責維持太空船與地球的通訊，而放射性電源不需要太陽能板就能發電。兩艘太空船都帶了一張刻著地球資訊的航海家號金唱片。

**▷ 發現**

航海家飛掠土星，證實土星的主環中還有無數個小環存在，以及像是徑向輪輻的暫時性結構。雖然無法穿透土衛六的濃厚大氣，但航海家號首度觀測到其他幾個土星衛星的表面特徵，以及土星的天氣系統。

航海家號的高增益天線長3.7公尺。

**▷ 任務簡介**

航海家1號的速度比航海家2號快得多，它在1979年飛掠木星時超越了航海家2號，抵達土星後曾近距離飛掠土衛六，之後才離開太陽系平面。航海家2號則繼續造訪天王星和海王星。

航海家號

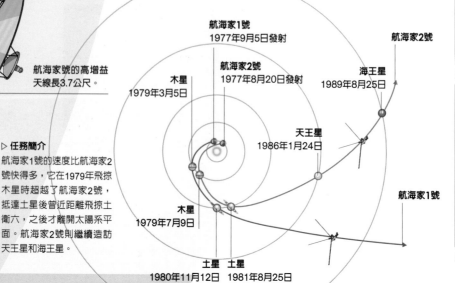

航海家1號
1977年9月5日發射

航海家2號
1977年8月20日發射

航海家2號

海王星
1989年8月25日

木星
1979年3月5日

天王星
1986年1月24日

木星
1979年7月9日

航海家1號

土星　　　土星
1980年11月12日　1981年8月25日

航海家2號所拍攝的土星環色彩強化影像

航海家2號所拍攝的土衛二假色影像

# 土衛六和土衛二是未來太空
# 任務的關鍵目標。

◁ **卡西尼號**

巨大的卡西尼號太空船和一輛公車差不多大，重2150公斤，是目前我們送到太空中最大也最複雜的行星際太空船。太空船上裝載的儀器包括先進的雷達、可見光和紅外光測繪相機、磁力計，以及粒子分析工具。卡西尼號還載運了惠更斯號土衛六探測器，讓總載重增加了350公斤。

卡西尼號高6.8公尺，所含的纜線超過14公里。

2004年12月，卡西尼號在土衛六上方釋放惠更斯號探測器。

▷ **發射**

1997年10月，卡西尼號從美國卡納維拉角搭載著泰坦IVB／半人馬座（Titan-IVB/Centaur）火箭發射。它的軌道相當複雜——包括兩度飛掠金星、一度飛掠地球，以及一度飛掠木星，每次飛掠都能獲得加速——這也代表卡西尼號花了將近七年的時間才抵達土星。

▽ **發現**

卡西尼號以超過十年的時間繞行土星軌道，徹底改變了我們對土星和土星衛星的認識。其中最重要的突破，包括確認土衛六地表有湖泊存在、在土衛二發現冰質羽狀噴發、拍到土星環中的細微結構，以及讓我們進一步了解土星複雜的天氣系統。

土衛八上因冰層消失而出現的黑暗斑點

惠更斯號拍攝的土衛六著陸點影像

# 天王星

**謎樣的天王星在幾近無雲的外表下方,藏著不為人知的祕密。天王星最特別的一點,就是它側躺著繞太陽公轉。天王星雖然不是離太陽最遠的行星,卻是太陽系中最冷的行星。**

1781 年 3 月 13 日,德裔英籍音樂家和業餘天文學家威廉 赫歇爾在他的觀測記錄中這麼寫道:「有一個奇怪的朦朧恆星,或許是顆彗星」。其實赫歇爾發現的是一顆軌道位在土星之外的新行星,這讓已知的太陽系一下子變成了兩倍大。

天王星是個巨大的行星,但由於距離太過遙遠,幾乎無法以肉眼看到。就算使用望遠鏡,也只能多看到一點點:幾個海王星的衛星,以及隱隱約約的幾個暗環。衛星的軌道顯示,天王星是側躺著繞太陽公轉的。航海家 2 號太空船在 1986 年飛掠天王星,但傳回的影像令人失望,即使是仔細檢視,也看不出天王星的任何表面特徵。

接下來幾十年間,隨著天王星在公轉軌道上運行,表面的不同區域轉向太陽,這顆行星才終於從冬眠中甦醒。威力強大的望遠鏡如今已經拍到了在這顆海藍色行星上旋轉的雲層。

## 天王星相關數據

| | |
|---|---|
| 赤道直徑 | 5萬1118公里 |
| 質量(地球=1) | 14.5 |
| 赤道處重力(地球=1) | 0.89 |
| 與太陽的平均距離(地球=1) | 19.2 |
| 自轉軸傾斜 | 82.2度 |
| 自轉週期(一天) | 17.2小時(由東到西) |
| 公轉週期(一年) | 84.3地球年 |
| 雲頂溫度 | 攝氏零下197度 |
| 衛星數量 | 27 |

## 天王星得到的陽光量只有地球的0.25%。

天王星的環和水冰組成的土星環不同,是由塵埃和黑暗的岩石物質組成的。

▽ **北半球**

天王星的兩極都會有長達42年的永夜和永晝。隨著天王星繞太陽公轉,北極地區現正進入我們的視線,並且逐漸變亮,因為季節的變化讓北極地區暴露在更強烈的陽光下。

▽ **傾斜**

天王星的自轉軸幾乎與軌道成直角,而且這顆行星的自轉方向也和其他行星相反(除了金星之外)。這可能是因為天王星形成後不久就遭受了一場巨大的撞擊。

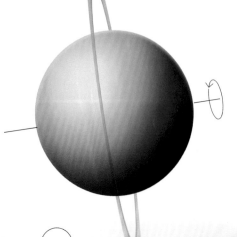

▽ **南半球**

航海家2號直接前往天王星的南極地區,當時南極正處於長達42年的白晝之中。這個區域是經強化處理的天王星影像中最為明亮的部分,但現正逐漸變暗。

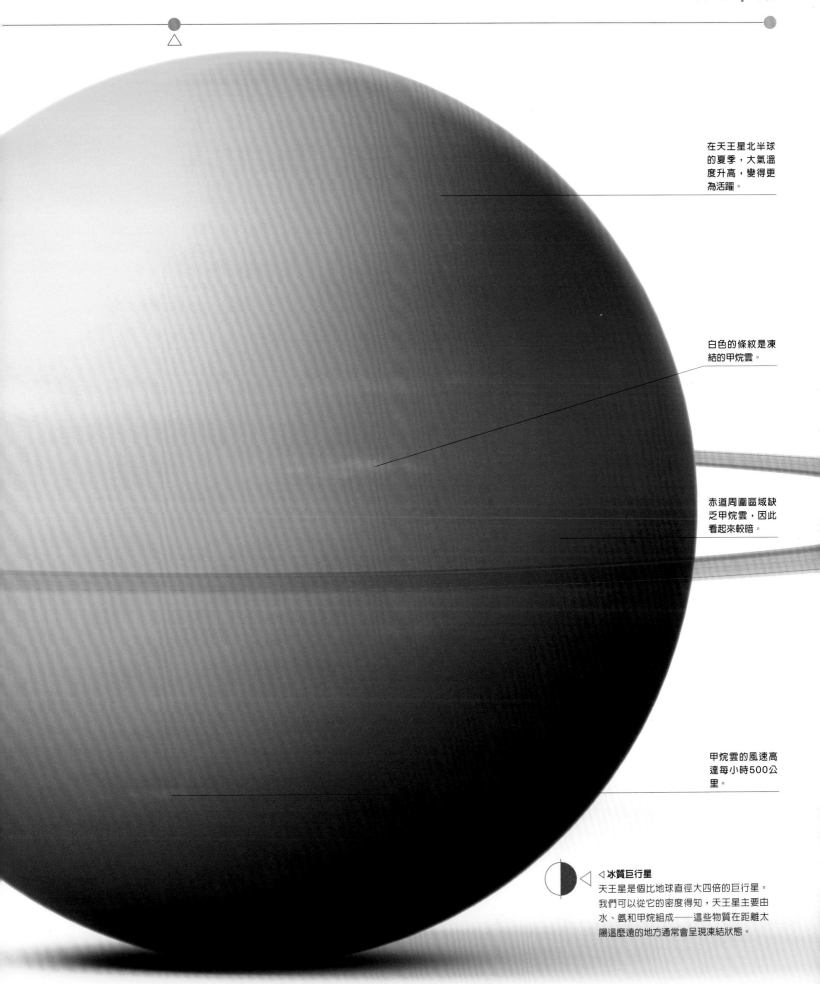

在天王星北半球
的夏季，大氣溫
度升高，變得更
為活躍。

白色的條紋是凍
結的甲烷雲。

赤道周圍區域缺
乏甲烷雲，因此
看起來較暗。

甲烷雲的風速高
達每小時500公
里。

◁ **冰質巨行星**
天王星是個比地球直徑大四倍的巨行星。
我們可以從它的密度得知，天王星主要由
水、氨和甲烷組成——這些物質在距離太
陽這麼遠的地方通常會呈現凍結狀態。

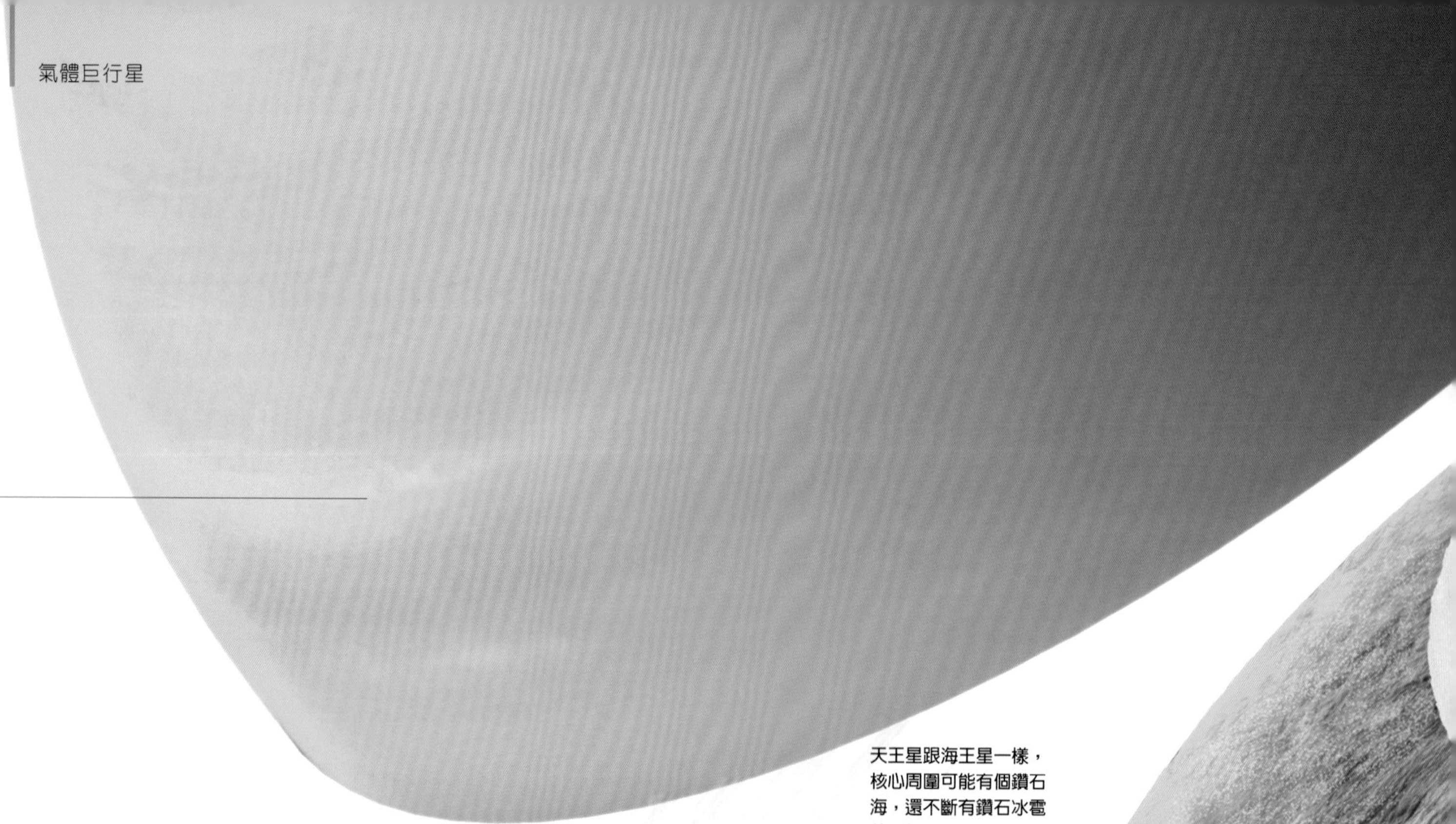

甲烷雲

天王星跟海王星一樣，
核心周圍可能有個鑽石
海，還不斷有鑽石冰雹
落入其中。

# 天王星結構

在天王星藍綠色的甲烷大氣下方，藏著巨大的泥濘海洋，或許還
有岩質的核心。天王星的不對稱磁場，可能是帶電水所形成的隱
藏海洋造成的。

如果進入天王星海藍色的大氣，你會通過一層又一
層的雲台，空氣密度愈來愈大，直到你發現自己置
身一座溫暖的海洋中，沒有什麼明顯的海面。天王
星大部分就是這座液體海洋構成的。

　　在天王星隱藏的海洋深處，水分子分解成氫和
氧離子。科學家認為帶電粒子海洋裡的電流，產生
了天王星偏離中心的不對稱磁場。如果地球的磁場
像天王星一樣，那麼極點會非常接近赤道，大約在
埃及開羅或澳洲布利斯班的位置。

　　天王星和其他巨行星不同，它輻射到太空中的
熱量比它從太陽接收到的熱量還少。這可能是因為
天王星剛形成時遭受了一次強烈撞擊，非但把它撞
歪，還讓它瞬間冷卻了下來。

## 大多數行星都是正立
## 著旋轉，但天王星卻
## 是側躺著轉。

**核心**
天王星的核心質量比地球稍微小一
點，由鐵和岩漿的熔融混合物形
成，溫度高於攝氏5000度，所受到
的壓力是地球表面大氣壓力的1000
萬倍。

**地函**
天文學家把天王星稱為冰質巨行
星，是因為這個星球的主要成分
——水、氨和甲烷，在離太陽這麼
遠的距離通常呈現凍結狀態。但是
行星內部的高溫會使這些物質融
化，形成了深達1萬5000公里的泥
濘海洋。

**大氣**
天王星上的「空氣」主要是氫和
氦。大氣的不同高度都有雲層存
在。天王星有比星球本身大上好幾
倍的稀薄外層大氣，這在巨行星中
是獨一無二的。

地函底部有一層散發黃光的超離子水（帶電荷的氫和氧）。

大氣中形成氨雲，最深的雲層則是冰凍的水滴。

地函中的流動液體造成了天王星的磁場。

艾普塞朗環（Epsilon ring）是天王星環中是最亮也最密集的一個。天衛六（Cordelia）和天衛七（Ophelia）是它的牧羊犬衛星，這兩顆小衛星的重力有助行星環維持形狀。

◁ 行星環
天王星有13個行星環。第一個天王星環是在1977年，因為意外遮掩了遙遠恆星的光芒而被發現的。其他的天王星環則分別由航海家2號在1986年以及哈伯太空望遠鏡在2003到2005年偵測到。所有的天王星環都很窄，而且烏漆墨黑的，不像土星環那樣閃亮。

天王星的大氣是太陽系所有行星中最冷的，大氣層中密度最大的對流層氣溫只有攝氏零下224度。

# 天王星系統

**天文學家把天王星的 27 個衛星分成三組：五顆主要衛星、13 顆內側小衛星，和九顆外側小衛星。**

1787 年，威廉·赫歇爾在發現天王星的六年之後，又找到了天王星的兩顆最大衛星——天衛三（Titania）和天衛四（Oberon）。1851 年，另一位業餘天文學家——英國釀酒師威廉·拉塞爾（William Lassell）——找到了天衛二（Umbriel）和天衛一（Ariel）。1948 年，德裔美籍天文學家傑拉德·古柏又找到了天衛五（Miranda）。1977 年，天文學家利用在洛克希德 C-141 星式運輸機上的飛行天文臺，發現了細細的天王星環。

當航海家 2 號在 1986 年飛掠天王星時，捕捉到當時最清楚的天王星衛星和天王星環影像。科學家在航海家號拍攝的影像中，又發現了 11 個衛星和 2 個天王星環。之後，哈伯太空望遠鏡和地球上的強大儀器，也找到了其他的天王星衛星和天王星環。

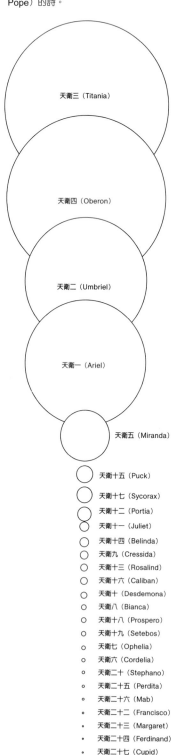

**衛星的大小和規模**

天衛三和天衛四可以排進太陽系十大衛星之中，但即使把天王星的27個衛星全部加起來，也還是比不上木星、土星或海王星的一個大衛星。天王星的衛星大多以莎士比亞戲劇中的角色命名，但也有一些取自亞歷山大·波普（Alexander Pope）的詩。

天衛三（Titania）
天衛四（Oberon）
天衛二（Umbriel）
天衛一（Ariel）
天衛五（Miranda）
天衛十五（Puck）
天衛十七（Sycorax）
天衛十二（Portia）
天衛十一（Juliet）
天衛十四（Belinda）
天衛九（Cressida）
天衛十三（Rosalind）
天衛十六（Caliban）
天衛十（Desdemona）
天衛八（Bianca）
天衛十八（Prospero）
天衛十九（Setebos）
天衛七（Ophelia）
天衛六（Cordelia）
天衛二十（Stephano）
天衛二十五（Perdita）
天衛二十六（Mab）
天衛二十二（Francisco）
天衛二十三（Margaret）
天衛二十四（Ferdinand）
天衛二十七（Cupid）
天衛二十一（Trinculo）

**▷ 內側衛星**

五顆最大的衛星在天王星側立的赤道上方繞行，它們和天王星是從同一個氣體和冰塊的旋轉圓盤中形成的。比較靠近天王星的13顆衛星處於不穩定的軌道上：因為過去發生過碰撞，這個區域滿是瓦礫，碎石至今仍繞著天王星旋轉，但附近衛星的重力把它們聚集成細細的環。

**天衛二**

主要由冰組成的天衛二是天王星衛星中最暗的，表層覆蓋著一層可能由有機（富含碳的）化合物形成的深色物質。

**天衛四**

天衛四是天王星五顆主要衛星中最外側的一顆，由冰和岩石的混合物組成，深色的表面略呈紅色。由於受到來自太空的碎片撞擊，天衛四成了坑洞最多的天王星衛星，其中一個坑洞的中心峰高達1萬1000公尺，比聖母峰還要高。

**天衛三**

天衛三是天王星最大的衛星，也是太陽系第八大衛星。天衛三形成後不久就開始膨脹，因此表面滿是巨大的峽谷和陡坡。天衛三可能擁有非常稀薄的二氧化碳大氣。

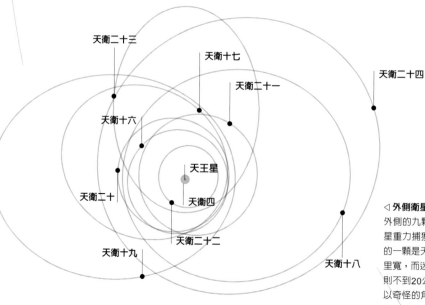

天衛二十三
天衛十七
天衛二十一
天衛二十四
天衛十六
天王星
天衛二十
天衛四
天衛二十二
天衛十九
天衛十八

**◁ 外側衛星**

外側的九顆衛星是冰冷的小天體，由被天王星重力捕獲的古柏帶天體或彗核形成。最大的一顆是天衛十七（Sycorax），只有150公里寬，而迷你的天衛二十一（Trinculo）直徑則不到20公里。這些衛星的軌道非常混亂，以奇怪的角度傾斜，來回兜著圈子。天衛二十三（Margaret）的軌道則是太陽系衛星中偏心率最大（軌道最不圓）的。

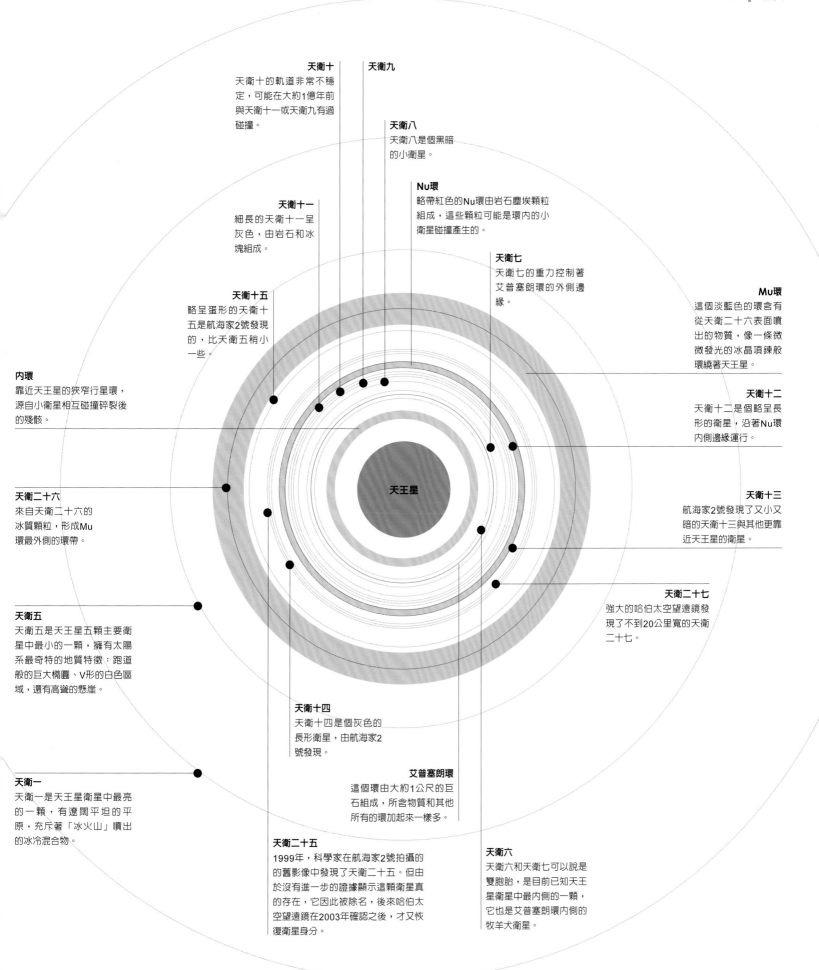

**天衛十**
天衛十的軌道非常不穩定，可能在大約1億年前與天衛十一或天衛九有過碰撞。

**天衛九**

**天衛八**
天衛八是個黑暗的小衛星。

**Nu環**
略帶紅色的Nu環由岩石塵埃顆粒組成，這些顆粒可能是環內的小衛星碰撞產生的。

**天衛十一**
細長的天衛十一呈灰色，由岩石和冰塊組成。

**天衛七**
天衛七的重力控制著艾普塞朗環的外側邊緣。

**Mu環**
這個淡藍色的環含有從天衛二十六表面噴出的物質，像一條微微發光的冰晶頂鍊般環繞著天王星。

**天衛十五**
略呈蛋形的天衛十五是航海家2號發現的，比天衛五稍小一些。

**內環**
靠近天王星的狹窄行星環，源自小衛星相互碰撞碎裂後的殘骸。

**天衛十二**
天衛十二是個略呈長形的衛星，沿著Nu環內側邊緣運行。

**天王星**

**天衛二十六**
來自天衛二十六的冰質顆粒，形成Mu環最外側的環帶。

**天衛十三**
航海家2號發現了又小又暗的天衛十三與其他更靠近天王星的衛星。

**天衛五**
天衛五是天王星五顆主要衛星中最小的一顆，擁有太陽系最奇特的地質特徵：跑道般的巨大橢圓、V形的白色區域，還有高聳的懸崖。

**天衛二十七**
強大的哈伯太空望遠鏡發現了不到20公里寬的天衛二十七。

**天衛十四**
天衛十四是個灰色的長形衛星，由航海家2號發現。

**天衛一**
天衛一是天王星衛星中最亮的一顆，有遼闊平坦的平原，充斥著「冰火山」噴出的冰冷混合物。

**艾普塞朗環**
這個環由大約1公尺的巨石組成，所含物質和其他所有的環加起來一樣多。

**天衛二十五**
1999年，科學家在航海家2號拍攝的的舊影像中發現了天衛二十五。但由於沒有進一步的證據顯示這顆衛星真的存在，它因此被除名，後來哈伯太空望遠鏡在2003年確認之後，才又恢復衛星身分。

**天衛六**
天衛六和天衛七可以說是雙胞胎，是目前已知天王星衛星中最內側的一顆，它也是艾普塞朗環內側的牧羊犬衛星。

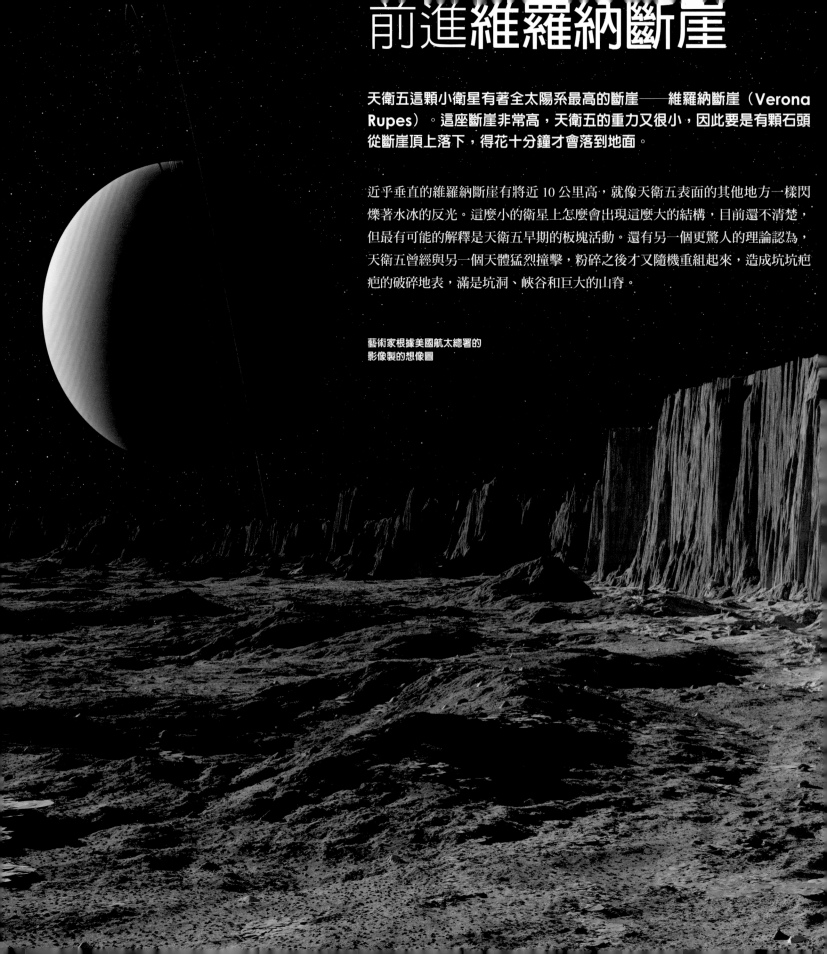

# 前進維羅納斷崖

天衛五這顆小衛星有著全太陽系最高的斷崖——維羅納斷崖（Verona Rupes）。這座斷崖非常高，天衛五的重力又很小，因此要是有顆石頭從斷崖頂上落下，得花十分鐘才會落到地面。

近乎垂直的維羅納斷崖有將近 10 公里高，就像天衛五表面的其他地方一樣閃爍著水冰的反光。這麼小的衛星上怎麼會出現這麼大的結構，目前還不清楚，但最有可能的解釋是天衛五早期的板塊活動。還有另一個更驚人的理論認為，天衛五曾經與另一個天體猛烈撞擊，粉碎之後才又隨機重組起來，造成坑坑疤疤的破碎地表，滿是坑洞、峽谷和巨大的山脊。

藝術家根據美國航太總署的
影像製的想像圖

## 位置

緯度：南緯18度；經度：東經348度

## 地形剖面圖

1.8公里高的大峽谷非常壯觀，但跟維羅納斷崖一比可是相形見絀。維羅納斷崖的高度約有大峽谷的六倍。

標高（公里）

天衛五

大峽谷

距離（公里）

# 116公里
## 維羅納斷崖山脊的長度

## 成因

維羅納斷崖可能是天衛五表面的破裂斷層所造成的，斷裂一側的地殼往上抬升，另一側的地殼則往下滑落。兩塊地殼在互相擦撞時，摩擦和侵蝕作用在懸崖面留下稱為斷面擦痕（slickenside）的槽溝。

斷層形成

地殼垂直位移

# 海王星

你可能以為海王星是個平靜的世界，畢竟這是距離太陽最遠的行星。事實上，海王星有劇烈的天氣系統，熱能從內部湧出，還有一顆噴發物質的大衛星。

海王星是經由理論推算發現的。19世紀時，天文學家就知道天王星受到一顆未知行星的重力牽引。英國的約翰·柯西·亞當斯（John Couch Adams）率先計算這顆行星的軌道，而1846年，法國天文學家奧本·勒維耶（Urbain Le Verrier）又推算出這顆行星的位置。不到一年後，柏林的天文學家就在勒維耶預測的位置發現了海王星。

　　海王星的大小和內部構造都和天王星相似，也有一組暗淡的行星環。它與太陽的距離相當遙遠，所以必須用望遠鏡才能觀測。當航海家2號在1989年飛掠海王星時，發現海王星有擾動的大氣，還有全太陽系速度最快的風。海王星上最明顯的特徵「大暗斑」（Great Dark Spot）都消失得很快。

海王星周圍有一個細窄而稀疏的行星環系統。

| 海王星相關數據 | |
| --- | --- |
| 內文內文 | 內 |
| 赤道直徑 | 4萬9528公里 |
| 質量（地球=1） | 17.1 |
| 赤道處重力（地球=1） | 1.1 |
| 與太陽的平均距離（地球=1） | 30.1 |
| 自轉軸傾斜 | 28.3度 |
| 自轉週期（一天） | 16.1小時 |
| 公轉週期（一年） | 168.4地球年 |
| 衛星數量 | 14 |
| 雲頂溫度 | 攝氏零下201度 |

## 海王星暗斑的風速超過每小時1200公里，接近超音速。

海王星大氣中的甲烷會吸收太陽光中的紅色波長，因此海王星呈藍色。

▽ **傾斜**

海王星自轉軸的傾斜角度和地球相似，在繞太陽公轉的過程中，也一樣會有季節循環。不過由於距離太陽太遠，海王星的每一個季節都持續超過40年。

▽ **北半球**

現在是海王星北半球的冬天，因此這個區域沒有什麼活動。當航海家2號飛掠海王星時，與北半球雲頂的距離還不到5000公里——這是航海家2號與所有行星的最近距離接觸。

▽ **南半球**

過去40年來的南半球都沐浴在夏季的陽光下，因此南極點的溫度上升到攝氏零下190度，成為行星上溫度最高的地方。

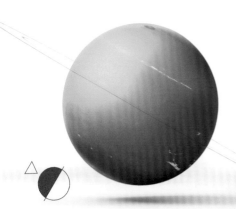

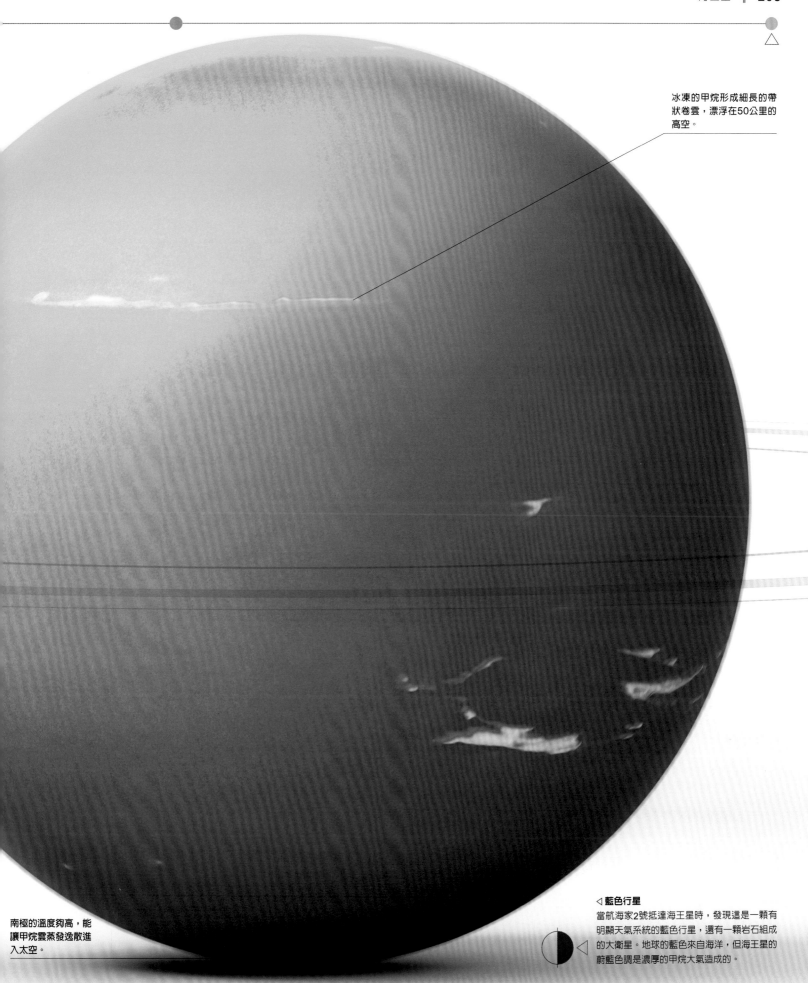

冰凍的甲烷形成細長的帶狀卷雲，漂浮在50公里的高空。

南極的溫度夠高，能讓甲烷雲蒸發逸散進入太空。

◁ 藍色行星
當航海家2號抵達海王星時，發現這是一顆有明顯天氣系統的藍色行星，還有一顆岩石組成的大衛星。地球的藍色來自海洋，但海王星的蔚藍色調是濃厚的甲烷大氣造成的。

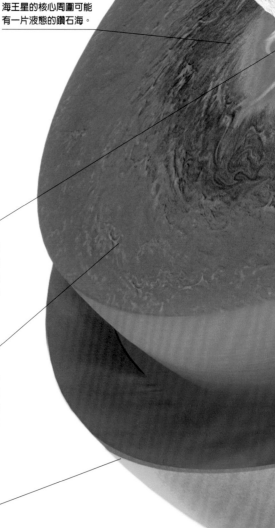

# 海王星結構

海王星是以古代羅馬神話中的海神命名,和它的雙胞胎天王星一樣,大部分由水組成。在海王星的深處,也許有個岩質核心和一片液態的鑽石海。

海王星的質量僅次於木星和土星,是質量第三大的行星。雖然海王星因為大氣層較薄,比鄰近的天王星稍微小一些,但它的液態地函較深,因此整體質量比天王星大。

　海王星主要是由水、氨和甲烷這些揮發性化合物組成,而這些物質在早期的太陽系裡都是以固態冰的狀態存在,所以海王星跟天王星一樣,有時會被稱為冰質巨行星。不過現在這些化合物在海王星內部的高溫和高密度下,都是以液態形式存在。

　海王星內部產生著大量的熱,比抵達行星表面的太陽熱能多了大約60%。地函深處的高溫和高壓,可能會使甲烷分解成碳和氫,在核心周圍形成液態的鑽石海。

## 海王星的地函裡可能有鑽石冰雹落下。

**海王星的核心周圍可能有一片液態的鑽石海。**

**核心**
海王星的核心重量比地球重20%,而且和地球一樣是由岩石和鐵組成。海王星雖然不是最大的行星,但它的核心是所有巨行星中質量最大的,中心溫度可能超過攝氏5000度。

**地函**
地函占了海王星的大部分質量,是一層由水、氨和甲烷組成的深海。地函底部的水分子解離為氧和氫離子,這些帶電粒子有可能就是海王星磁場的成因。相對於海王星的自轉軸來說,海王星的磁極是傾斜的。

**大氣**
海王星上擾動的雲型只有薄薄一層,而大暗斑這種天氣系統也都十分短命。更深處的大氣占了從表層到核心深度的五分之一。海王星的大氣主要是氫跟氦,另外還有讓行星呈現藍色的微量甲烷。

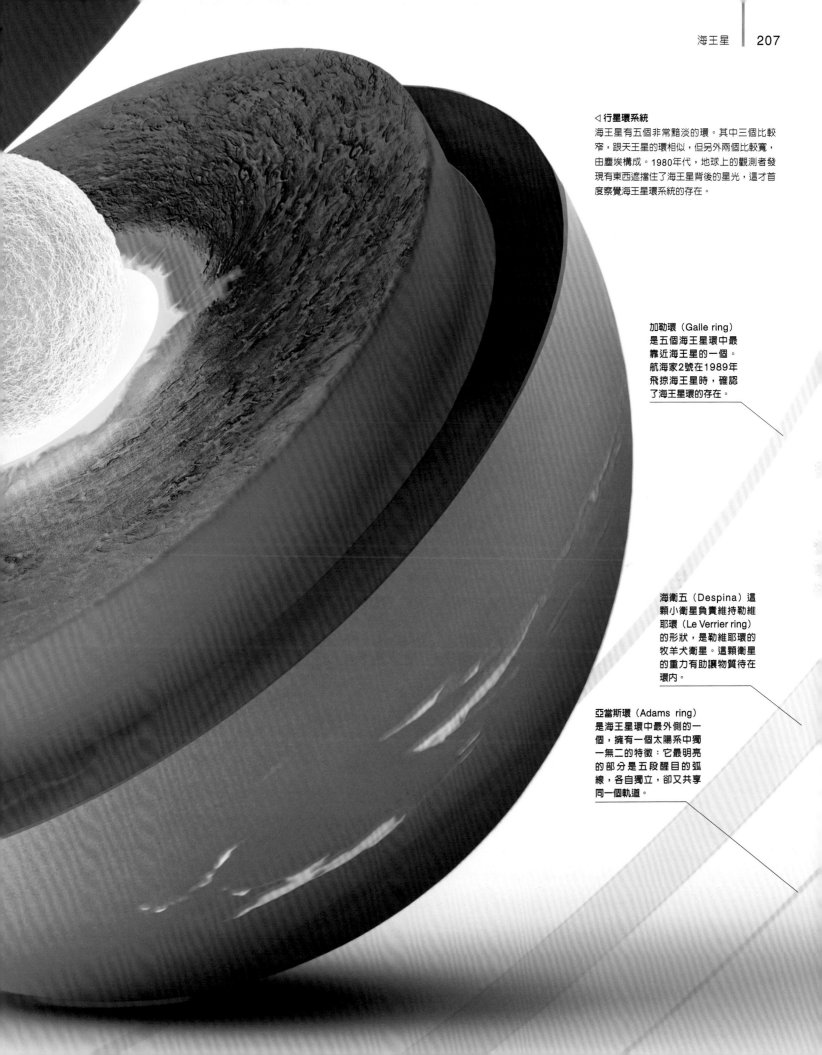

◁ **行星環系統**
海王星有五個非常黯淡的環。其中三個比較窄，跟天王星的環相似，但另外兩個比較寬，由塵埃構成。1980年代，地球上的觀測者發現有東西遮擋住了海王星背後的星光，這才首度察覺海王星環系統的存在。

**加勒環（Galle ring）**
是五個海王星環中最靠近海王星的一個。航海家2號在1989年飛掠海王星時，確認了海王星環的存在。

**海衛五（Despina）這顆**小衛星負責維持勒維耶環（Le Verrier ring）的形狀，是勒維耶環的牧羊犬衛星。這顆衛星的重力有助讓物質待在環內。

**亞當斯環（Adams ring）**
是海王星環中最外側的一個，擁有一個太陽系中獨一無二的特徵：它最明亮的部分是五段醒目的弧線，各自獨立，卻又共享同一個軌道。

# 海王星系統

**海王星和太陽系外側所有的氣體巨行星一樣,有著迷人又變化多端的環境。海王星至少有 14 顆衛星,還有五個很細的行星環。**

1846 年,就在海王星被發現的僅僅 17 天之後,英國天文學家威廉 · 拉塞爾就找到了第一個海王星衛星——巨大的海衛一(Triton)。他在英國波爾頓北邊的一個小鎮靠釀酒事業致富,因此可以毫無顧慮地建造巨大的望遠鏡、沉迷於他所熱愛的天文學。

　　超過一個世紀之後,天文學家才在 1949 年發現海衛二(Nereid),接著又在 1981 年發現海衛七(Larissa)。其餘的衛星都是近期由功能強大的地面望遠鏡或是 1989 年飛掠海王星的航海家 2 號發現的。2013 年,科學家在哈伯太空望遠鏡拍攝的影像中發現了最新的一顆海王星衛星,但尚未正式命名。目前海王星的衛星都是以希臘神話中的海中眾神或水中精靈命名的。

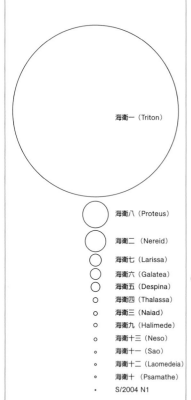

**衛星的大小和規模**

直徑2700公里的海衛一是海王星衛星家族的老大哥,占了海王星周圍物質總質量的99.7%,也是太陽系裡體積第七大的衛星。除了球狀的海衛一之外,海王星的其他衛星應該都呈不規則形。

海衛一(Triton)
海衛八(Proteus)
海衛二(Nereid)
海衛七(Larissa)
海衛六(Galatea)
海衛五(Despina)
海衛四(Thalassa)
海衛三(Naiad)
海衛九(Halimede)
海衛十三(Neso)
海衛十一(Sao)
海衛十二(Laomedeia)
海衛十(Psamathe)
S/2004 N1

**海衛一**

這顆衛星非常古怪,和太陽系裡其他的大衛星都不一樣,是逆向繞海王星公轉的。海衛一和其他外側的海王星衛星,都是被海王星的重力捕獲。但抓到一個像海衛一這麼大的天體,對海王星系統來說是場浩劫,因為其他衛星都因此進入了奇怪的軌道。連海衛一自己的軌道也很不穩定:它注定會撞上海王星。

◁ **行星環與環弧**

海王星有五個黯淡的行星環,和木星環一樣是宇宙中的塵埃組成的。這五個海王星環都以研究海王星的天文學家為名,分別是:加勒、勒維耶、拉塞爾、阿拉哥(Arago)和亞當斯。從航海家2號拍攝的這張影像中,可以看到最外層的亞當斯環上有些稱為「環弧」的明顯團塊。通常行星環上的物質都是均勻分布的,但天文學家認為海衛六(Galatea)這顆小衛星的重力影響了亞當斯環中的粒子,使物質不均勻分布,繼而形成像這樣的團塊。

**環弧**

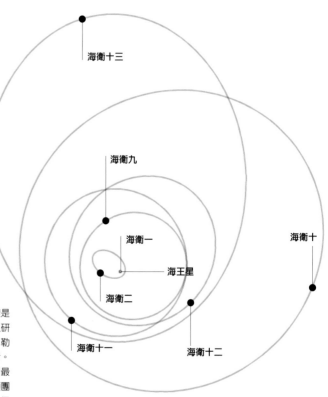

海衛十三
海衛九
海衛一
海王星
海衛十
海衛二
海衛十一
海衛十二

△ **外側衛星**

海王星的外側衛星軌道都不是圓形,而是非常大的橢圓形。其中有些衛星的軌道非常傾斜,甚至從順行的正轉到逆行的倒轉都有。除了海衛二之外,所有的外側衛星都非常小,這些小衛星可能源自冰冷的古柏帶,後來才被海王星的重力捕獲。

**海衛四**
這顆衛星是航海家2號發現的，形狀非常不規則，甚至有可能呈碟形。它將來可能會和其他幾顆內側衛星一樣，愈來愈靠近海王星，最終墜落進去。

**S/2004 N1**
這顆尚未正式命名的衛星只有20公里寬，是海王星衛星中最小的一顆。天文學家在2013年檢查哈伯太空望遠鏡從2004年到2009年間拍攝的亞當斯環環弧影像時，發現了S/2004 N1。這顆衛星和海王星所有的內側衛星一樣，極為黯淡。

**海衛五**
海衛五是距離海王星第三近的衛星，也是航海家2號發現的另一顆衛星。它的英文名稱來自神話故事裡的水中仙女黛絲琵娜（Despina），也就是海神波塞頓和農耕女神蒂米特（Demeter）的女兒。海衛五和海衛六一樣，軌道離海王星愈來愈近，最後一定會撞上去。

**海衛三**
海衛三的英文名字「納伊雅德」取自希臘神話中的水仙女。它是最接近海王星的衛星，距離海王星雲頂只有2萬3500公里，最終將會撞上海王星。

海王星最內側的加勒環，距離行星表面大約4萬2000公里。

亞當斯環是最外側的海王星環，距離海王星約6萬2000公里，寬度只有35公里。

**海衛六**
海衛六是顆形狀不規則的小衛星，它的重力將物質聚集在海王星最外側的亞當斯環內，是這個環的牧羊犬衛星。海衛六的軌道非常不穩定，它注定會在海王星的重力影響下碎裂成新的環，或是墜落到海王星上。

**海衛七**
海衛七的英文名字取自海神波塞頓的情人拉莉莎（Larissa）。它直徑有194公里，是海王星的第四大衛星。航海家2號拍攝的影像顯示，海衛七表面有許多坑洞。這顆衛星可能是早期的衛星互相撞擊破碎後再度聚集而成的。

勒維耶環由塵埃組成，海衛五可能是它的牧羊犬衛星。

拉塞爾環是最寬的海王星環，寬度約有4000公里。

阿拉哥環裡的物質使拉塞爾環的外側邊緣較為明亮。

**海衛八**
海衛八是海王星的內側衛星中最大的一顆，由航海家2號在1989年發現，形狀呈不規則狀。它曾遭受猛烈撞擊，最大的撞擊坑直徑達200公里，而且表面有許多縱橫交錯的峽谷與溝槽。

# S/2004 N1非常小，它的亮度比肉眼在夜空中所能看到最暗的星星還要暗1億倍。

**△ 內側衛星**
相對於外側衛星，海王星的內側衛星以接近圓形的軌道繞行海王星，但有些衛星的軌道也不太穩定。這些內側衛星可能是和海王星一起形成，而不是後來才被海王星的重力捕獲的。最內側的幾顆衛星是海王星環的牧羊犬衛星，讓物質能夠留在環內。天文學家認為，早期內側衛星彼此撞擊產生的碎片，形成了海王星環內的顆粒。

# 前進海衛一

**海衛一的地表溫度只有攝氏零下 235 度，是太陽系最寒冷的地方之一。但這個冰冷的世界卻有劇烈的火山活動。**

海衛一是一顆逆行衛星，公轉方向與海王星的自轉方向相反。這表示海衛一原本可能是太陽系最外圍古柏帶裡的冰冷天體，後來才被海王星的重力捕獲成為衛星。航海家 2 號拍攝的影像顯示，海衛一的表面地形非常複雜，有岩石露頭、山脊、深谷，還有少數撞擊坑，代表海衛一的地表非常年輕，只有數百萬年的歷史。

海衛一的大氣非常稀薄，主要由氮氣組成，地表略呈紅色，覆蓋著甲烷和氮形成的冰。最著名的地貌特徵是航海家號在 1989 年發現的噴泉。這些噴泉噴出夾雜著深色塵埃的氮氣，可以噴到 8 公里的高空，之後再落回地面。一場噴發可以持續一整年。

海衛一閃亮的地表由甲烷冰和氮霜組成，能把70％接收到的陽光反射回太空。

藝術家根據航海家2號拍攝的影像繪製的海王星想像圖

## 位置

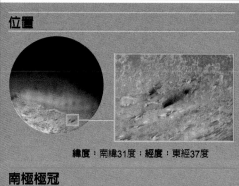

**緯度：南緯31度；經度：東經37度**

## 南極極冠

海衛一的低溫使空氣在地表凍結。反照率相當高的南極極冠是由冰凍的氮和甲烷組成。宇宙射線撞擊甲烷，產生了其他有機化合物，讓冰霜呈現淡淡的粉紅色澤。此外噴泉噴出的物質，也讓極冠地區布滿暗斑和條紋。

未有影像記錄

極冠

## 風向

航海家號在海衛一的南極上空拍攝到深色條紋，並據此計算出南極地區的風速和風向。深色條紋位在噴泉的東北方，表示此處吹西南風，將噴出的深色物質往東北方吹送，形成深色條紋。科學家估算出的風速達到每小時40公里。

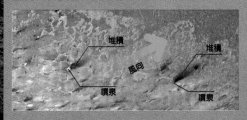

堆積

堆積

風向

噴泉

噴泉

# 藍色星球研究史

數千年來，人們都只知道最內側五顆行星的存在，因此當威廉‧赫歇爾在 1781 年無意發現天王星時，簡直是個莫大的驚喜。這場發現也掀起了一股尋找更多未知星球的熱潮。

天王星和海王星的發現特別令人訝異，因為它們都是超級巨大的行星，直徑是地球的四倍以上。從那時起，天文學家就搜遍整個天空，想尋找新行星。他們發現了許多小星球，包括冥王星在內，但它們現在都被歸類為矮行星或古柏帶天體。如果我們仔細研究這些遙遠冰質天體的軌道，或許就能揭露是否還有其他巨行星潛伏在太陽系外圍黑暗的深處。

約翰‧佛蘭斯蒂德

### 1612年
**伽利略看見海王星** 伽利略在1612年觀測木星衛星時，曾經畫出在當時位在木星後方的海王星，但他卻誤以為那只是一顆恆星。如果當時伽利略仔細檢查這個天體的運動方式，那他就會提早230年，在天王星被發現之前就發現海王星了。

### 1690年
**天王星的最早觀測記錄** 1690年，英國第一位皇家天文學家約翰‧佛蘭斯蒂德（John Flamsteed）把天王星記入他的星表，編號「金牛座34」，這是天王星的第一筆觀測記錄。在這之後又有22筆天王星的觀測記錄，但當時的天文學家一直誤以為那是顆恆星。

天王星的真彩影像

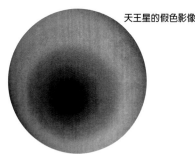
天王星的假色影像

克萊德‧湯博

### 1986年
**航海家2號造訪天王星** 科學家從航海家2號首次拍下的天王星近距離影像中，發現天王星有11個黯淡的行星環和10顆新衛星。其中最引人注意的是天衛五扭曲的地表，上面有高聳的懸崖和跑道一般的奇特地形。

### 1977年
**發現天王星環** 天文學家在飛越太平洋的機載天文臺上進行天王星掩星的觀測，卻驚訝地發現遙遠恆星的星光除了被天王星本身遮掩之外，前前後後也分別有五次短暫變暗的情形。他們因此推測，這是天王星周圍幾個黯淡的窄環遮蔽了星光所致。

### 1930年
**發現冥王星** 業餘天文學家克萊德‧湯博（Clyde Tombaugh）在羅威爾天文臺持續尋找未知行星。1930年2月，他在比對照片時，發現照片中有一個會移動的黯淡天體，湯博計算出它的軌道在海王星之外。英國女學生威妮夏‧柏尼（Venetia Burney）建議將這顆行星命名為冥王星。

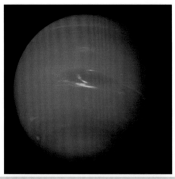
海王星的大暗斑

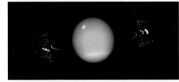
天王星周圍的兩道行星環

### 1989年
**大暗斑** 航海家2號發現海王星有劇烈的天氣現象，包括快速移動的雲層和大暗斑這樣的大型天氣系統。此外它還確認海王星擁有幾個不均勻的行星環，也發現在巨大海衛一的冰凍地表上有噴泉湧出。

### 1994年
**大暗斑消失** 哈伯太空望遠鏡發現，海王星上的大暗斑消失了。大暗斑和木星上已經維持300年的大紅斑不同，是短暫存在的天氣系統。隔年，哈伯太空望遠鏡又在海王星的另一側觀測到新的大暗斑。

### 2005年
**新的天王星環** 天文學家從哈伯太空望遠鏡拍攝的長時間曝光影像中，發現在已知的天王星環外側，還有兩道黯淡的環。其中較外側的環由天衛二十六噴出的塵埃組成，另一道環則可能是衛星撞擊殘留的碎片。

威廉·赫歇爾

赫歇爾的望遠鏡

約翰·柯西·亞當斯

## 1781年

**發現天王星**　威廉·赫歇爾是英國天文學家與音樂家，他在1781年透過望遠鏡看見了天王星，但一開始卻懷疑那是一顆恆星或彗星。其他天文學家計算了它的軌道後，確認了赫歇爾發現的是顆新的行星。赫歇爾因而成為發現天王星的第一人。

## 1787年

**發現天王星的兩顆衛星**　赫歇爾利用巨大的望遠鏡發現了天王星的兩顆衛星——天衛三和天衛四，此外還有四個可能並不存在的衛星和行星環。他發現這些衛星和環的軌道有明顯的傾斜，顯示天王星的自轉軸可能是傾斜的。但之後50年內，卻再也沒有其他人有威力如此強大的望遠鏡，能觀測到這些天體。

## 1843年

**天王星的軌道**　天文學家發現天王星偏離了軌道，可能是受到未知行星的重力牽引。英國數學家約翰·柯西·亞當斯計算出這個未知行星的位置，但當時的英國皇家天文學家喬治·艾瑞（George Airy）卻不予理會。

羅威爾天文臺

喬治三世

奧本·勒維耶

## 1906年

**尋找X行星**　天文學家注意到，天王星和海王星似乎都受到另一顆未知行星的重力牽引。當時波士頓商人帕西瓦爾·羅威爾（Percival Lowell）為了研究火星上可能存在的運河，在美國亞利桑那州建立了天文臺，也開始尋找神祕的「X行星」。

## 1850年

**天王星的命名**　威廉·赫歇爾以英國國王喬治三世（George III）之名，把他發現的新行星稱為「喬治之星」（Georgium Sidus），但這牴觸了先前其他行星以神話中的眾神命名的先例，所以不受歡迎。約翰·波德（Johann Bode）建議以神話中農神薩坦（Saturn）的父親優拉納斯（Uranus）來為這個天體命名。1850年，英國航海星曆局同意了這個名稱。

## 1846年

**發現海王星**　法國天文學家奧本·勒維耶隨後也計算出這顆未知行星的位置，並將計算結果寄到柏林天文臺。當時的柏林天文臺正好有這個天區的最新星圖。在進行觀測的第一個晚上，約翰·加勒（Johann Galle）就看到了海王星。

冥王星及其衛星

鬩神星和鬩衛一

## 2006年

**冥王星被降級**　國際天文聯合會（International Astronomical Union）將冥王星重新歸類為矮行星。目前天文學家已經在海王星的軌道外，發現了超過1000顆類似冥王星的冰冷天體——包括大小與冥王星差不多的鬩神星。

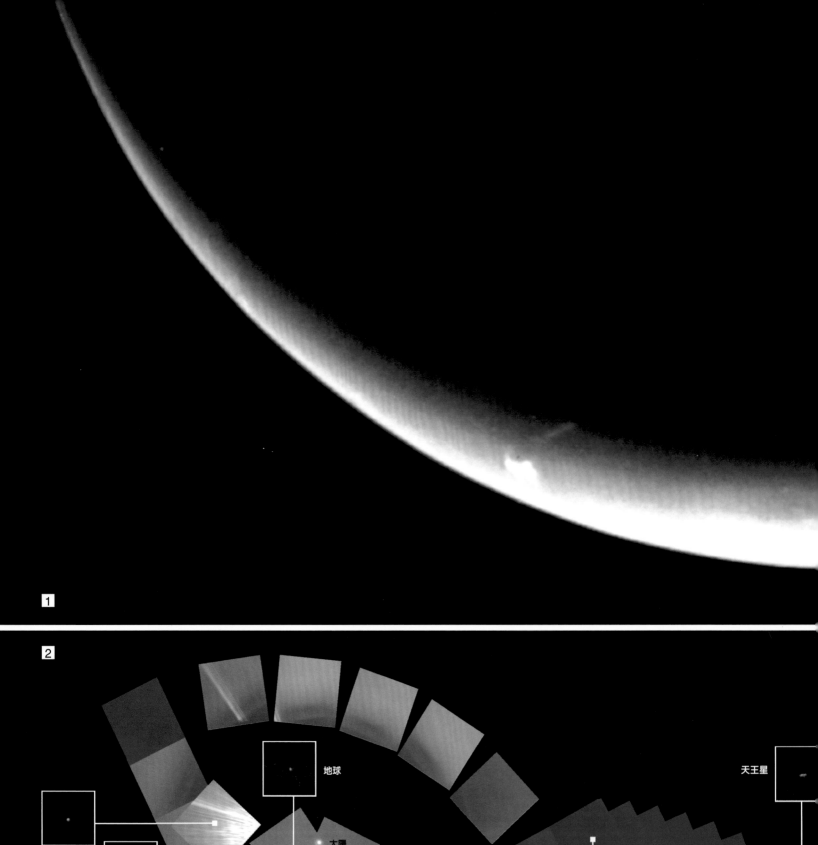

1

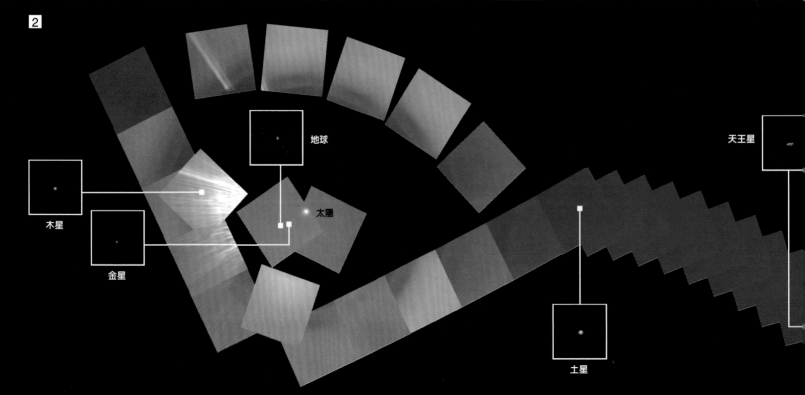

2

土星

地球

太陽

木星

金星

天王星

土星

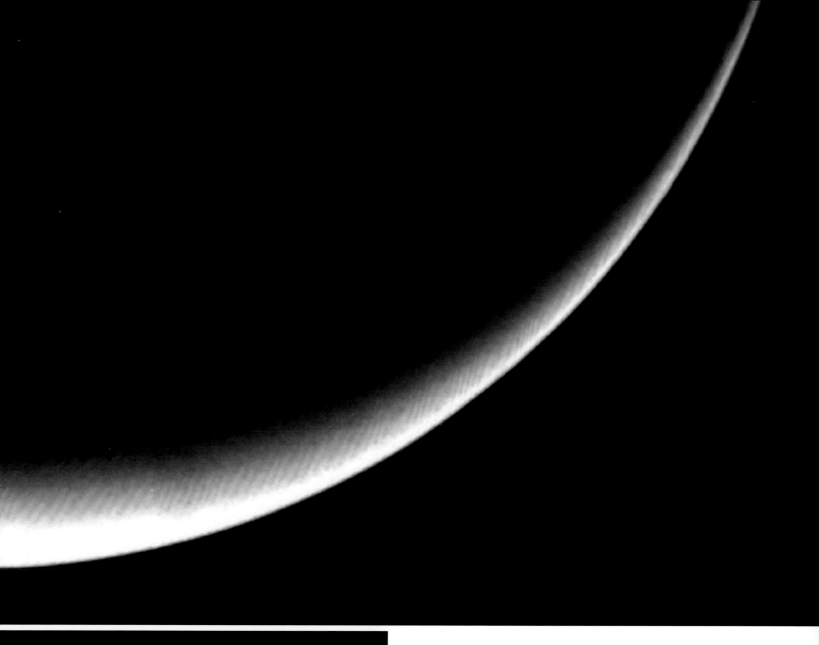

海王星

# 航海家號的偉大旅程

### 1 告別行星

照片裡令人驚嘆的美麗弧形是新月狀的海王星。
這是1989年航海家2號即將遠離之際拍攝的，此
後它將再也不會和任何行星相遇。航海家1號和
2號在1977年發射升空，前往探索太陽系的巨行
星，航海家1號只飛掠了木星和土星，但航海家
2號卻是四顆氣體巨行星都拜訪了。

### 2 回顧

這張影像是1990年由距離地球60億公里遠的航
海家1號拍攝的太陽系影像。這是我們第一次從
外部回望太陽系的行星系統，也是航海家號拍攝
的最後影像。整張影像由60張廣角照片組合而
成，方格中的行星影像則經過多次放大。從這麼
遙遠的航海家號回頭看，地球只占了影像中的
0.12個像素。

海王星

# 邊疆地帶

# 古柏帶

**20 世紀末，我們仍不知道冥王星外側是否有其他天體存在，這是天文學上的一個大問題。過去科學家曾預測冥王星外圍有一圈由冰質天體形成的環帶狀構造，但一直等到 1990 年代，科學家在冥王星外側發現第一個天體，才確認了這個想法。**

古柏帶的範圍大約是從距離太陽 30 個天文單位（1 天文單位代表地球與太陽的平均距離）開始，一直延伸到 50 個天文單位處。科學家相信，古柏帶中有超過 10 萬個直徑約 100 公里的古柏帶天體（Kuiper Belt object，簡稱 KBO），這些天體在太陽系早期就已經形成，但受到巨行星的重力影響，被拋到現在高偏心率的的橢圓軌道內。典型的古柏帶天體稱為 QB1 天體（cubewano，發音 qb-one-o），整個古柏帶內都有。這個名稱來自第一個被發現的 QB1 天體——1992 QB1。分布在古柏帶最外側的古柏帶天體軌道都是橢圓形。這個區域稱為離散盤（scattered disc），是短週期彗星的來源。

△ 搜尋

天文學家利用位於美國加州帕洛瑪山上1.2公尺的賽謬爾·奧斯欽望遠鏡，搜尋古柏帶天體和離散盤天體。屬於古柏帶天體的亡神星（Orcus）和被歸類為矮行星的鬩神星（Eris），都是用這個望遠鏡發現的。科學家在同一個天區，分別拍攝兩張相隔七天的影像。這兩張影像中，固定不動的天體是恆星，會移動的天體則是太陽系內的天體。

冥王星擁有偏心軌道，且傾斜17.1度，與太陽的距離從29.7到48.9天文單位不等。

海王星

古柏帶的內側有一群類冥小天體（plutino），這群天體和海王星呈3：2的軌道共振關係（類冥小天體公轉兩圈時，海王星剛好公轉三圈）。

古柏帶的主要部分呈扁平的環狀，寬度約30億公里。

▷ 冰環

目前我們已經發現了超過1000個古柏帶天體。這些天體的成分和彗核類似，都是岩石和冰，但較大的天體密度比較高。表面溫度低於攝氏零下220度，覆蓋了水、二氧化碳、甲烷和氨的冰，和宇宙射線交互作用後會產生色彩。1943年，肯尼斯·艾基渥斯（Kenneth Edgeworth）預測了古柏帶的存在，1951年，傑拉德·古柏又宣稱這個區域已經清空，所以古柏帶原本被稱作「艾基渥斯－古柏帶」（Edgeworth-Kuiper Belt）。

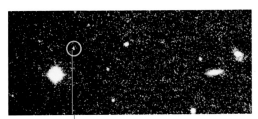

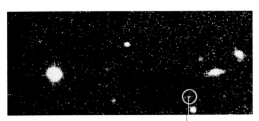

△ **發現**

大衛·朱維特（David Jewitt）和劉麗杏用夏威夷大學在茂納開亞火山上的2.2公尺望遠鏡搜尋了五年，才終於在1992年8月發現第一個古柏帶天體──1992 QB1。這個天體距離太陽約60億公里，比木星暗1000億倍。上圖這些影像是歐南天文臺（European Southern Obsevatory）在發現的一個月後拍攝的。

這張影像是1992年9月27日拍攝的，比左圖的影像晚了四小時。圓圈中心的天體就是1992 QB1。

一天之後，可以看出相對於背景裡的恆星，1992 QB1已經移動了，速度約為每小時幾角秒。

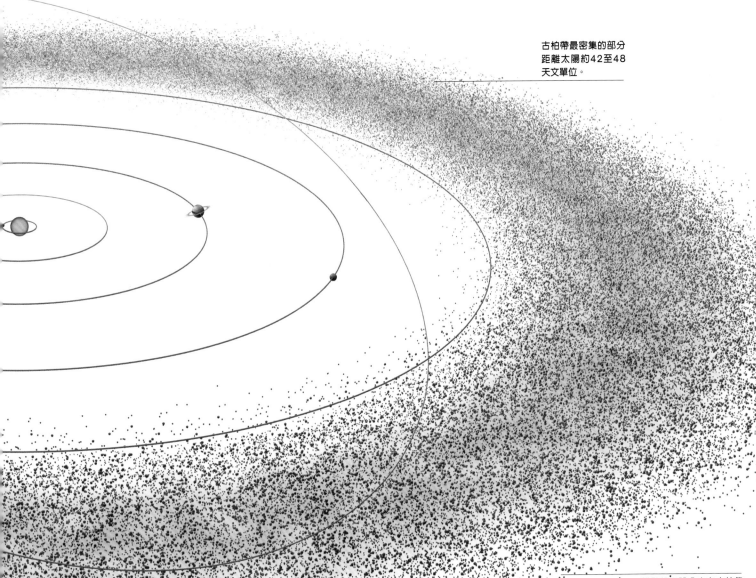

古柏帶最密集的部分距離太陽約42至48天文單位。

離散盤天體分布在古柏帶外緣。這些天體的偏心軌道可以延伸到距離太陽1500萬兆公里的地方。

# 矮行星

矮行星就像真正的行星一樣有夠大的質量，能藉由本身重力變成球形。但矮行星的重力不足以清除軌道上的其他天體。

行星形成時，能夠清除軌道上像是小行星這類的小天體，將它們拉近合併，或是甩到別處。矮行星則無法清除軌道上的小天體，不過它們的的重力可能足以捕獲自己的衛星。

國際天文聯合會在 2006 年同意了矮行星這種新天體的定義。最著名的矮行星當然就是曾為第九顆行星但後來被降級的冥王星，它的軌道離太陽非常遠，位在太陽系邊緣寒冷的古柏帶內。後來太陽系外側這個區域發現的幾個類似天體，也和冥王星一起被歸類為矮行星，包括鬩神星（已知最大的矮行星）、妊神星（Haumea）和鳥神星（Makemake）。位於火星和木星之間小行星帶內的小行星——穀神星，也在 2006 年被升格為矮行星。

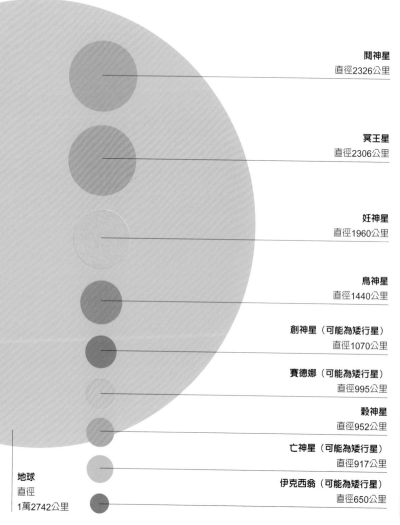

鬩神星
直徑2326公里

冥王星
直徑2306公里

妊神星
直徑1960公里

鳥神星
直徑1440公里

創神星（可能為矮行星）
直徑1070公里

賽德娜（可能為矮行星）
直徑995公里

穀神星
直徑952公里

亡神星（可能為矮行星）
直徑917公里

地球
直徑
1萬2742公里

伊克西翁（可能為矮行星）
直徑650公里

## 發現冥王星

1930 年，美國天文學家克萊德・湯博想找到造成海王星和天王星軌道不穩定的假想第九行星——「X 行星」，結果發現了冥王星。當時冥王星被稱為第九行星，不過後來我們發現冥王星的質量太小，不足以產生足夠的重力來拉扯這些氣體巨行星。它的軌道傾斜且偏心率極高，這是古柏帶天體的典型特徵。

薄薄的地殼主要由冰凍的氮組成。

富含矽酸鹽的岩質核心

水冰組成的地函

▷ **冥王星內部構造**
冥王星大約有60%的質量是岩質核心，周圍覆蓋著由水冰組成的地函。這顆矮行星表面冰冷斑駁，薄薄的地殼由氮、水、二氧化碳和甲烷組成，且會隨著冰塊季節性蒸發與重新凍結而變色。

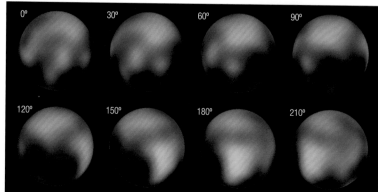

△ **哈伯太空望遠鏡拍攝的冥王星**
冥王星又小又遠，因此很難拍到清晰的影像，即使是哈伯太空望遠鏡也無法解析出小於數百公里寬的細節。從上方的影像可以看出冥王星的自轉，暗色區域是紫外線輻射和太陽風粒子使甲烷與乾冰反應而產生的的富碳殘留物。

▽ **新視野號任務**
2006年1月，美國航太總署發射了新視野號，前往冥王星。這艘太空船在行星之間旅行了九年，終於在2015年7月14日，以每秒11公里的速度飛掠冥王星和它的幾顆小衛星。它拍下了這顆矮行星受陽光照射面的高解析度彩色影像，並用科學儀器測量表面溫度、分析大氣性質。

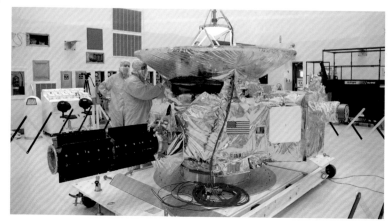

## 冥王星的衛星

冥王星有五個已知的衛星，這些衛星的英文名字都跟古典神話中的冥府有關。1978 年由美國天文學家詹姆斯‧克里斯蒂（James Christy）發現的冥衛一凱倫（Charon）是冥王星最大的衛星，以希臘神話中冥王黑帝斯（Hades）的擺渡人命名。另外四顆較小的衛星，是在 21 世紀由哈伯太空望遠鏡發現的。冥衛二（Nix）和冥衛三（Hydra）的直徑約為 100 公里，而冥衛五（Styx）和冥衛四（Kerberos）的直徑則只有 20 公里。

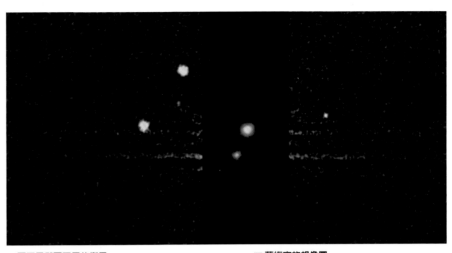

◁ 尺寸比較

冥王星的直徑只有冥衛一的兩倍。相對於冥王星，冥衛一並不小，這表示兩個天體是在相同的時間由相同的物質形成的，冥衛一因自轉引起的不穩定而脫離了冥王星。

△ 冥王星與冥王星的衛星

從這張哈伯太空望遠鏡拍攝的影像中，可以看到冥王星和它已知的五顆衛星。為了更清楚地顯現其他衛星，我們調降了冥王星和冥衛一（中央深色區域內）的亮度。影像中的亮點由左而右分別是：冥衛三、冥衛五、冥衛二（上）、冥衛一、冥王星、冥衛四。所有的衛星軌道都是圓形，很接近冥王星，而且位在同一平面上，表示這些天體並不是捕獲而來，而可能是冥王星與另一天體碰撞形成的。

▽ 藝術家的想像圖

如果站在冥王星冰冷的地表上，將會看到遙遠黯淡的太陽、冥衛一，以及氮和甲烷形成的朦朧大氣。凹凸不平的地表則小型古柏帶天體撞擊、冰火山活動，以及季節性溫度變化引起上層冰雪蒸發後又重新結凍而造成的。

# 彗星

彗星是在太陽系誕生之初形成的髒雪球，大小和一座山頭差不多。彗星有時會接近太陽，這時它的大小和外觀會發生劇烈變化，變得極為明亮，能被我們觀察到。

據科學家估計，在太陽系凍結的外圍區域大約有 1 兆顆彗星。彗星是一團團混在一起的雪、冰與岩石塵埃，稱為彗核，自行星形成以來就未曾改變。這些冰冷的天體非常小，從地球上無法看到，但如果彗星進入太陽系行星的範圍內，就會發展出壯觀的光暈和彗尾，亮到可以被看見。很多彗星是小行星獵人用望遠鏡搜尋小行星時意外發現的，但也有很多彗星根本沒被注意到。有些彗星會定期回歸，回歸週期從幾年到幾百年不等。有些彗星則是意外造訪，可能幾千年到幾百萬年——甚至是永遠——都不會再回來。新發現的彗星會以發現者的名字命名。目前發現最多彗星的是太陽與太陽圈觀測站（SOHO），成果有超過 2500 顆。

## 接近太陽

當彗星與太陽的距離比小行星帶更近時，太陽加熱會使彗核損失質量，這些物質在彗核周圍形成巨大的氣體塵埃雲——也就是彗髮，和兩條不斷消散在太空中的彗尾。每當彗核接近太陽，就會損耗約 1 公尺厚的表面物質，產生新鮮的彗髮和彗尾。像哈雷彗星這樣每 76 年左右繞行太陽一次的彗星，最後物質會因全部耗盡而消失。

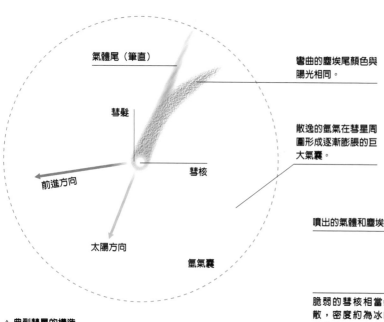

**氣體尾（筆直）**
**彎曲的塵埃尾顏色與陽光相同。**
**彗髮**
**散逸的氫氣在彗星周圍形成逐漸膨脹的巨大氣囊。**
**前進方向**
**彗核**
**太陽方向**
**氫氣囊**

△ **典型彗星的構造**
彗核有三分之二由雪組成——主要是水形成的雪。其餘的則是細小的岩石顆粒和塵埃。釋放出來的氣體和塵埃會形成彗髮，可能寬達 10 萬公里，以及兩條彗尾，兩條都會被太陽風往後吹。氣體尾是筆直的，塵埃尾則會彎向彗星的軌道路徑。

△ **海爾－波普彗星**
大約每十年就會出現一顆肉眼可見的明亮彗星。海爾－波普彗星是20世紀最耀眼的彗星之一，在1996年和1997年以肉眼就能看見。在這張影像中，可以看到兩條彗尾中的物質被推向太陽系外。白色的塵埃尾因為塵埃顆粒反射陽光而發亮，藍色的游離氣體尾則是本身就會發光，也更有結構，因為這些粒子的路徑是由太陽風的磁場決定的。

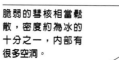

**噴出的氣體和塵埃**
**脆弱的彗核相當鬆散，密度約為冰的十分之一，內部有很多空洞。**
**表面的凹陷**

◁ **彗核**
一般的彗核寬約1公里，呈不規則形。黑暗的表面充滿塵埃，太陽的熱能會讓塵埃最薄處下方的雪變成氣體。這些氣體散逸到太空時，會帶走一些覆蓋在上方的塵埃，而在彗星表面留下凹洞。

**哈雷彗星的彗核**

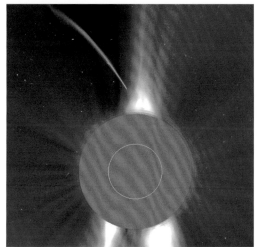

## ◁ 掠日彗星

有些彗星會很接近太陽，穿過稱為日冕的太陽外層大氣。有些彗星會因為離太陽太近而墜入太陽毀滅，左圖的SOHO 6號彗星即為一例。這種彗星稱為「掠日彗星」（sungrazer），太陽與太陽圈觀測站（SOHO）在研究太陽時，發現了許多這樣的彗星。在這張SOHO拍攝的影像中，太陽被特殊的盤狀儀器擋住，因此能看到日冕和SOHO 6號彗星的最後身影（左上）。

## ▷ 流星雨

較大的塵埃顆粒不會被推入彗尾，而是會緩慢積累在彗核上，或是留在彗核後方。最後這些塵埃會在彗星軌道上留下一個環帶，當地球經過這個環帶時，環帶中的塵埃顆粒就會劃過地球大氣形成流星。流星雨的流星看起來就像從天空中某一個特定的點輻射出來的。

# 彗星軌道

**大多數彗星都位在歐特雲（Oort Cloud）內，遠遠超出行星的範圍，也超出我們的視線。我們知道有它們存在，是因為歐特雲中的天體偶爾會進入太陽系內側，發展出彗髮和彗尾。**

彗星軌道和行星軌道不同，是很長的橢圓形，所以彗星與太陽的距離會隨著時間有很大的變化。我們根據軌道週期的長短，來把這些離開歐特雲朝太陽前進的彗星分門別類。短週期彗星的軌道接近行星繞行太陽的軌道平面，週期小於 20 年。中週期彗星每 20 到 200 年接近太陽一次，軌道傾角的範圍也較大。長週期彗星的傾角則是隨機的，週期從 200 年到幾千萬年不等。有些彗星會飛到離太陽很遠的地方，甚至可能已經更接近其他恆星了。

彗星的軌道會受行星重力場的影響。木星的重力能讓短週期彗星困在太陽系內側，也能輕鬆把短週期彗星彈回長週期彗星的軌道。有些長週期彗星會被完全彈出太陽系，進入星系。有些則是被拉得更靠近太陽，讓天文學家有機會偵測到它們。

### ▷ 太陽系內側的彗星

在2013年年底之前，天文學家已經發現了約5000顆飛過太陽系行星區的彗星。其中大約有500顆是短週期彗星，例如譚普1號。譚普1號在1867年首度被記錄到，接著又在1873年和1879年回歸，但之後由於軌道改變的關係，一直等到1967年才重新出現。哈雷彗星是個中週期彗星，公元前240年就有了它的第一筆觀測記錄，此後又被看到30次。長週期的百武彗星於1996年出現在天空中，十分明亮。它上一次造訪太陽是在1萬7000年前，但1996年那次回歸時，巨行星的重力嚴重干擾了它的軌道，所以它下次回歸會是7萬年以後的事了。

短週期彗星的軌道沒那麼橢圓，會定期進入內太陽系。

長週期彗星的軌道非常橢圓，極少出現在內太陽系。

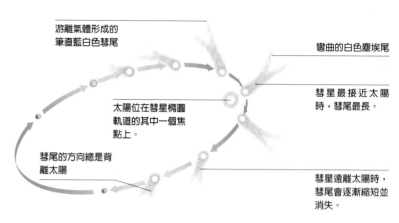

游離氣體形成的筆直藍白色彗尾

彎曲的白色塵埃尾

太陽位在彗星橢圓軌道的其中一個焦點上。

彗星最接近太陽時，彗尾最長。

彗尾的方向總是背離太陽

彗星遠離太陽時，彗尾會逐漸縮短並消失。

哈雷彗星的軌道週期大約在76年到79.3年之間。它上一次回歸是在1986年，下一次出現要等到2061年。

#### △ 繞行太陽

彗星的軌道呈橢圓形——有兩個焦點。它們在軌道上並不是等速度運行，而是接近太陽時加速，遠離太陽時又減速。在地球上，我們只有彗星接近太陽時才能看見它們，因為我們看到的是彗尾，而彗尾是太陽的熱讓彗星表面物質蒸發而留下的一道殘骸。

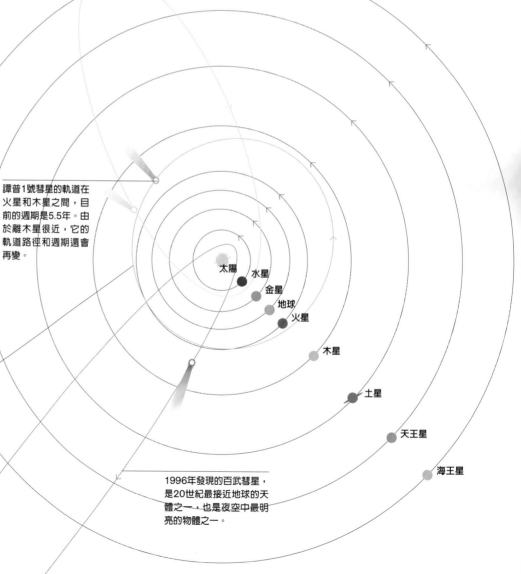

譚普1號彗星的軌道在火星和木星之間，目前的週期是5.5年。由於離木星很近，它的軌道路徑和週期還會再變。

太陽

水星

金星

地球

火星

木星

土星

天王星

海王星

1996年發現的百武彗星，是20世紀最接近地球的天體之一，也是夜空中最明亮的物體之一。

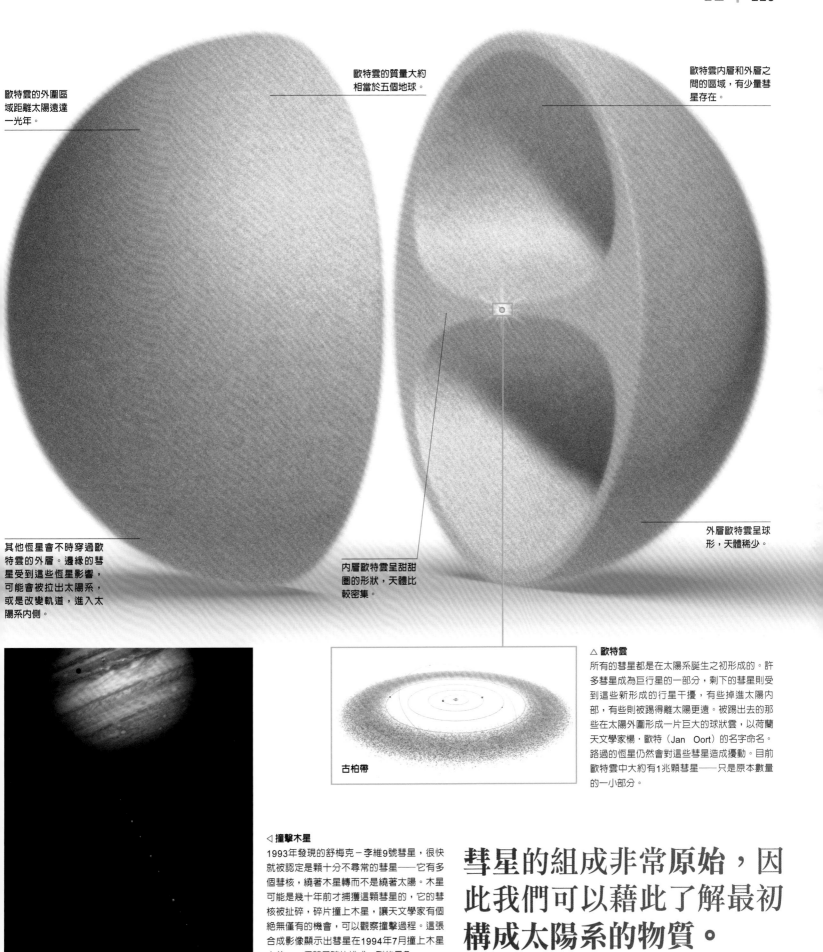

歐特雲的外圍區域距離太陽遠達一光年。

歐特雲的質量大約相當於五個地球。

歐特雲內層和外層之間的區域，有少量彗星存在。

其他恆星會不時穿過歐特雲的外層。邊緣的彗星受到這些恆星影響，可能會被拉出太陽系，或是改變軌道，進入太陽系內側。

內層歐特雲呈甜甜圈的形狀，天體比較密集。

外層歐特雲呈球形，天體稀少。

古柏帶

### △ 歐特雲

所有的彗星都是在太陽系誕生之初形成的。許多彗星成為巨行星的一部分，剩下的彗星則受到這些新形成的行星干擾，有些掉進太陽內部，有些則被踢得離太陽更遠。被踢出去的那些在太陽外圍形成一片巨大的球狀雲，以荷蘭天文學家楊·歐特（Jan Oort）的名字命名。路過的恆星仍然會對這些彗星造成擾動。目前歐特雲中大約有1兆顆彗星——只是原本數量的一小部分。

### ◁ 撞擊木星

1993年發現的舒梅克－李維9號彗星，很快就被認定是顆十分不尋常的彗星——它有多個彗核，繞著木星轉而不是繞著太陽。木星可能是幾十年前才捕獲這顆彗星的，它的彗核被扯碎，碎片撞上木星，讓天文學家有個絕無僅有的機會，可以觀察撞擊過程。這張合成影像顯示出彗星在1994年7月撞上木星之前，21個彗星碎片排成一列的景象。

**彗星的組成非常原始，因此我們可以藉此了解最初構成太陽系的物質。**

地球軌道

1978年8月　國際彗星探險家號（International Cometary Explorer，簡稱ICE）

1984年12月　維加1號　　　　　　　　　　　　　　1986年3月
　　　　　　　　　　　　　　　　　　　　　　　　1P/哈雷彗星

1984年12月　維加2號　　　　　　　　　　　　　　1986年3月
　　　　　　　　　　　　　　　　　　　　　　　　1P/哈雷彗星

1985年1月　先驅號　　　　　　　　　　　　　　　1986年3月
　　　　　　　　　　　　　　　　　　　　　　　　1P/哈雷彗星

1985年7月　喬陶號　　　　　　　　　　　　　　　1986年3月
　　　　　　　　　　　　　　　　　　　　　　　　1P/哈雷彗星

1985年8月　彗星號（Suisei）　　　　　　　　　　1986年3月
　　　　　　　　　　　　　　　　　　　　　　　　1P/哈雷彗星

1998年10月　深太空1號（Deep Space 1）　　　　2001年1月　　　　　　　2001年9月
　　　　　　　　　　　　　　　　　　　　107P/威爾遜－哈靈頓彗星　　19P/包瑞利彗星（Borrelly）
　　　　　　　　　　　　　　　　　　　　（Wilson-Harrington）

1999年2月　星塵號　　　　　　　　　　　　　　　　　　　　　　2004年1月
　　　　　　　　　　　　　　　　　　　　　　　　　　　　　　81P/威德彗星

2002年7月　彗核旅行號（COmet Nucleus TOUR，簡稱CONTOUR）
　　　　2003年11月　　　　　　2006年6月　　　　　2008年8月
　　　　2P/恩克彗星（Encke）　73P/施瓦斯曼－瓦赫曼彗星　6P/德亞瑞
　　　　　　　　　　　　　　（Schwassmann-Wachmann）（d'Arrest）

2004年3月　羅賽塔號（Rosetta）

2005年1月　深擊號（Deep Impact）　　　　2005年7月　　　　　　　　2010年11月
　　　　　　　　　　　　　　　　　　　　9P/譚普1號彗星　　　　　103P/哈特雷2號彗星（Hartley

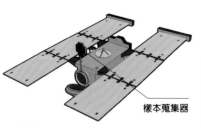
樣本蒐集器

圖例

美國航太總署／歐洲
太空總署 合作任務

美國航太總署（美國）

宇宙航空研究開發機構（日本）

俄羅斯聯邦太空總署（俄羅斯）

歐洲太空總署（歐洲）

目標

飛掠

繞行

樣本返回

登陸器/撞擊器

失敗

▷ 喬陶號

歐洲太空總署的喬陶號在1986年3月13日拍攝了第一張彗核照片。在這之前，天文學家並不清楚彗核的樣貌。喬陶號發現哈雷彗星的彗核約有15.3公里長，呈馬鈴薯狀，從表面噴出明亮的氣體和塵埃噴流。彗核大致上是光滑的，但仍然可以看到丘陵和峽谷。喬陶號當時飛進了哈雷彗星的彗髮內，在塵埃的猛烈撞擊中存活下來之後，延展了任務，還在1992年飛掠了葛里格－斯克傑利厄普（Grigg-Skjellerup）彗星。

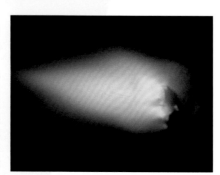
喬陶號拍攝的哈雷彗星彗核影像

▷ 星塵號

美國航太總署的星塵號太空船首度蒐集了來自彗星的物質。為了能夠捕捉來自彗星的塵埃粒子，又不讓這些塵埃蒸發，星塵號在一個長得像網球拍的蒐集器上裝了一種非常輕的多孔材料，名為氣凝膠。蒐集器與上面的珍貴「貨物」與星塵號分離後，在2006年1月返回地球。

# 彗星任務

**過去 30 年來，有幾艘太空船飛掠彗星發光的彗髮，近距離觀察彗星的冰彗核，大幅增進了我們對彗星的了解。**

彗星的彗核體積太小，又隱身在耀眼的彗髮之中，因此無法用望遠鏡觀測，只有太空船才能看個清楚。第一張清楚的彗核影像是喬陶號（Giotto）拍攝的，這艘太空船在 1985 年發射，不到一年就飛到了距離哈雷彗星不到 600 公里遠的地方。喬陶號拍到的影像證實了彗星由塵埃和冰雪組成的理論。後來又有了更多野心勃勃的計畫，例如美國航太總署的星塵號（Stardust）蒐集了威德 2 號彗星的塵埃樣本送回地球，歐洲太空總署的羅賽塔號（Rosetta）則是第一艘為度登陸彗核而設計的太空船。

## 羅賽塔號太空船在飛向目標彗星的十年旅程中，曾五度繞過太陽。

1985年9月 **21P/賈可比尼－秦諾彗星**（Giacobini-Zinner）

1992年7月 **26P/葛里格－斯克傑利厄普彗星**（Grigg-Skjellerup）

1998年11月
**21P/賈可比尼－秦諾彗星**

2011年2月
**9P/譚普1號彗星**

2014年8月
**67P/丘留莫夫－葛拉西門科彗星**
（Churyumov-Gerasimenko）

科學家分析星塵號送回的樣本

**▷ 深擊號**
深擊號為了研究彗星內部，在2005年發射了能自我導航的撞擊器，撞擊譚普1號彗星的彗核，揚起的塵埃遮蔽了太空船的視線。在這之後，深擊號又回到譚普1號彗星附近，拍攝撞擊坑的影像。接下來深擊號造訪了哈特雷2號彗星（Hartley 2）彗星，與2公里長的花生狀彗核距離不到700公里。

深擊號拍攝的哈特雷2號彗星彗核影像

羅賽塔號攜帶了兩台相機和其他儀器，分析彗星釋出的塵埃和氣體。

菲萊號

**◁ 羅賽塔號**
歐洲太空總署的羅賽塔號是目前為止最有野心的彗星任務。這艘太空船在2004年發射，預計以超過一年的時間繞行丘留莫夫－葛拉西門科彗星4公里寬的彗核，監測彗髮和彗尾形成的過程。羅賽塔號還攜帶了一具小登陸器——菲萊號（Philae），計畫登陸彗核。

分離後的菲萊號

1

# 彗星名人堂

### 1 麥克諾特彗星

2007年初的麥克諾特彗星（McNaught）是自1965年以來最亮的彗星，即使在白天也能輕鬆用肉眼看見。這張照片中的麥克諾特彗星正和太陽一起緩緩落下太平洋的海平面，但我們再也無法看到這樣的景像，因為麥克諾特是顆只出現一次的彗星，之後再也不會回到內太陽系。

### 2 百武彗星

這顆彗星是以發現它的日本業餘天文學家百武命名，在1996年3月與地球的距離不到1500萬公里。1996年5月，歐洲太空總署的尤利西斯號太空船意外在距離彗核5億7000萬公里處偵測到百武彗星的彗尾——是有史以來偵測到最長的彗尾。它也是我們觀測到第一顆發出X射線的彗星。

### 3 C/2001 Q4彗星

美國加州帕薩迪納的近地小行星追蹤系統（Near-Earth Asteroid Tracking，簡稱NEAT）在2001年發現這顆彗星，一開始只有南半球可以看見。這顆彗星在2004年5月達到最大亮度，當時與地球的距離約是4800萬公里。它的軌道偏心率極高，會被拋出太陽系，再也不會回歸。

### 4 海爾－波普彗星

海爾－波普彗星（Hale-Bopp）是20世紀最多人看過的彗星，當時在天空中出現長達18個月之久，在1997年4月達到最大亮度。海爾－波普彗星的彗核異常大，約有30到40公里寬。木星的重力影響了這顆彗星的軌道，使軌道週期從大約4200年減短到大約2500年。

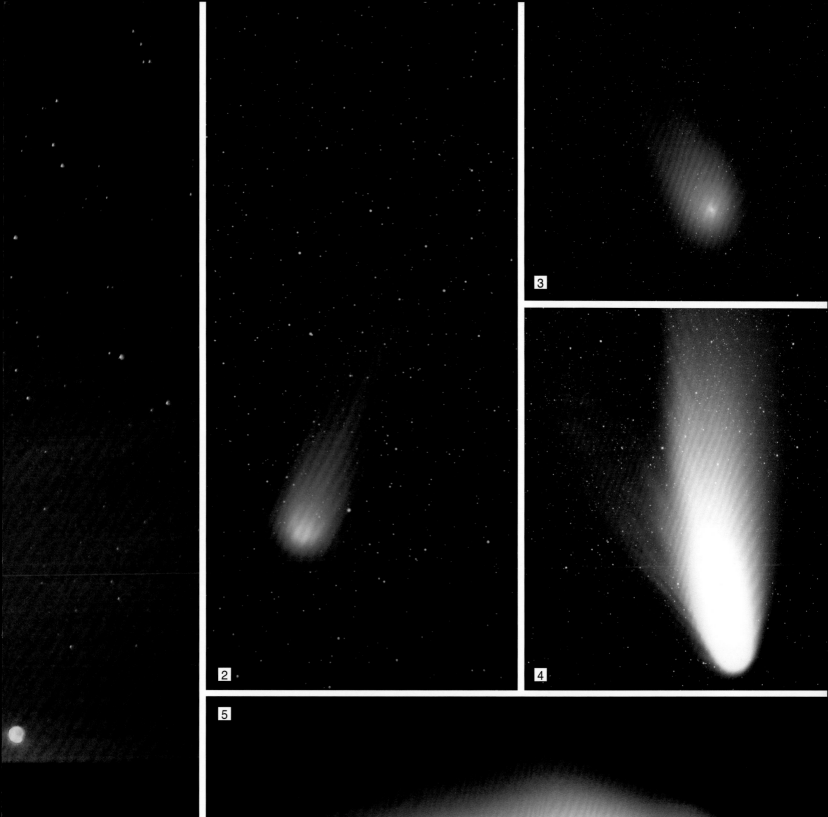

5 哈雷彗星

哈雷彗星每76－79年回歸一次。上一次回歸是在1986年，當時喬陶號太空船飛到距離哈雷彗星不到600公里的地方近距離觀察這顆彗星，也拍下了第一張彗核照片，發現哈雷彗星的彗核大約有15.3公里寬。哈雷彗星留在軌道上的物質，造成了獵戶座流星雨（Orionid）和寶瓶座Eta流星雨（Eta Aquarid）。

# 彗星研究史

**從前的人認為彗星是帶來凶兆的神祕天象，但我們現在已經知道，彗星是太陽系的形成過程裡，行星用剩的原始物質。**

必須等到英國天文學家愛德蒙‧哈雷在 1960 年代發現，原來某些彗星是太陽系的永久成員，天文學家才開始在夜空中尋找彗星。彗星的質量不大，因此彗髮和彗尾中的氣體和塵埃究竟是從何而來，就成了科學家亟欲解答的謎題。1950 年，美國天文學家菲列得‧惠普（Fred Whipple）提出，彗星的核心是個「髒雪球」，每次經過太陽，就會失去一些質量。1986 年，人類首度看到彗核的樣貌。2005 年 7 月，深擊號太空船成為第一艘接觸彗核的太空船。

帛書中的彗星圖

## 公元前2500年

**最早的觀測記錄** 中國天文學家認為彗星在占星學上非常重要，是會帶來厄運的「掃把星」。馬王堆古墓出土的帛書（上）來自公元前185 年，是最古老的彗星觀測記錄。

## 公元前5年

**伯利恆之星** 聖經中指引東方三博士找到新生耶穌的伯利恆之星，可能是個行星或彗星。義大利藝術家喬托‧迪‧邦多納（Giotto de Bondone）在帕多瓦的阿雷那禮拜堂（Arena Chapel）畫下的耶穌降生壁畫中，伯利恆之星是根據1301年出現的哈雷彗星繪製的。

吉爾拍攝的大彗星

## 1900年

**彗尾的形成** 瑞典物理學家斯凡特‧阿瑞尼斯（Svante Arrhenius）提出，太陽的輻射壓力會推動彗星塵埃形成彗尾。50年後，天文學家發現，當太陽風中的磁力線包圍彗尾時，氣體彗尾就會成形，有時候還會斷裂。

## 1882年

**拍攝大彗星** 蘇格蘭天文學家大衛‧吉爾（David Gill）拍攝了1882年大彗星的第一張照片，在壯觀的彗尾後方仍能看見背景裡的恆星。美國天文學家愛德華‧E‧巴納德（Edward E. Barnard）首度以攝影的方式發現彗星，名為1892 V。

## 1868年

**化學組成** 英國天文學家威廉‧哈金斯（William Huggins）用光譜技術證明彗星含有碳水化合物，彎曲的彗尾含有塵埃顆粒，而筆直的藍色彗尾則由彗星冰雪的電離分子組成。

楊‧歐特

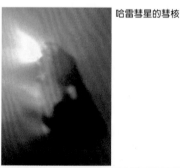

哈雷彗星的彗核

## 1932年

**歐特雲** 愛沙尼亞天文物理學家恩斯特‧奧匹克（Ernst Öpik）提出，長週期彗星源自環繞太陽系的巨大彗星雲。現在我們以德國天文學家楊‧歐特之名，將它命名為歐特雲。

## 1950年

**彗核** 美國天文學家菲列得‧惠普認為彗星的核心只有數公里寬，是個由水冰、雪和塵埃組成的「髒雪球」。1986年，喬陶號太空船造訪哈雷彗星，拍下了彗核的影像。

## 1979年

**彗星與生命** 英國天文學家錢卓‧魏克拉馬辛格（Chandra Wickramasinghe）和弗雷德‧霍伊爾（Fred Hoyle）提出彗星將生命傳播到地球的想法，卻不被眾人接受。彗星經常與行星發生碰撞，天文學家就在1994年目睹舒梅克－李維9號彗星撞擊木星大氣。

貝葉掛毯

愛德蒙‧哈雷

## 1066年

**黑斯廷斯之役** 人們曾認為彗星預示著厄運、疾病、死亡和災難。哈雷彗星在天空中出現的六個月之後，英格蘭的哈羅德國王就在黑斯廷斯之役（Battle of Hastings）中戰死。貝葉掛毯（Bayeux Tapestry）的這一幕裡，士兵正指著那顆代表凶兆的彗星。

## 1531年

**彗尾** 德國天文學家彼得魯斯‧阿皮亞努斯（Petrus Apianus）在《御用天文學》（Astronomicum Caesareum）一書中指出，彗尾總是朝著太陽的反方向。彗尾會隨著彗星接近太陽而愈來愈長，而彗星朝太陽系較低溫的地方前進時，彗尾又會逐漸消失。

## 1680年

**彗星軌道** 英國的數學天才牛頓是第一個計算彗星路徑的人。後來愛德蒙‧哈雷計算出更多的彗星軌道，結果發現他在1682年看到的彗星，之前也曾經出現過。哈雷彗星大約每76年回歸一次。

1833年獅子座流星雨

卡羅琳‧赫歇爾

## 1866年

**彗星和流星** 義大利天文學家喬凡尼‧斯基亞帕雷利提出，彗星和流星體流（meteoroid stream）是有關聯的。隨著彗星物質消耗殆盡，塵埃逐漸散落在軌道上，形成流星體流。如果地球與這條流星體流交會，地球上就會出現像是獅子座流星雨這樣的流星雨。

## 1786年

**卡羅琳‧赫歇爾** 英國天文學家卡羅琳‧赫歇爾（Caroline Herschel）成為第一位發現彗星的女性。當時她所使用的是同為天文學家的哥哥威廉‧赫歇爾製作的特殊望遠鏡，1788年發現的赫歇爾－利哥萊彗星（Comet Herschel-Rigollet）就是以她的名字命名。

## 1755年

**來源和質量** 普魯士哲學家伊曼努爾‧康德（Immanuel Kant）認為，彗星是行星形成的過程中留下的殘骸。萊克塞爾彗星（Lexell's Comet）在1770年與地球距離不到230萬公里，據估計算這顆彗星的質量不到0.02個地球。

撞擊器撞上譚普1號彗星

歐洲太空總署團隊慶祝成功重新喚醒羅塞塔號太空船

## 2005年

**深擊號任務** 美國航太總署發射深擊號太空船，利用重達370公斤的撞擊器撞擊譚普1號彗星的彗核，形成撞擊坑。2011年2月，星塵號太空船造訪這顆彗星，並拍下這個寬達150公尺的撞擊坑影像。

## 2014年

**重新喚醒羅塞塔號** 歐洲太空總署在2004年發射羅塞塔號太空船，前往丘留莫夫－葛拉西門科彗星。太空船在進入休眠模式31個月之後，成功地被重新喚醒。之後它進入軌道，繞行丘留莫夫－葛拉西門科彗星，跟著這顆彗星一起環繞太陽26個月。

# 太陽系之外

橫在紐西蘭帕利瑟角夜空中的銀河系,可能擁有數千億顆的行星,但絕大多數都不可見。自從1992年發現第一顆太陽系外行星以來,現在已經發現了超過2000個系外行星。即使用最強大的望遠鏡,通常也無法看見這些行星。我們藉由觀察行星對母恆星的拉扯,造成恆星的擺動,或者行星通過母恆星前方,造成恆星的亮度微幅減弱,來推測出行星的存在。靠近恆星的大行星最容易偵測到,所以目前我們發現的系外行星大部分都是「熱木星」(hot Jupiter)——公轉週期只有短短幾天的氣體巨行星,軌道通常呈誇張的橢圓形。現在天文學家已經拍到了系外行星的影像,雖然昏暗但還是非常吸引人,其中有些系外行星的大氣中似乎含有水,因此可能適合生命存在。目前我們亟欲搜尋的目標是地球的雙胞胎——與地球類似的岩質小型行星。

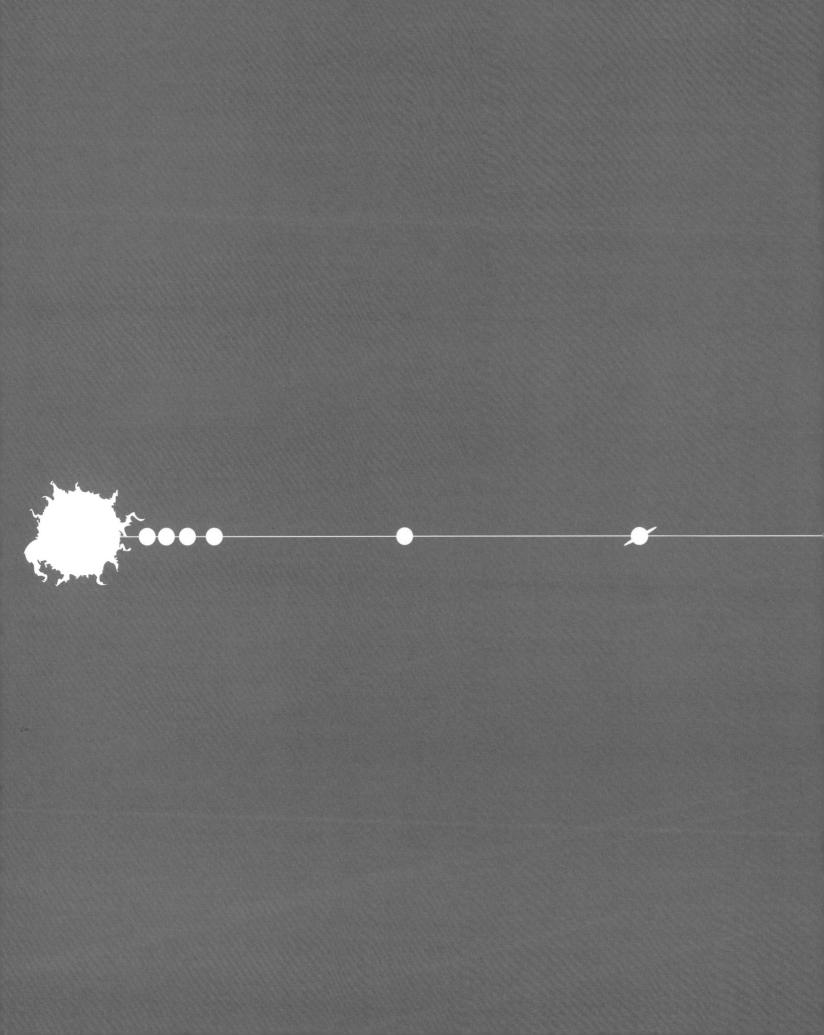

附錄

# 太陽系行星綜合數據

## 太陽系的元素

太陽內部的元素是以原子形式存在。離開太陽往外，溫度開始降低，原子就會結合形成較大的分子。氫和氧結合形成水，碳和氧結合形成二氧化碳，碳和氫結合形成甲烷，鐵、矽化鎂和氧結合形成各式各樣的岩石礦物。氫和氦是太陽系裡含量最多的元素，其他元素只占太陽系總質量的1.9%。

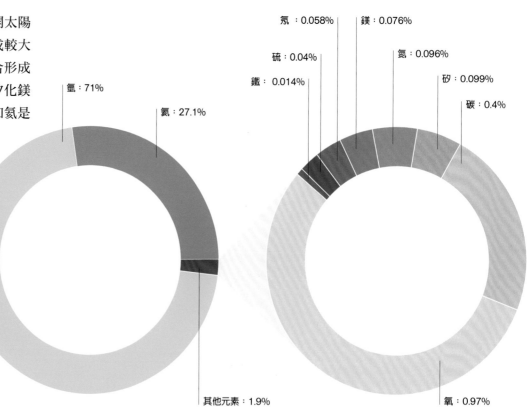

氫：71%

氦：27.1%

其他元素：1.9%

氖：0.058%　鎂：0.076%

硫：0.04%　氮：0.096%

鐵：0.014%　矽：0.099%

碳：0.4%

氧：0.97%

## 行星數據

太陽系裡有八顆行星。其中水星最小，直徑只有地球的三分之一；木星最大，直徑有地球的11倍。最靠近太陽的四顆行星分別為水星、金星、地球和火星，這四顆行星是體積小、密度高的岩質行星，有固態的地表，衛星數量比較少。地球是唯一一顆表面有液體的行星。外側的四顆行星：木星、土星、天王星和海王星是較大的行星，巨大的核心由岩石和金屬組成，大氣非常厚，且擁有許多衛星。氣體巨行星的低溫其實是雲頂的溫度。在下方表格中，岩質行星的半徑是平均半徑，氣體行星的半徑則是赤道處的半徑。岩質行星的重力是地表重力，而氣體行星的重力則是赤道處的重力。

| | 水星 | 金星 | 地球 | 火星 | 木星 | 土星 | 天王星 | 海王星 |
|---|---|---|---|---|---|---|---|---|
| 半徑 | 2440公里 | 6052公里 | 6378公里 | 3396公里 | 7萬1492公里 | 6萬268公里 | 2萬5559公里 | 2萬4764公里 |
| 地形變化 | 10公里 | 15公里 | 20公里 | 30公里 | – | – | – | – |
| 質量（地球等於1） | 0.06 | 0.82 | 1 | 0.11 | 317.83 | 95.16 | 14.54 | 17.15 |
| 密度 | 5427 kg/m³ | 5243 kg/m³ | 5514 kg/m³ | 3933 kg/m³ | 1326 kg/m³ | 687 kg/m³ | 1271 kg/m³ | 1638 kg/m³ |
| 扁率 | 0 | 0 | 0.00335 | 0.00589 | 0.06487 | 0.09796 | 0.0229 | 0.0171 |
| 自轉週期 | 1407.6小時 | 5832.5小時 | 23.9小時 | 24.6小時 | 9.9小時 | 10.7小時 | 17.2小時 | 16.1小時 |
| 太陽日（日出到日落） | 4222.6小時 | 2802.0小時 | 24.0小時 | 24.7小時 | 9.9小時 | 10.7小時 | 17.2小時 | 16.1小時 |
| 重力（地球 = 1） | 0.38 | 0.91 | 1 | 0.38 | 2.36 | 1.02 | 0.89 | 1.12 |
| 自轉軸傾斜 | 0.01度 | 2.6度 | 23.4度 | 25.2度 | 3.1度 | 26.7度 | 82.2度 | 28.3度 |
| 脫離速度 | 1萬5480 kph | 3萬7296 kph | 4萬270 kph | 1萬8108 kph | 21萬4200 kph | 12萬7800 kph | 7萬6680 kph | 8萬4600 kph |
| 視亮度 | -2.6 至5.7 | -4.9至-3.8 | – | +1.6至-3 | -1.6至-2.94 | +1.47至-0.241 | 5.9至5.32 | 8.02至7.78 |
| 平均溫度 | 167°C | 470°C | 15°C | -63°C | -108°C | -139°C | -197°C | -201°C |
| 衛星數量 | 0 | 0 | 1 | 2 | 79 | 62+ | 27+ | 14+ |

## 行星軌道

太陽的重力主宰了行星的軌道。一開始大家認為行星是以圓形軌道繞行太陽,但 17 世紀初,德國數學家與天文學家約翰尼斯‧克卜勒發現行星的軌道並非圓形,而是有兩個焦點的橢圓形。

　　行星繞行太陽一圈的時間稱為公轉週期。週期會隨著與太陽的距離增加而變長——最內側的行星水星,只要花 88 天就可以繞太陽一圈。而離太陽最遠的海王星,則要花上 165 年。行星軌道中距離太陽最近的一點稱為近日點,而距離太陽最遠的一點則稱為遠日點。

　　太陽系幾乎是扁平的,所有的行星都幾乎是在同一個平面上繞著太陽轉。但相對於地球來說,每顆行星的軌道平面都有些微的傾斜,兩個軌道平面的角度差異稱為軌道傾角。

　　雖然每一顆行星都是以橢圓軌道繞行太陽,但並非每個軌道都是同一種橢圓形。軌道偏離圓形的程度稱為偏心率(eccentricity)。偏心率為零,就代表軌道是完美的圓形。

| | 水星 | 金星 | 地球 | 火星 | 木星 | 土星 | 天王星 | 海王星 |
|---|---|---|---|---|---|---|---|---|
| 近日點 | 4600萬公里 | 1億750萬公里 | 1億4710萬公里 | 2億660萬公里 | 7億4050萬公里 | 13億5260萬公里 | 27億4130萬公里 | 44億4450萬公里 |
| 遠日點 | 6980萬公里 | 1億890萬公里 | 1億5210萬公里 | 2億4920萬公里 | 8億1860萬公里 | 15億1450萬公里 | 30億360萬公里 | 45億4570萬公里 |
| 軌道週期 | 87.969天 | 224.701天 | 365.256天 | 686.980天 | 4332.589天 | 1萬759.22天 | 3萬685.4天 | 6萬189天 |
| 軌道速度 | 47.87公里/秒 | 35.02公里/秒 | 29.78公里/秒 | 24.13公里/秒 | 13.07公里/秒 | 9.69公里/秒 | 6.81公里/秒 | 5.43公里/秒 |
| 軌道傾角 | 7度 | 3.39度 | 0度 | 1.850度 | 1.304度 | 2.485度 | 0.772度 | 1.769度 |
| 偏心率 | 0.206 | 0.007 | 0.017 | 0.094 | 0.049 | 0.057 | 0.046 | 0.011 |

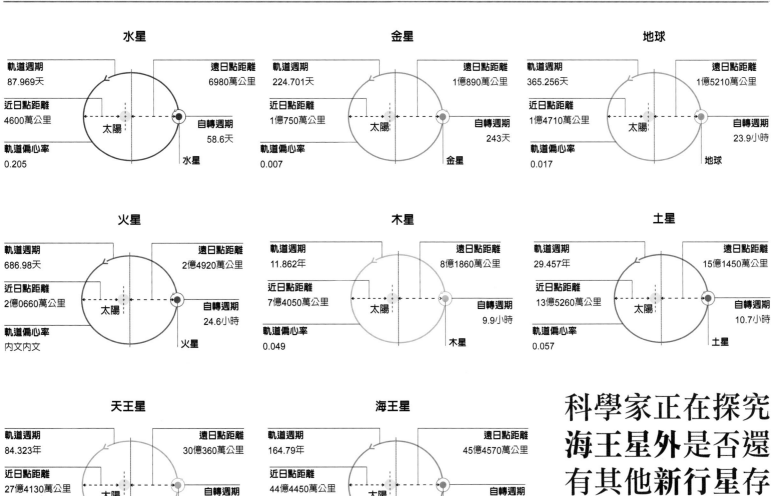

科學家正在探究海王星外是否還有其他新行星存在。

# 行星構造

## 內部

行星內部的溫度、密度和壓力，都是愈往中心愈高。岩質行星的地殼是固態的，但愈深處的物質黏性愈高，甚至呈現熔融狀態。這些液體物質的對流，會使金屬這類較重的化合物和元素沉向行星的中心形成核心。而岩石礦物這類密度較低的物質，則會往上抬升。有些行星（例如地球）的核心，會因巨大的壓力而呈現固態，核心外圍包覆著液態的金屬外核，外核的電流會產生磁場，環繞整個行星。氣體巨行星大部分由氣體組成，成分包含氫、氦、甲烷和氨，但這些行星也可能會因為外層物質的巨大重量，而使岩石和金屬的核心被壓縮成固態。

| | 水星 | 金星 | 地球 | 火星 | 木星 | 土星 | 天王星 | 海王星 |
|---|---|---|---|---|---|---|---|---|
| 半徑 | 2440公里 | 6052公里 | 6378公里 | 3396公里 | 7萬1492公里 | 6萬268公里 | 2萬5559公里 | 2萬4766公里 |
| 平均密度 | 5427 kg/m³ | 5204 kg/m³ | 5515 kg/m³ | 3396 kg/m³ | 1326 kg/m³ | 687 kg/m³ | 1318 kg/m³ | 1,638kg/m³ |
| 地殼厚度 | 150km | 50km | 30km | 45km | – | – | – | – |
| 中心壓力 | 40萬巴 | 300萬巴 | 360萬巴 | 40萬巴 | 8000萬巴 | 5000萬巴 | 2000萬巴 | 2000萬巴 |
| 中心溫度 | 2000K | 5000K | 6000K | 2000K | 2萬K | 1萬1000K | 7000K | 7000K |

## 磁場

行星的內部一定要有快速自轉的熔融金屬，才會產生明顯的磁場。地球的自轉速度是金星的200倍，因此地球的磁場比金星強。火星和水星的金屬核心呈固態，所以磁場非常小。木星和土星的自轉速度是地球的兩倍，而且在核心周圍有大量的液態金屬氫，所以擁有非常強大的磁場。磁矩是用來測量磁場強度的單位。

| | 水星 | 金星 | 地球 | 火星 | 木星 | 土星 | 天王星 | 海王星 |
|---|---|---|---|---|---|---|---|---|
| 磁矩（地球=1） | 0.0007 | <0.0004 | 1 | <0.000025 | 20,000 | 600 | 50 | 25 |
| 磁場和自轉軸的夾角 | 14度 | – | 10.8度 | – | -9.6度 | -1度 | -59度 | -47度 |
| 磁軸相對於行星核心的偏移量（行星半徑） | – | – | 0.08 | – | 0.12 | 0.04 | 0.3 | 0.55 |
| 與磁場邊緣的最近距離（行星半徑） | 1.5 | – | 11 | – | 80 | 20 | 20 | 2 |

## 行星環

所有的氣體巨行星都有行星環，但只有土星環的亮度夠亮，能在地球上用小型望遠鏡看到。木星、天王星和海王星的行星環都非常黯淡，只有用大型的紅外線望遠鏡或太空船才能觀察到。行星環位在行星的赤道面上，而且通常都很接近行星。行星強大的重力場會讓這些碎屑無法吸積形成夠大的衛星。

卡西尼號太空船拍攝的土星環

| | 木星 | 土星 | 天王星 | 海王星 |
|---|---|---|---|---|
| 半徑（行星半徑） | 1.4-3.8 | 1.09-8 | 1.55-3.82 | 1.7-2.54 |
| 半徑 | 10萬-27萬公里 | 6萬6900-48萬公里 | 3萬9600-9萬7700公里 | 4萬2000-6萬2900公里 |
| 厚度 | 30－300公里 | <1公里 | 0.15公里 | 未知 |
| 粒子大小 | < 0.001公釐 | 0.01－10公尺 | < 0.001－10公尺 | 未知 |
| 質量相當的衛星直徑 | 10公里 | 450公里 | 10公里 | 10公里 |

## 岩質行星的大氣

所有的行星都有大氣層，但水星的大氣非常稀薄，而且持續被太陽風吹往太空。類地行星的大氣層是地殼釋出的氣體所形成的，表面的高溫會使大氣散逸到太空。但在質量較大的行星上，因為重力場較強的關係，散逸的速度比較慢。水星的質量很小，再加上高溫的緣故，所以大氣非常稀薄。金星曾一度有水存在，但也因為溫度太高，水氣都已經散逸到太空。地球的大氣受植物影響很大，植物會吸收二氧化碳、排出氧氣，其他行星上並沒有這樣的循環存在。

先鋒號金星軌道飛行器拍攝的金星大氣

|  | 水星 | 金星 | 地球 | 火星 |
|---|---|---|---|---|
| 表面壓力 | <0.0001毫巴 | 9萬2000毫巴 | 1014毫巴 | 6.4毫巴 |
| 壓力變化 | 0毫巴 | 0毫巴 | 870-1085毫巴 | 4.0-8.7毫巴 |
| 表面密度 | - | 65 kg/m³ | 1.217 kg/m³ | 0.02 kg/m³ |
| 平均溫度 | 167°C | 464°C | 15°C | -63°C |
| 溫度變化 | -180到430°C | 0°C | -90到50°C | -143到35°C |
| 風速 | - | 0.3-1.0公尺/秒 | 0-10公尺/秒 | 2-30公尺/秒 |

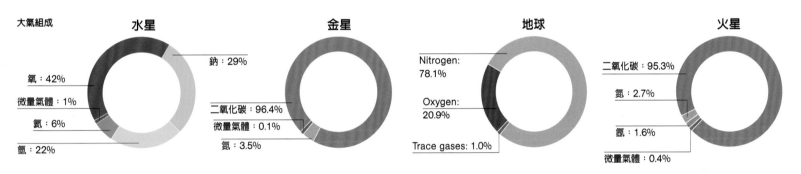

大氣組成

**水星**
氧：42%
微量氣體：1%
氦：6%
氫：22%
鈉：29%

**金星**
二氧化碳：96.4%
微量氣體：0.1%
氮：3.5%

**地球**
Nitrogen: 78.1%
Oxygen: 20.9%
Trace gases: 1.0%

**火星**
二氧化碳：95.3%
氮：2.7%
氬：1.6%
微量氣體：0.4%

## 氣體行星的大氣

氣體巨行星在形成時，捕獲了大量的氫氣和氦氣，而這些行星夠冷也夠大，可以留住這些大氣。我們看到的木星和土星表面是高層的大氣，顏色來自氨和其他化合物。天王星和海王星的大氣有百分之幾是甲烷，因此呈現藍綠色調。

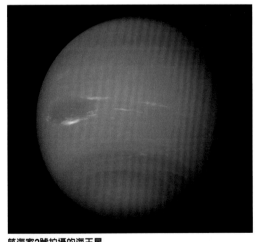

航海家2號拍攝的海王星

|  | 木星 | 土星 | 天王星 | 海王星 |
|---|---|---|---|---|
| 壓力為1巴處的溫度 | -108°C | -139°C | -197°C | -201°C |
| 壓力為0.1巴處的溫度 | -161°C | -189°C | -220°C | -218°C |
| 壓力為1巴處的密度 | 0.16kg/m³ | 0.19kg/m³ | 0.42kg/m³ | 0.45kg/m³ |
| 風速 | 0-150公尺/秒 | 0-400公尺/秒 | 0-250公尺/秒 | 0-580公尺/秒 |

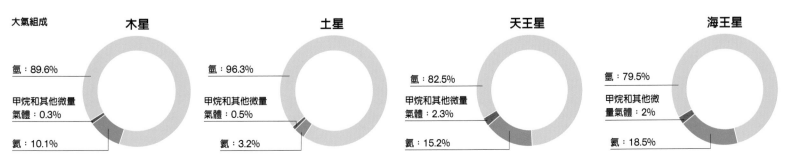

大氣組成

**木星**
氫：89.6%
甲烷和其他微量氣體：0.3%
氦：10.1%

**土星**
氫：96.3%
甲烷和其他微量氣體：0.5%
氦：3.2%

**天王星**
氫：82.5%
甲烷和其他微量氣體：2.3%
氦：15.2%

**海王星**
氫：79.5%
甲烷和其他微量氣體：2%
氦：18.5%

# 衛星、小行星和彗星

## 主要衛星

在太陽系行星中，只有水星和金星沒有衛星。其他岩質行星的衛星數量很少：地球的衛星是月球，質量為地球的八分之一；火星有兩顆非常小的衛星，可能是從鄰近的小行星帶捕獲的小行星。相較之下，氣體巨行星的衛星數量非常多，之後還可能會繼續增加。這些氣體巨行星的大部分衛星都很小，只有木星的四個主要衛星又大又亮，從地球上用雙筒望遠鏡就可以看到。軌道傾角指的是衛星軌道面和行星赤道的夾角。偏心率代表軌道偏離圓形的程度，偏心率為零就代表軌道是完美的圓形。

| 行星 | 衛星 | 直徑 | 密度 | 脫離速度 | 軌道週期 | 表面溫度 | 軌道傾角 | 軌道偏心率 | 發現年分 | 發現者 |
|---|---|---|---|---|---|---|---|---|---|---|
| 地球 | 月球 | 3472公里 | 3346 kg/m³ | 2.38公里/秒 | 27.322天 | -170至120℃ | 5.145度 | 0.0549 | - | - |
| 火星 | 火衛二 | 12.6公里 | 1471 kg/m³ | 0.0056公里/秒 | 1.2624天 | -40℃ | 0.93度 | 0.00033 | 1877 | 霍爾 |
| | 火衛一 | 22.2公里 | 1876 kg/m³ | 0.0114公里/秒 | 0.3189天 | -40℃ | 1.093度 | 0.0151 | 1877 | 霍爾 |
| 木星 | 木衛一 | 3644公里 | 3528 kg/m³ | 2.558公里/秒 | 1.769天 | -180至-140℃ | 0.050度 | 0.0041 | 1610 | 伽利略 |
| | 木衛二 | 3122公里 | 3010 kg/m³ | 2.025公里/秒 | 3.551天 | -220至-150℃ | 0.471度 | 0.0094 | 1610 | 伽利略 |
| | 木衛三 | 5262公里 | 1936 kg/m³ | 2.74公里/秒 | 7.154天 | -220至-120℃ | 0.204度 | 0.0011 | 1610 | 伽利略 |
| | 木衛四 | 4821公里 | 1834 kg/m³ | 2.440公里/秒 | 16.689天 | -190至-110℃ | 0.205度 | 0.0074 | 1610 | 伽利略 |
| | 木衛五 | 167公里 | 857 kg/m³ | 0.058公里/秒 | 0.49818天 | -150℃ | 0.374度 | 0.0032 | 1892 | 巴納德 |
| | 木衛六 | 170公里 | 2000 kg/m³ | 0.1公里/秒 | 250.2天 | -150℃ | 30.486度 | 0.1513 | 1904 | 皮琳（Perrine） |
| 土星 | 土衛一 | 396公里 | 1148 kg/m³ | 0.159公里/秒 | 0.942天 | -210℃ | 1.566度 | 0.0202 | 1789 | 赫歇爾 |
| | 土衛二 | 504公里 | 1609 kg/m³ | 0.239公里/秒 | 1.370天 | -240至-130℃ | 0.010度 | 0.0047 | 1789 | 赫歇爾 |
| | 土衛三 | 1062公里 | 984 kg/m³ | 0.394公里/秒 | 1.887天 | -190℃ | 0.168度 | 0.0001 | 1684 | 卡西尼 |
| | 土衛四 | 1123公里 | 1478 kg/m³ | 0.51公里/秒 | 2.737天 | -185℃ | 0.002度 | 0.0022 | 1684 | 卡西尼 |
| | 土衛五 | 1527公里 | 1236 kg/m³ | 0.635公里/秒 | 4.518天 | -220至-175℃ | 0.327度 | 0.00126 | 1672 | 卡西尼 |
| | 土衛六 | 5151公里 | 1880 kg/m³ | 2.639公里/秒 | 15.945天 | -180℃ | 0.3485度 | 0.0288 | 1655 | 惠更斯 |
| | 土衛八 | 1468公里 | 1088 kg/m³ | 0.573公里/秒 | 79.32天 | -180至-140℃ | 15.47度 | 0.286 | 1671 | 卡西尼 |
| | 土衛九 | 213公里 | 1638 kg/m³ | 0.1公里/秒 | -545.09天 | 未知 | 173.04度 | 0.156 | 1899 | 皮克林（Pickering） |
| 天王星 | 天衛五 | 471公里 | 1200 kg/m³ | 0.079公里/秒 | 1.4135天 | -210℃ | 1.232度 | 0.0013 | 1948 | 古柏 |
| | 天衛一 | 1158公里 | 1660 kg/m³ | 0.558公里/秒 | 2.5204天 | -210℃ | 0.260度 | 0.0012 | 1851 | 拉塞爾 |
| | 天衛二 | 1169公里 | 1390 kg/m³ | 0.52公里/秒 | 4.1442天 | -200℃ | 0.205度 | 0.0039 | 1851 | 拉塞爾 |
| | 天衛三 | 1577公里 | 1711 kg/m³ | 0.773公里/秒 | 8.7059天 | -200℃ | 0.340度 | 0.0011 | 1787 | 赫歇爾 |
| | 天衛四 | 1523公里 | 1630 kg/m³ | 0.726公里/秒 | 13.463天 | -200℃ | 0.058度 | 0.0014 | 1787 | 赫歇爾 |
| | 天衛十二 | 135公里 | 1300 kg/m³ | 0.058公里/秒 | 0.5132天 | -210℃ | 0.059度 | 0.00005 | 1986 | 辛諾特（Synnott） |
| 海王星 | 海衛八 | 420公里 | 1300 kg/m³ | 0.17公里/秒 | 1.122天 | -220℃ | 0.075度 | 0.0005 | 1989 | 航海家號團隊 |
| | 海衛一 | 2707公里 | 2061 kg/m³ | 1.455公里/秒 | -5.877天 | -235℃ | 156.885度 | 0.00006 | 1846 | 拉塞爾 |
| | 海衛二 | 340公里 | 1500 kg/m³ | 0.156公里/秒 | 360.14天 | -220℃ | 7.090度 | 0.7507 | 1949 | 古柏 |
| | 海衛七 | 194公里 | 1200 kg/m³ | 0.076公里/秒 | 0.555天 | -220℃ | 0.205度 | 0.0014 | 1981 | 雷西瑪（Reitsema） |
| | 海衛六 | 176公里 | 750 kg/m³ | 0.0556公里/秒 | 0.429天 | -220℃ | 0.34度 | 0.0001 | 1989 | 航海家號團隊 |

## 小行星帶

在火星和木星的軌道之間，有一大群岩質或金屬組成的天體，稱為小行星。小行星繞行太陽的方式和其他行星一樣，但小行星體積比較小，且形狀多呈不規則形。

這張表格列出了小行星帶裡最大的一些小行星。其中最大的是穀神星，它的質量足以形成球體，因此穀神星除了是顆小行星之外，也被歸類為矮行星。亮度是指從地球所見的視星等。

| 名稱 | 直徑 | 大小 | 自轉週期 | 亮度 |
|---|---|---|---|---|
| 1號小行星穀神星 | 952公里 | 975 x 975 x 909公里 | 0.3781天 | 6.64-9.34 |
| 2號小行星智神星 | 544公里 | 582 x 556 x 500公里 | 0.3256天 | 6.49-10.65 |
| 4號小行星灶神星 | 525公里 | 573 x 557 x 446公里 | 0.2226天 | 5.1-8.48 |
| 10號小行星健神星 | 431公里 | 530 x 407 x 370公里 | 1.15天 | 9.0-11.97 |
| 704號小行星英特利亞星 | 326公里 | 350 x 304公里 | 0.364天 | 9.9-13.0 |
| 52號小行星歐女星 | 315公里 | 380 x 330 x 250公里 | 0.2347天 | - |
| 511號小行星戴維星（Davida） | 289公里 | 357 x 294 x 231公里 | 0.2137天 | 9.5-12.98 |
| 87號小行星林神星（Sylvia） | 286公里 | 385 x 265 x 230公里 | 0.2160天 | - |
| 65號小行星原神星（Cybele） | 273公里 | 302 x 290 x 232公里 | 0.1683天 | 10.67-13.64 |
| 15號小行星司法星（Eunomia） | 268公里 | 357 x 255 x 212公里 | 0.2535天 | 7.9-11.24 |
| 3號小行星婚神星（Juno） | 258公里 | 320 x 267 x 200公里 | 0.3004天 | 7.4-11.55 |
| 31號小行星麗神星（Euphrosyne） | 256公里 | 未知 | 0.2305天 | 10.16-13.61 |
| 624號小行星赫克托星（Hektor） | 241公里 | 370 x 267 x 200公里 | 0.2884天 | 13.79-15.26 |
| 88號小行星盡女星（Thisbe） | 232公里 | 221 x 201 x 168公里 | 0.2517天 | - |
| 324號小行星斑貝格星（Bamberga） | 229公里 | 未知 | 1.226天 | - |
| 451號小行星忍神星（Patientia） | 225公里 | 未知 | 0.4053天 | - |
| 532號小行星大力神星（Herculina） | 222公里 | 未知 | 0.3919天 | 8.82-11.99 |
| 48號小行星竇神星（Doris） | 222公里 | 278 x 142公里 | 0.4954天 | - |

## 週期彗星

週期彗星是指曾經觀測到接近太陽超過一次的彗星。短週期彗星是繞行太陽的週期短於 200 年的彗星，其中軌道週期短於 20 年的又稱為木星族彗星，木星的重力使它們一直留在內太陽系，遠日點（離太陽最遠的點）則接近木星軌道。短週期彗星的軌道傾角比較小，長週期彗星的軌道傾角則相當隨機。

| 名稱 | 軌道週期 | 觀測記錄次數 | 下次回歸時間 |
|---|---|---|---|
| 1P/哈雷 | 75.32年 | 30 | 2061年7月 |
| 2P/恩克 | 3.30年 | 62 | 2017年3月 |
| 3D/比拉（Biela） | 6.619年 | 6 | - |
| 6P/德亞瑞司特（d'Arrest） | 6.54年 | 20 | 2015年3月 |
| 9P/譚普1號 | 5.52年 | 12 | 2016年8月 |
| 17P/霍姆斯（Holmes） | 6.883年 | 10 | 2014年3月 |
| 21P/賈可比尼-秦諾 | 6.621年 | 15 | 2018年9月 |
| 29P/施瓦斯曼-瓦赫曼 | 14.65年 | 7 | 2019年3月 |
| 39P/奧特瑪（Oterma） | 19.43年 | 4 | 2023年7月 |
| 46P/韋坦倫（Wirtanen） | 5.44年 | 10 | 2018年12月 |
| 50P/阿朗（Arend） | 8.27年 | 8 | 2016年2月 |
| 55P/譚普-塔托（Tempel-Tuttle） | 33.22年 | 5 | 2031年5月 |
| 67P/丘留莫夫-葛拉西門科 | 6.45年 | 7 | 2015年8月 |
| 81P/威德2號 | 6.408年 | 6 | 2016年7月 |
| 109P/史威福-塔托（Swift-Tuttle） | 133.3年 | 5 | 2126年7月 |

## 大彗星

大約每十年左右，就會有一顆可輕鬆用肉眼看見的明亮彗星出現在夜空中，持續幾個星期。這些彗星的週期長達數百年到數千年，因此相當難以預測。在這張表中，亮度代表視星等。彗星最接近地球的距離則以天文單位表示，1 天文單位代表地球與太陽的距離。

| 名稱 | 年份 | 亮度 | 最接近地球的距離 |
|---|---|---|---|
| 大彗星（Great Comet） | 1811年 | 0 | 1.22天文單位 |
| 三月大彗星（Great March Comet） | 1843年 | < -3 | 0.84天文單位 |
| 多納蒂彗星（Donati's Comet） | 1858年 | 0.5 | 0.54天文單位 |
| 大彗星（Great Comet） | 1861年 | 0 | 0.13天文單位 |
| 科吉亞彗星（Coggia） | 1874年 | 0.5 | 0.29天文單位 |
| 九月大彗星（Great September Comet） | 1882年 | < -3 | 0.99天文單位 |
| 大彗星（Great Comet） | 1901年 | 1 | 0.83天文單位 |
| 一月大彗星（Great January Comet） | 1910年 | 1.5 | 0.86天文單位 |
| 斯基勒魯普-馬里斯塔尼彗星（Skjellerup-Maristany） | 1927年 | 1 | 0.75天文單位 |
| 阿蘭德-羅蘭彗星（Arend-Roland） | 1957年 | -0.5 | 0.57天文單位 |
| 關-萊恩斯彗星（Seki-Lines） | 1962年 | -2 | 0.62天文單位 |
| 池谷-關彗星（Ikeya-Seki） | 1965年 | 2 | 0.91天文單位 |
| 班尼特彗星（Bennett） | 1970年 | 0.5 | 0.69天文單位 |
| 威斯特彗星（West） | 1976年 | -1 | 0.79天文單位 |
| 百武彗星 | 1996年 | 1.5 | 0.10天文單位 |
| 海爾-波普彗星 | 1997年 | -07 | 1.32天文單位 |
| 麥克諾特彗星 | 2007年 | -6 | 0.82天文單位 |

## 流星雨

在每年的固定時間，地球都會穿過彗星留在後方的碎屑，這時我們就可以看到流星雨。這些來自彗星的塵埃顆粒稱為流星體，會在地球大氣層上方 100 至 75 公里處燃燒，形成一束束又細又長、瞬間即逝的激發游離氣體分子。這些明亮的光跡就是我們熟知的流星。

來自某一場特定流星雨的的流星，看起來好像是從天空中的同一個點輻射出來的。我們將這個點稱為輻射點，而流星雨就是根據輻射點所在的星座命名的。

下方表格中「最多流星數量」是指在流星雨的極大時，如果輻射點剛好位在頭頂，每小時所能看見的流星數量。

美國約書亞樹國家公園（Joshua Tree National Park）所見的獅子座流星雨

| 名稱 | 極大期 | 速度 | 最多流星數量 | 母彗星 |
|---|---|---|---|---|
| 象限儀座流星雨（Quadrantids） | 1月4日 | 41公里/秒 | 每小時120顆 | C/1490 Y1彗星 |
| 天琴座流星雨（Lyrids） | 4月22日 | 48公里/秒 | 每小時10顆 | C/1861 G1彗星 |
| 寶瓶座Eta流星雨（Eta Aquariids） | 5月5日 | 66公里/秒 | 每小時30顆 | 哈雷彗星 |
| 白羊座流星雨（Arietids） | 6月7日 | 37公里/秒 | 每小時54顆 | 96P/梅克賀茲（Machholz） |
| 英仙座Zeta流星雨（Zeta Perseids） | 6月9日 | 29公里/秒 | 每小時20顆 | 2P/恩克彗星 |
| 寶瓶座Delta流星雨（Delta Aquarids） | 7月29日 | 41公里/秒 | 每小時16顆 | 馬斯登 / 克拉赫特（Marsden/Kracht） |
| 英仙座流星雨（Perseids） | 8月13日 | 58公里/秒 | 每小時80顆 | 史威福-塔托 |
| 天龍座流星雨（Draconids） | 10月8日 | 20公里/秒 | 不定 | 未知 |
| 獵戶座流星雨（Orionids） | 10月21日 | 67公里/秒 | 每小時25顆 | 哈雷彗星 |
| 獅子座流星雨（Leonids） | 11月17日 | 71公里/秒 | 不定 | 55P/譚普-塔托 |
| 雙子座流星雨（Geminids） | 12月13日 | 35公里/秒 | 每小時75顆 | 3200號小行星菲以頌（Phaethon） |
| 小熊座流星雨（Ursids） | 12月23日 | 33公里/秒 | 每小時10顆 | 8P/塔托彗星 |

# 探索太空

## 指標性任務

太空時代徹底改變了我們對太陽系的認識。過去遙遠的行星只是望遠鏡裡的模糊光盤，現在我們卻能近距離仔細分析並進行詳細的測繪。最早的太空任務只是短暫的飛掠。後來開始有軌道太空船、大氣探測器、著陸器，最後還有了探測車。這張表格列出了關鍵的太空任務，其中有一些正在進行中。

| 任務 | 國家 | 發射日期 | 目標 | 任務種類 | 成就 |
| --- | --- | --- | --- | --- | --- |
| 水手2號 | 美國 | 1962年8月2日 | 金星 | 飛掠 | 首度從金星大氣層送回資料 |
| 水手4號 | 美國 | 1964年11月28日 | 火星 | 飛掠 | 拍到第一張火星表面的特寫影像 |
| 金星7號 | 蘇聯 | 1970年8月17日 | 金星 | 登陸器 | 首度進行軟著陸 |
| 水手9號 | 美國 | 1971年5月30日 | 火星 | 軌道衛星 | 大範圍攝影 |
| 先鋒10號 | 美國 | 1972年3月3日 | 木星 | 飛掠 | 大量資料及大範圍攝影 |
| 先鋒11號 | 美國 | 1973年4月6日 | 木星／土星 | 飛掠 | 首度飛掠土星，發現F環 |
| 水手10號 | 美國 | 1973年11月3日 | 水星 | 飛掠 | 首度拍攝水星表面的特寫影像 |
| 金星9號 | 蘇聯 | 1975年6月8日 | 金星 | 登陸器/軌道衛星 | 首度從金星表面傳回影像 |
| 維京1號 | 美國 | 1975年8月20日 | 火星 | 登陸器 | 在火星地表進行實驗並搜尋生命 |
| 航海家2號 | 美國 | 1977年8月20日 | 外行星 | 飛掠 | 飛掠木星和土星，首度飛掠天王星（1986年1月24日）和海王星（1989年8月24日） |
| 航海家1號 | 美國 | 1977年9月5日 | 木星/土星 | 登陸器/飛掠 | 詳細調查 |
| 金星11/12/13/14號 | 蘇聯 | 1978-1981年 | 水星 | 軌道衛星 | 拍攝金星地表影像 |
| 麥哲倫號 | 美國 | 1989年5月5日 | 水星 | 軌道衛星 | 使用雷達測繪完整的金星地表 |
| 伽利略號 | 美國 | 1989年10月18日 | 木星 | 軌道衛星 | 長期觀測木星系統、釋放探測器降落研究木星大氣 |
| 火星拓荒者號 | 美國 | 1996年12月2日 | 火星 | 登陸器 | 派出旅居者號探測車，這是第一輛在火星運作的探測車 |
| 卡西尼號 | 美國/其他 | 1997年10月15日 | 土星 | 軌道衛星 | 廣泛蒐集資料和影像 |
| 惠更斯號 | 歐洲太空總署 | 1997年10月15日 | 土衛六泰坦 | 登陸器 | 第一個登陸氣體巨行星衛星的探測器 |
| 火星快車號 | 歐洲太空總署 | 2003年6月2日 | 火星 | 軌道衛星 | 發現火星地表過去曾有水存在的證據 |
| 火星探測號 | 美國 | 2003年6月10日 | 火星 | 登陸器 | 派出精神號探測車、首度在火星岩石上鑽孔 |
| 火星探測號 | 美國 | 2003年7月7日 | 火星 | 登陸器 | 派出機會號探測車、近距離調查土壤 |
| 信使號 | 美國 | 2004年8月3日 | 水星 | 軌道衛星 | 第一艘繞行水星的太空船 |
| 火星勘測軌道衛星 | 美國 | 2005年8月12日 | 火星 | 軌道衛星 | 研究火星過去的水 |
| 金星快車號 | 歐洲太空總署 | 2005年11月9日 | 水星 | 軌道衛星 | 研究金星的大氣 |
| 新視野號 | 美國 | 2006年1月19日 | 冥王星 | 飛掠 | 飛掠冥王星 |
| 火星鳳凰號 | 美國 | 2007年8月4日 | 火星 | 登陸器 | 探索火星極區，尋找生命和水 |
| 火星科學實驗室 | 美國 | 2011年11月26日 | 火星 | 探測車 | 好奇號探測車調查火星的氣候和地質 |

2011年11月，載有好奇號探測車的阿特拉斯V型火箭在卡納維拉角發射。

## 世界最大火箭

農神五號（Saturn V）是人類史上最大的火箭，曾在 1960 和 70 年代的阿波羅計畫中運載太空人前往月球。作為競爭對手的蘇聯 N1 火箭，曾經四度發射，可惜每次發射都是以災難收場。

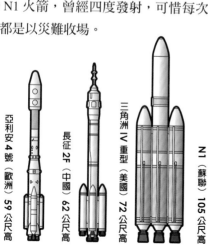
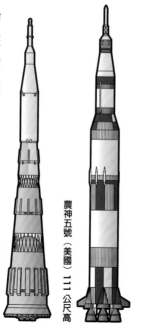

亞利安4號（歐洲）59公尺高 | 長征2F（中國）62公尺高 | 三角洲IV重型（美國）72公尺高 | N1（蘇聯）105公尺高 | 農神五號（美國）111公尺高

## 發射基地

全世界大約有 20 個發射基地，其中最重要的就是美國的卡納維拉角、俄羅斯在哈薩克的貝科奴太空發射場（Baikonur Cosmodrome），以及中國的西昌。火箭從比較接近赤道的發射基地升空時，能從地球的自轉中獲得加速，因此能載運比較重的貨物。

美國范登堡空軍基地 | 哈薩克貝科奴 | 日本種子島宇宙中心 | 美國卡納維拉角 | 中國西昌 | 印度薩迪什達萬太空中心 | 法屬圭亞那，圭亞那太空中心

主要發射基地

# 人造衛星

自1950年代以來，人類已經發射了數千個人造衛星進入地球軌道，作為觀測和研究之用。其中許多已經退役。這裡列出了幾個最重要的人造衛星。

| 名稱 | 國家 | 發射日期 | 成就 |
|---|---|---|---|
| 史波尼克1號 | 蘇聯 | 1957.10.5 | 第一顆環繞地球的人造衛星 |
| 史波尼克2號 | 蘇聯 | 1957.11.3 | 載送太空狗萊卡（Laika）進入地球軌道 |
| 探險者1號（Explorer 1） | 美國 | 1958.1.31 | 發現地球周圍的范艾倫輻射帶（Van Allen radiation belts） |
| 太陽極大期任務衛星（SMM） | 美國 | 1980.2.14 | 在太陽極大期觀測太陽 |
| 尤利西斯號 | 歐洲太空總署/美國 | 1990.10.6 | 觀測太陽極區 |
| 太陽與太陽圈觀測站 | 歐洲太空總署 | 1995.12.2 | 以X射線和極紫外線波段觀測太陽、發現許多掠日和撞上太陽的彗星 |
| 極地衛星（POLAR） | 美國 | 1996.2.24 | 從繞極軌道觀測地球極光 |
| 太陽過渡區與日冕探測器（TRACE） | 美國 | 1998.4.2 | 觀察太陽大氣中的冕環 |
| 星族II（CLUSTER II） | 歐洲太空總署 | 2000.7／8 | 以四艘太空船研究地球磁層 |
| 日地關係天文臺 | 美國 | 2006.10.25 | 兩艘太空船聯合觀測，形成太陽的立體影像 |

# 太空站

太空站在地球上方的低地軌道繞行地球，這些載人的人造衛星是人類在太空中的實驗室和工作站。可重複使用的太空船可以往返太空站和地球之間，運送太空人和太空站所需的補給。科學家利用太空站進行低重力實驗、觀測地球，並研究人體長期暴露在太空中的後果。很少有人會在太空站上待超過一年的時間。

| 名稱 | 發射日期 | 乘員人數 | 在軌天數 | 載人任務 | 無人任務 | 質量（公斤） |
|---|---|---|---|---|---|---|
| 禮炮1號（Salyut 1） | 1971年4月19日 | 3 | 24 | 2 | 0 | 1萬8400 |
| 天空實驗室（Skylab） | 1973年5月14日 | 3 | 171 | 3 | 0 | 7萬7000 |
| 禮炮6號（Salyut 6） | 1977年9月29日 | 2 | 683 | 16 | 14 | 9000 |
| 禮炮7號（Salyut 7） | 1982年4月19日 | 3 | 861 | 10 | 15 | 1萬9000 |
| 和平號太空站（Mir） | 1986年2月7日 | 3 | 4594 | 39 | 68 | 13萬 |
| 國際太空站 | 1998年11月20日 | 6 | 持續使用中 | 74 | 69 | 47萬700 |
| 天宮1號（Tiangong-1） | 2011年9月29日 | 3 | 持續使用中 | 2 | 1 | 8500 |

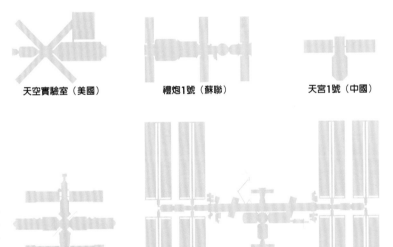

衛星軌道

軌道週期
- 20小時
- 15小時
- 10小時
- 5小時

同步軌道（通訊衛星）
中地球軌道（全球定位系統衛星）
低地球軌道（國際太空站）

天空實驗室（美國）　禮炮1號（蘇聯）　天宮1號（中國）

和平號太空站（蘇聯）　國際太空站

# 觀察天空

數百年來，天文學家都利用肉眼或簡單的望遠鏡觀察天空，但我們所能看到的可見光，只是從太空抵達地球的大範圍電磁波光譜中的一小部分。恆星、星系和其他天體會發出看不見的無線電波、X射線、紅外線和紫外線，現代望遠鏡能偵測所有的電磁波段，而且每一種輻射都提供了不同的資訊。

無論是哪種類型和結構的望遠鏡，功能基本上都是一樣的——蒐集電磁輻射，並將它聚焦以產生影像或光譜。由於地球大氣會吸收電磁波，也會產生亂流，因此天文學多把望遠鏡蓋在高山上，或是發射到太空中。

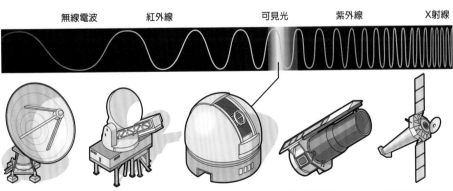

無線電波　　紅外線　　可見光　　紫外線　　X射線

**無線電波望遠鏡**
電波望遠鏡巨大的碟型天線，能聚焦來自星系、脈衝星和黑洞的無線電波。

**微波望遠鏡**
微波是短波長的無線電波，能讓天文學家研究大霹靂後留下的輻射。

**光學望遠鏡**
光學望遠鏡用巨大的透鏡，或是許多小鏡片組成的碗型面鏡，蒐集微弱的可見光，就能看到肉眼可見範圍以外的東西。

**紫外線望遠鏡**
紫外線很難抵達地球表面，因此我們會把紫外線望遠鏡放到太空中，偵測來自太陽、恆星和星系的紫外線。

**X射線望遠鏡**
太空中的X射線望遠鏡能捕捉來自太陽和超新星爆炸這類高溫天體的高能射線。

# 名詞解釋

**X- 射線 X-ray**
波長比紫外線短、比伽瑪射線長的電磁輻射。

## 三筆

**大霹靂 Big Bang**
宇宙在大霹靂中誕生。根據大霹靂理論，宇宙是在很久以前某個特定的時間點，以一個極端高溫、高密度的初始狀態出現，之後不斷膨脹直到今天。大霹靂是一切空間、時間和物質的起源。

**小行星 Asteroid**
直徑小於 1000 公里的小型不規則太陽系天體。科學家認為小行星是由行星形成後留下的碎屑構成，成分為岩石或金屬，也可能兩者都有。大多數小行星位於火星和木星軌道間的小行星帶，但整個太陽系都有小行星。另見「小行星帶」、「近地小行星」。

**小行星帶 Asteroid Belt**
在太陽系的火星和木星軌道之間的一個甜甜圈狀區域，這裡小行星的密度很高。

**中子 Neutron**
一種不帶電荷的粒子。除了氫原子以外所有的原子核中都有中子。另見「原子」、「核」。

**中國國家航天局（CNSA）**
中華人民共和國的國家太空機構。

## 四筆

**分子雲 Molecular cloud**
一種低溫、濃密的塵埃雲和氣體雲。分子雲內部的溫度夠低，原子能結合成分子，如分子氫或一氧化碳，創造出適合恆星形成的環境。

**分點 Equinox**
太陽垂直照射行星赤道、整個行星的白天和黑夜時間長度相等的時刻。

**天文單位 Astronomical unit (AU)**
距離單位，定義為地球和太陽的平均距離。1 天文單位是 1 億 4959 萬 8000 公里。

**天球 Celestial sphere**
包圍地球的假想球殼，所有的天體都有一個在天球上的位置。

**天頂 Zenith**
天空中位於觀察者正上方的點。

**天極 Celestial poles**
天球上與地球南北極相當的兩個點，在視覺上夜空是繞著通過兩個天極的軸轉動。

**太陽系 Solar System**
由太陽、八顆行星、其他小天體（矮行星、衛星、小行星、彗星、古柏帶天體、海王星外天體），以及環繞太陽的塵埃和氣體組成的系統。

**太陽系外行星（系外行星）Extrasolar planet (exoplanet)**
繞著太陽以外的恆星運轉的行星。自 1992 年首度確認發現系外行星之後，至今已經發現了超過 2000 個系外行星。

**太陽星雲 Solar nebula**
太陽系形成之初的氣體和塵埃雲氣。隨著雲氣塌縮，大部分累積在中心的質量形成太陽，剩下的物質則形成扁平的圓盤，之後圓盤裡的物質藉由吸積過程組成行星。另見「吸積」、「原行星盤」。

**太陽風 Solar wind**
從太陽發出、流過太陽系的連續高速帶電粒子流，主要是電子和質子。

**太陽閃焰 Solar flare**
太陽表面局部變亮的情形，伴隨著以電磁輻射、次原子粒子和震波形式劇烈釋放的大量能量。

**太陽圈 Heliosphere**
在太陽附近，太陽風和行星際磁場被星際介質壓力限制住的範圍。另見「星際介質」、「磁場」、「太陽風」。

**太陽週期 Solar cycle**
太陽活動（如太陽黑子和閃焰的出現）的週期性變化，大約每 11 年會達到極大期。太陽黑子週期是指太陽黑子數量和分布每 11 年的循環變化情形。另見「太陽閃焰」、「太陽黑子」。

**太陽黑子 Sunspot**
太陽光球層中的強磁場活動區域，溫度較周圍低，因此看起來較暗。另見「光球層」、「太陽週期」。

**太陽質量 Solar mass**
以太陽質量為一的質量單位。

**日心 Heliocentric**
以太陽為中心的觀念。繞太陽運行的天體所在的軌道稱為日心軌道。波蘭天文學家尼可拉斯·哥白尼在 1543 年提出太陽系的日心模型，推翻過去主流的地心模型。另見「地心」。

**日本宇宙航空研究開發機構（Japan Aerospace Exploration Agency，簡稱 JAXA）**
日本的國家航太機構。

**日食 Solar eclipse**
見「食」。

**日珥 Prominence**
從太陽光球層冒出、如火焰般的巨大羽狀電漿。另見「光球層」、「電漿」。

**日冕 Corona**
太陽大氣層的最外層。日冕的密度非常低，溫度卻高達攝氏 100 到 500 萬度。從地球表面上只有在日食發生時能觀察到日冕。另見「色球層」、「光球層」。

**日冕巨量噴發 Coronal mass ejection**
從日冕噴出，迅速膨脹的巨大電漿氣泡，內部含有數十億噸的離子和電子，以及伴隨產生的巨大磁場。一般的日冕巨量噴發可以每秒鐘數百公里的速度，向外往行星際空間散布。另見「色球層」、「離子」、「電漿」。

**月食 Lunar eclipse**
見「食」。

**月海 Mare（複數：maria）**
月球上被熔岩填入的深色低窪區。

## 五筆

**主小行星帶 Main Belt**
見「小行星帶」。

**半人馬小行星 Centaur**
和氣體巨行星占據相同軌道區域的太陽系天體，體積比行星小，與小行星和彗星擁有共同的特徵。

**半影 Penumbra**
（1）不透明物體投下的陰影的外圍較淺部分。位於半影中的觀察者能看到部分光源。（2）太陽黑子外圍較淺且較高溫的區域。另見「食」、「太陽黑子」、「本影」。

**古柏帶 Kuiper Belt**
海王星外充滿冰質和岩質天體的太陽系外圍區域。另見「歐特雲」。

**古柏帶天體 Kuiper Belt object**
古柏帶中的冰凍天體。

**本影 Umbra**
（1）不透明物體投下的陰影的中央較深部分。位於本影中的觀察者會看到光源完全被遮蔽。（2）太陽黑子中央較暗、較低溫的區域。另見「食」、「半影」、「太陽黑子」。

## 六筆

**光子 Photon**
電磁輻射的粒子。另見「電磁輻射」。

**光年 Light year**
光在真空中一年內所走的距離，1 光年等於 9 兆 4600 億公里。

**光球層 Photosphere**
在太陽大氣底部的氣態薄層，此處發出的可見光形成我們見到的太陽表面。另見「色球層」、「日冕」。

**光譜 Spectrum**
天體發出的光線的全部波長範圍。從光譜和譜線能獲悉天體的化學和物理性質。另見「譜線」。

**光譜線 Spectral line**
天體發出或吸收特定波長的輻射，而在光譜中出現的明線或暗線。光譜線的特徵就像化學元素的指紋，能讓天文學家藉由分析遙遠天體的光，得知天體的化學組成。

## 光譜學 Spectroscopy
獲取並研究物體光譜的科學。由於化學成分、溫度、速度和磁場等因素都會對光譜造成影響，因此能藉由光譜學得知大量天體性質的資訊。另見「光譜」。

## 共振 Resonance
兩個繞行天體的重力互相影響，使得軌道週期恰為或接近整數比。例如木衛一和木衛二就有 1:2 的共振關係（木衛一的週期是木衛二的一半）。如果小質量天體與更大質量的天體產生共振，那麼每次兩個天體交錯而過時，小天體就會受到週期性的重力牽引，累積的效應會使軌道逐漸改變。

## 合 Conjunction
從地球的角度看，兩個或多個天體因位在同一方向而在天空中靠得很近的現象。行星和地球位在太陽的相反兩側，稱為「外合」；水星或金星經過地球和太陽之間時，就處於「內合」的位置。另見「衝」。

## 同位素 Isotope
某個化學元素的另外一種或多種形式，元素與它的同位素擁有相同數量的質子，不同數量的中子。例如氦-3 和氦-4 是氦的同位素；氦-4（較重且較常見）的原子核有兩個質子和兩個中子，而氦-3 的原子核則有兩個質子和一個中子。另見「原子」、「核」。

## 同步自轉 Synchronous rotation
天體自轉一圈的時間，與繞另一天體公轉的時間相同，因此總是以同一面朝向它所繞行的天體。月球就是呈現同步旋轉的狀態。另見「軌道週期」、「衛星」。

## 地心 Geocentric
（1）從地球的中心出發的觀點。（2）把地球放在系統的中心。繞地球運行的人造衛星所在的軌道稱作地心軌道。宇宙學的地心說認為太陽、月亮、行星和恆星都以地球為中心旋轉。另見「日心」。

## 地函 Mantle
位於行星或衛星的核心和地殼之間，略具黏滯性的溫熱岩石層。另見「核心」、「地殼」。

## 地殼 Crust
行星或衛星最外層，由岩石或冰組成的冰冷堅硬薄層。

## 宇宙射線 Cosmic rays
以接近光速穿過太空的高能量次原子粒子稱為宇宙射線，這種粒子包括電子、質子、原子核等。

## 色球層 Chromosphere
太陽大氣層中介於光球層和日冕之間的薄層。另見「日冕」、「光球層」。

## 行星 Planet
環繞恆星運行的天體，質量大到能清除軌道上的碎片，且大致呈球形。另見「矮行星」。

## 行星狀星雲 Planetary nebula
質量與太陽相近的恆星，在演化末期噴發出的發光球殼狀氣體，從小型望遠鏡看起來呈現出像行星一樣的圓盤狀。另見「星雲」。

## 七筆

## 伽利略衛星 Galilean moon
義大利天文學家伽利略發現的的四顆最大的木星衛星：木衛一埃歐、木衛二歐羅巴、木衛三甘尼米德、木衛四卡利斯多。

## 伽瑪輻射 Gamma radiation
具有極短波長（短於 X 射線）和極高頻率的電磁輻射。另見「電磁輻射」、「電磁頻譜」。

## 克卜勒行星運動定律 Kepler's laws of planetary motion
三條描述行星繞行太陽軌道的定律。第一定律是每個行星的軌道都是橢圓形；第二定律說明行星的運動速度如何隨著在軌道上的不同位置而變化；第三定律則描述行星運行週期和與太陽平均距離的關係。

## 吸積 Accretion
（1）微小的固體顆粒和天體因撞擊黏合在一起，而逐漸變大。（2）天體積聚周圍物質而導致質量變大的過程。

## 八筆

## 岩石圈 Lithosphere
行星或衛星的固態、堅硬的外層。另見「地殼」、「地函」、「地殼板塊」。

## 岩漿 Magma
地下熔融或半熔融的岩石，經常含有溶解的氣體或氣泡。岩漿噴發到行星表面後稱為熔岩。

## 岩質行星 Rocky planet
主要由岩石組成的行星，基本特徵與地球相似。太陽系的四個岩質行星是水星、金星、地球和火星。另見「氣體巨行星」。

## 波長 Wavelength
波動中兩個連續波峰間的距離。另見「電磁輻射」、「頻率」。

## 牧羊犬衛星 Shepherd moon
藉由自身重力使行星周圍的環聚集在特定範圍內的小衛星。

## 近日點 Perihelion
行星或是其他繞行太陽的天體在軌道上最接近太陽的一點。另見「遠日點」。

## 近地小行星 Near-Earth asteroid
軌道接近、或是與地球軌道相交的小行星，正式的定義是近日點距離小於地球與太陽平均距離 1.3 倍的小行星。

## 近地點 Perigee
繞行地球的天體在軌道上最接近地球的一點。另見「遠地點」。

## 前導半球 Leading hemisphere
繞著行星同步自轉的衛星面向運動方向的半球。另見「後隨半球」、「同步自轉」。

## 九筆

## 後隨半球 Trailing hemisphere
繞著行星同步自轉的衛星背對移動方向的半球。另見「前導半球」、「同步自轉」。

## 恆星 Star
由發光電漿構成的巨大球體，藉由核心的核融合反應產生能量。太陽是中等大小的恆星。另見「融合」、「電漿」。

## 恆星風 Stellar wind
從恆星大氣向外流出的帶電粒子。另見「太陽風」。

## 星系 Galaxy
恆星和氣體與塵埃雲因重力聚集而形成的巨大集合體。星系的形狀可以是橢圓形、螺旋形或不規則形。星系可能包含數百萬到數兆顆恆星。另見「銀河系」。

## 星雲 Nebula（複數：nebulae）
星際空間中的氣體雲和塵埃雲，可能被雲氣內部或附近的恆星照亮，或是因為遮到遠處恆星的光芒而能被觀察到。另見「行星狀星雲」、「太陽星雲」。

## 星際介質 Interstellar medium
星系中瀰漫在恆星之間的氣體和塵埃。

## 流星 Meteor
流星體撞擊地球大氣時因摩擦生熱產生短暫的光跡。另見「隕石」、「流星體」。

## 流星體 Meteoroid
在行星際空間繞行太陽的岩石、金屬或冰質的顆粒團塊。另見「小行星」、「彗星」、「流星」、「流星體」。

## 相位 Phase
在特定時刻，地球上所見的月亮或行星被太陽照亮的比例。

## 相對論 Relativity
20 世紀初由愛因斯坦提出的兩項理論。狹義相對論描述了觀察者的相對運動如何影響質量、長度和時間的測量，其中一項結論是質量和能量是等效的。廣義相對論則是視重力為時空的扭曲。另見「時空」。

## 紅外輻射 Infrared radiation
波長比可見光長，但比微波或無線電波短的電磁輻射，是許多低溫天體發出輻射的主要形式。另見「電磁輻射」。

## 紅巨星 Red giant star
表面溫度低、光度高、顏色偏紅的大型恆星。紅巨星是邁入生命最後階段的恆星，核心燃燒的是氦，而不是氫。

## 美國航太總署（National Aeronautics and Space Administration，簡稱 NASA）
美國負責國家太空計畫的政府機構。

## 背景輻射 Background radiation
指大霹靂留下的殘餘輻射，我們仍能在整個天空偵測到這種微弱的微波。另見「大霹靂」。

## 軌道 Orbit
天體受鄰近天體的重力影響而在太空中運行的路徑。行星的軌道是橢圓形的，但有的行星軌道很接近正圓。

## 軌道週期 Orbital period
天體繞行另一天體一圈所花的時間。

## 重力 Gravity
具有物質或能量的所有物體之間的吸引力。重量就是重力造成的效果。重力讓衛星能夠繞行星運轉，行星能夠繞太陽運轉。

## 風化層 Regolith
覆蓋行星、衛星或小行星表面的塵埃和鬆散的岩石碎片。

## 食 Eclipse
某個天體通過另一個天體的陰影中的現象。月球進入地球的陰影時，會發生「月食」；當整個月球都位於地球的錐形陰影區內，會發生「月全食」；若月球只有一部分位在陰影裡，則發生「月偏食」。「日食」則是地球的某部分表面進入月球的陰影區；「日全食」時，太陽會完全被月球遮住。如果太陽表面只有一部分被遮蔽，則稱為「日偏食」。如果月球是在接近遠地點時經過太陽和地球之間，此時的月球看起來比太陽小，月球的周圍會露出一圈太陽的光環，稱為「日環食」。

## 十筆

## 凌 Transit
較小天體經過較大天體前方的現象（例如金星通過太陽盤面前方）。
原子 Atom 一般物質的基本組成粒子。包含中心的原子核，以及圍繞在原子核周圍的電子雲。

## 原行星 Protoplanet
由微行星逐漸聚集而成的天體，是行星的前身。之後原行星會再互相碰撞形成行星。另見「微行星」、「原行星盤」。

## 原行星盤 Protoplanetary disc
新生恆星周圍由塵埃和氣體組成的扁盤，內部的物質可能會聚集而形成行星的前身。另見「微行星」、「原行星」。

## 原恆星 Protostar
恆星形成的早期階段，塌縮的雲氣中心溫度逐漸升高，並隨著周圍物質不斷加進來而逐漸成長，但是內部尚未開始氫融合反應。

## 時空 Space-time
三維空間（長度、寬度、高度）和一維時間的組合。另見「相對論」。

## 核 Nucleus
（1）原子中央的緊密核心。（2）彗星富含冰質的固態本體。

## 核心 Core
恆星或行星的中心區域。

## 氣體巨行星 Gas giant
主要由氫和氦組成的大型行星，如木星或土星。另見「岩質行星」。

## 氦燃燒 Helium burning
紅巨星的核心把氦融合成其他元素，產生能量。另見「融合」。

## 海王星外天體 Trans-Neptunian object
在海王星軌道之外繞行太陽的天體。

## 特洛伊天體 Trojan
與較大天體在同一軌道上繞太陽運行的小行星或衛星，位置維持在較大天體前方或後方 60 度的兩個重力穩定點上。

## 破火山口 Caldera
火山結構正下方的空岩漿庫塌陷而形成的碗狀凹陷。另見「火山口」。

## 逆行自轉 Retrograde rotation
行星或衛星的自轉方向與公轉軌道方向相反。所有行星都以相同的方向繞行太陽，大多數行星的自轉方向也相同，但金星和天王星有逆行自轉的現象。

## 逆行運動 Retrograde motion
（1）行星在軌道上運動時被地球趕上，而造成運行方向看似暫時倒退的現象，如火星逆行。（2）軌道運動方向與地球或太陽系其他行星相反。（3）衛星的軌道運動與母行星的自轉方向相反。

## 十一筆

## 偏心率 Eccentricity
天體軌道偏離正圓的程度。高偏心率的軌道是非常狹長的橢圓形；低偏心率軌道則是接近圓形。另見「橢圓」。

## 彗尾 Tail (of a comet)
彗星接近太陽時，從彗頭（彗髮）流出的電離氣體或塵埃。另見「彗星」。

## 彗星 Comet
主要由充滿塵埃的冰所形成的小型天體，通常沿著狹長的橢圓形軌道繞太陽運行。當彗星進入太陽系內側時，高溫會使得固態核心的氣體和塵埃蒸發，形成稱為彗髮的巨大雲氣，以及一條以上的彗尾。另見「彗髮」、「彗尾」。
彗髮 Coma 在彗星核心周圍由氣體和

塵埃組成的雲氣，是彗頭的發光部分。另見「彗星」。

## 掩 Occultation
一個天體從另一個天體的前方通過，導致較遠天體被完全或部分遮蔽的現象。

## 氫燃燒 Hydrogen burning
把氫融合成氦的核反應，產生能量。太陽核心就是正在進行氫燃燒反應。另見「融合」。

## 球粒隕石 Chondrite
包含許多隕石球粒（微小球形物體）的石質隕石。科學家認為，碳質球粒隕石是太陽系剛形成時，原行星盤留下來的改變程度最少的殘餘物質。另見「隕石」、「原行星盤」。

## 脫離速度 Escape velocity
拋射質從大質量天體上發射時，能永遠脫離而不落回天體表面所需的最低速度。在地球上的脫離速度是每秒 11.2 公里。

## 十二筆

## 無線電波望遠鏡 Radio telescope
用來偵測天體發出的無線電波的儀器，最常見的是凹面的碟形構造，能收集無線電波並將之聚焦到偵測器上。

## 紫外線輻射 Ultraviolet radiation
波長比可見光短、比 X 射線長的電磁輻射。

## 蛛網膜地形 Arachnoid
金星表面的火山結構，由一系列同心圓山脊組成，外觀類似蜘蛛網。

## 黃道 Ecliptic
（1）地球繞行太陽的軌道面。（2）太陽一年內在天球上相對於背景恆星所運行的軌跡。另見「天球」。

## 十三筆

## 微中子 Neutrino
質量極微小且不帶電荷的基本粒子，移動速度接近光速。

## 微行星 Planetesimal
早期太陽系裡大量的小型岩質或冰質天體，最終會經由吸積過程形成行星。另見「太陽星雲」。

## 微波 Microwave
波長比紅外線和可見光長，但比無線電波短的電磁輻射。

## 極光 Aurora（複數：aurorae）
太陽風的粒子被地球磁場攔下來並拉向磁極，造成地球上層大氣（或是其他行星大氣）的發光現象。太陽風粒子會撞擊大氣層中的氣體，激發原子而發光。另見「太陽風」。

## 歲差 Precession
天體因鄰近天體的重力影響，自轉軸的緩慢晃動的現象。

## 溫室效應 Greenhouse effect
行星的表面溫度由於大氣因素而不正常升溫的現象。入射的陽光被行星表面吸收，以紅外線的形式重新輻射上來，被溫室氣體（如二氧化碳）吸收。這些大氣攔下來的輻射又有一部分重新輻射回表面，造成表面溫度升高。

## 矮行星 Dwarf planet
繞行太陽的天體，質量大到足以形成球形，但又不足以清除軌道上的其他天體者。

## 隕石 Meteorite
流星體抵達地面時殘存的部分，通常根據成分的不同分為石質、鐵質和石鐵隕石。另見「流星」、「流星體」。

## 電子 Electron
帶有負電荷的低質量基本粒子，在原子核外圍環繞。另見「原子」。

## 電磁輻射 Electromagnetic radiation
電場和磁場的擾動振盪，以波（電磁波）的形式在空間中傳遞能量，如光波和無線電波。

## 電磁頻譜 Electromagnetic (EM) spectrum
宇宙中不同天體所發出的全部能量範圍，從最短波長的伽瑪射線，到最長波長的無線電波。我們的眼睛只能看到電磁頻譜中稱為可見光的特定範圍。

## 電漿 Plasma
帶正電的離子和帶負電的電子混合，性質類似氣體，但能導電且會受磁場影響。太陽日冕和太陽風都是電漿。另見「日冕」、「太陽風」。

# 十四筆

### 對流 Convection
高溫的液體或氣體呈泡泡或煙雲狀上升以傳遞熱量的方式。在對流胞中，高溫物質向上流動後冷卻擴散，然後下沉再度被加熱，不斷循環。地球地函中的對流驅動了地表板塊的移動。

### 對流層 Convective zone
太陽的內部區域，位在光球層下方、輻射層上方，一團團的熱氣體在此處膨脹，往太陽表面上升。另見「光球層」、「輻射層」。

### 構造板塊 Tectonic plate
地球岩石圈分裂成的巨大堅硬陸塊。地函對流造成板塊在地表緩慢漂移，板塊若互相碰撞會產生地震、火山活動和造山運動等現象。「構造」一詞也適用於地球以外的行星，因大規模地質結構運動而產生的特徵。另見「對流」、「地殼」、「岩石圈」、「地函」。

### 磁場 Magnetic field
磁化物體周圍，磁力會影響帶電粒子運動的區域。

### 磁層 Magnetosphere
在行星周圍磁場夠強，能使太陽風偏轉的區域，會阻止大多數的太陽風粒子到達行星。另見「磁場」、「太陽風」。

### 遠日點 Aphelion
行星、行星或彗星等天體在橢圓軌道上與太陽距離最遠的一點。另見「近日點」。

### 遠地點 Apogee
像月球這樣的天體或太空船在地球周圍的橢圓軌道上，距離地球最遠的一點。另見「近地點」。

### 銀河 Milky Way
太陽系所在的棒旋星系，在夜晚能以肉眼見到橫跨天空的黯淡光帶。另見「星系」。

# 十五筆

### 噴出物 Ejecta
在撞擊時向外拋出的物質。有時噴出物的色調比周圍的表面明亮得多，因此形成從衝擊點輻射出的大量條紋。

### 撞擊坑；火山口 Crater
行星或衛星表面的碗狀或碟狀凹陷。撞擊坑是由隕石、小行星或彗星撞擊造成；而火山口則是在火山噴發的出口周圍形成。

### 歐洲太空總署（European Space agency，簡稱 ESA）
擁有 20 個歐洲成員國的國際太空探索組織。

### 歐特雲 Oort Cloud（又名歐特－奧匹克雲，Oort-Öpik Cloud）
數以兆計呈球殼狀分布包圍太陽系的冰質天體（如彗核），範圍延伸至距離太陽約 1.6 光年處；長週期彗星和新彗星就源自這裡。荷蘭天文學家楊・歐特（Jan H. Oort）在 1950 年指出歐特雲的存在，愛沙尼亞天文學家恩斯特・奧匹克（Ernst J.Öpik）也提出了類似的觀念。另見「彗星」。

### 潮汐力 Tidal forces
天體兩側受到不相等的重力，就會產生潮汐力。地球與月球之間的潮汐力，導致地球的海洋產生潮汐而隆起，並引發月球地殼的月震。潮汐力也會在天體內部引起摩擦，使內部生熱，木衛一上的火山就是這樣形成的。

### 衛星 Moon
環繞行星運行的天體。月亮是地球的天然衛星。

### 衛星 Satellite
圍繞行星運轉的天體。「人造衛星」是指人為放置在地球或其他太陽系天體軌道上的物體。

### 衝 Opposition
火星或某一顆巨行星在午夜仰角最高、且與太陽分別位在地球兩側的時候，也是這顆行星最接近地球、看起來最亮的時候。另見「合」。

### 質子 Proton
原子核中帶正電的粒子。另見「原子」、「核」。

### 質－能 Mass-energy
小至次原子粒子、大至整個宇宙的所有物質所具備的能量多寡；質量具有能當量，可以轉換成能量。

### 質量中心 Centre of mass
物體構成的旋轉系統中的平衡點。如果系統由兩個物體組成，質量中心會在這兩個物體中心的連線上。

# 十六筆以上

### 橢圓 Ellipse
扁平的圓形或卵形。另見「偏心率」、「軌道」。

### 融合（核融合）Fusion (nuclear fusion)
原子核結合形成較重原子核的過程。恆星的能量來自核心的核融合反應，釋放出巨大能量。

### 輻射層 Radiative zone
太陽的內部區域之一，在對流層下方、核心上方。光能在輻射層緩緩向上，不斷與原子核碰撞又重新輻射出來，這種過程重複數十億次。另見「對流層」。

### 頻率 Frequency
在一秒內通過定點的波峰數量。另見「電磁輻射」、「波長」。

### 環 Ring
行星周圍由微小顆粒和物質團塊組成的扁平帶狀環，通常位於行星的赤道面上。木星、土星、天王星和海王星都有很多圈的行星環。

### 螺旋星系 Spiral galaxy
星系的一種，中央是密集的恆星聚集成似球狀（核球），周圍是恆星、氣體和塵埃構成的扁平圓盤，圓盤中主要可見的特徵聚集成旋臂的形狀。另見「星系」。

### 斷崖 Rupes
行星或衛星表面的陡坡或懸崖。

### 離子 Ion
帶有淨電荷的粒子。原子形成離子的過程稱為游離。另見「電子」、「電漿」。

### 邊緣 Limb
觀測時見到的太陽、衛星或行星盤面的外緣。

# 索引

# 謝誌與圖片出處

DK出版社感謝下列人士協助完成本書：Shaila Brown和Sam Priddy在編輯上的協助；Simon Mumford和Encompass Graphics在地圖上的協助；Adam Benton協助部分插圖；Steve Crozier和Phil Fitzgerald的潤飾；Tannishtha Chakraborty、Mandy Earey、Vaibhav Rastogi、Anjali Sachar和Riti Sodhi在設計上的協助；Caroline Hunt幫忙校對；Helen Peters編列索引。

DK出版社感謝下列單位或人士允許我們刊登圖片：

(Key: a-above; b-below/bottom; c-centre; f-far; l-left; r-right; t-top)

1 NASA: 61JPL / DLR (cr). 4-5 ESA: DLR / FU Berlin (G. Neukum) (t). 6-7 NASA: JPL / University of Arizona. 7 Maggie Aderin-Pocock: (tc, bc). 10 Corbis: 68 / Paul E. Tessier / Ocean. 14-15 NASA: ESA, and M. Livio and the Hubble 20th Anniversary Team (STScI). 14 Gemini Observatory: artwork by Lynette Cook (br). 15 ESO: L. Calçada (bl). Science Photo Library: Michael Abbey (br). 16-17 Science Photo Library: Take 27 Ltd. 20 Alamy Images: North Wind Picture Archives (tc). NASA: ESA / J. Parker (Southwest Research Institute), P. Thomas (Cornell University), L. McFadden (University of Maryland, College Park), and M. Mutchler and Z. Levay (STScI) (c); (bc); JPL (br). 21 Alamy Images: Stock Montage, Inc. (c). Corbis: Alfredo Dagli Orti / The Art Archive (tc); Heritage Images (tr). ESA: Courtesy of MPAe, Lindau (bc). NASA: JPL (bl); JPL / Space Science Institute (br). Royal Society: Ben Morgan (cl). 24 NASA: SDO / Goddard Space Flight Center. 28 NASA: SDO (cl); SDO / AIA (br); SDO / GSFC (bc). 28-29 NASA: SDO / GSFC. 29 Corbis: Mark Bauer / Loop Images (br). NASA: High Altitude Observatory / Solar Maximum Mission Archives (bl). 30-31 NASA: SDO / GSFC. 32-33 NASA: SDO / GSFC. 32 BBSO / Big Bear Solar Observatory: NJIT (bl). 33 Corbis: Bettmann (br). 34 Corbis: EPA / Brian Cassey - Australia and New Zealand Out (b). 35 Corbis: Miloslav Druckmuller / Science Faction (tr); William James Warren / Science Faction (tl); Phillip Jones / Stocktrek Images (br). 36 Corbis: Gianni Dagli Orti (ftr). NASA: SOHO / ESA (cr). Science Photo Library: Royal Astronomical Society (fcl, br). UCAR Communications: HAO / NCAR (fcr). G. De Vaucouleurs, Astronomical Photography, MacMillan, 1961 (cl). 37 Corbis: Dennis di Cicco (fbl). Dorling Kindersley: (tl). Getty Images: Hulton Archive / Print Collector (tr). NASA: SDO / GSFC (br). NOAO / AURA / NSF: N. A. Sharp, NOAO / NSO / Kitt Peak / FTS / AURA / NSF (cr). Wikipedia: CNX (cr). 38 123RF.com: rtguest (l). NASA: (clb, fcrb). 39 NASA: SDO / GSFC (fcrb); STEREO (b). 42 NASA: JPL / University of Arizona. 48 NASA: Johns Hopkins University Applied Physics Laboratory / Carnegie Institution of Washington (br); (l). 49 NASA: JHUAPL / CIW-DTM / GSFC / MIT / Brown Univ / Rendering by James Dickson (bl); Johns Hopkins University Applied Physics Laboratory / Carnegie Institution of Washington (t, bc); Science / AAAS (br). 50-51 NASA. 53 NASA: The Johns Hopkins University Applied Physics Lab, the Carnegie Institution for Science (fcr, br). 54 Getty Images: DEA / G. Nimatallah / De Agostini Picture Library (tr). NASA: (cr, br). Science Photo Library: David Parker (bc). 55 Getty Images: Apic / Hulton Archive (tr); Guillermo Gonzalez / Visuals Unlimited (cr). NASA: Johns Hopkins University Applied Physics Laboratory / Carnegie Institution of Washington (br); KSC (bc). 56 123RF.com: rtguest (l). NASA: JPL (bl). 57 NASA: Johns Hopkins University Applied Physics Laboratory / Carnegie Institution of Washington (br); (bl). 62-63 NASA: JPL (b). 63 NASA: GSFC (cr). 64-65 NASA. 67 NASA: JPL (cr). 68 Alamy Images: World History Archive / Image Asset Management Ltd. (tr). Dreamstime.com: Dmitry Volkov / Dymon (tc). Getty Images: DEA / G. Dagli Orti / De Agostini (fcl). NASA: NSSDC / GSFC (br). Science Photo Library: New York Public Library (bc); Ria Novosti (c). 69 Corbis: Werner Forman (tr). Getty Images: Print Collector / Hulton Archive (cl); Adina Tovy / Lonely Planet Images (tl). Institute e Museo di Storia della Scienza di Firenze: (cr). NASA: JPL (fbl); (br); JPL / USGS (fbr). 70 123RF.com: rtguest (l). Wikipedia: (br). 77 Alamy Images: Wolfgang Pölzer (fbr). 78 Alamy Images: Wayne Lynch / All Canada Photos (tr). 79 Alamy Images: McPhoto / vario images GmbH & Co.KG (t). 80-81 Alamy Images: Tom Till. 81 Corbis: Sanford / Agliolo (tr). Getty Images: James Balog / Aurora (cr). NASA: image created by Jesse Allen, Earth Observatory, using data obtained from the University of Maryland's Global Land Cover Facility (ca); Jacques Descloitres, MODIS Rapid Response Team / NASA / GSFC (br). 82-83 Corbis: Peter Adams / JAI. 83 Alamy Images: AF Archive (cra). Corbis: Dr. Robert Calentine / Visuals Unlimited (tr). Flickr.com: Leon Oosthuizen / leonoos (b). 84 Alamy Images: Guenter Fischer / imageBROKER (t). Getty Images: Michael Layefsky / Moment Select (cr). NASA: JSC (cl); USGS EROS Data Center (clb). 85 Corbis: Tibor Bognar (clb). NASA: GSFC / METI / Japan Space Systems, and U.S. / Japan ASTER Science Team (tl); (tr, cr). 86 Corbis: (bl). Science Photo Library: NOAA (br). 87 Alamy Images: Interfoto (tr). Getty Images: National Galleries of Scotland / Hulton Fine Art Collection (cr); Universal Images Group (tl); Stock Montage / Archive Photos (cl). NASA: JPL (bc). 90 NASA: (fbl). Science Photo Library: NASA / GSFC / DLR / ASU (bl). 92 Corbis: Alan Dyer, Inc. / Visuals Unlimited (l). 93 NASA. 94-95 NASA. 96-97 NASA. 97 NASA: (fcr). 98-99 NASA: JAXA. 101 Corbis: (bl). NASA: (bc, br); Goddard / MIT / Brown (t). 102 NASA: (cl, cr). 102-103 NASA: (b). 104 Getty Images: Jamie Cooper / SSPL (tr); Sovfoto / UIG (cl). NASA: (cr, br); NSSDC (bl). 105 Alamy Images: North Wind Picture Archives (tl). Getty Images: SSPL (tr). NASA: AMES (bl); GSFC (br). Science Photo Library: American Institute Of Physics (cl); Detlev Van Ravenswaay (cr). 107 NASA: (br). 108 NASA: (tl, tr); JSC / Russell L. Schweickart (cl). 108-109 NASA. 109 NASA: (tl, r). 114-115 NASA. 116 ESA: DLR / FU Berlin (G. Neukum) (b). NASA: JPL / Arizona State University, R. Luk (tr). Science Photo Library: NASA (cr). 117 NASA: JPL / ASU (tc); JPL-Caltech / University of Arizona / Texas A&M University (cla). Science Photo Library: ESA / DLR / FU Berlin (G. Neukum) (b); NASA (tr). 118-119 ESA: DLR / FU Berlin (G. Neukum). 119 NASA: (cr); JPL / USGS (ftr). 120-121 ESA: DLR / FU Berlin (G. Neukum) (b). 121 ESA: DLR / FU Berlin (G. Neukum) (br, fbr). 123 ESA: DLR / FU (G. Neukum) (fbr). NASA: JPL (cr). 124 NASA: JPL-Caltech / Univ. of Arizona. 125 NASA: NASA / JPL / University of Arizona (tr); JPL / University of Arizona (tl, b). 126 NASA: JPL / STScI (tr); (cr). 127 NASA: JPL / University of Arizona (c, b). 128 NASA: JPL-Caltech / Univ. of Arizona (cl, cr). 129 NASA. 130 Getty Images: DEA / M. Carrieri / De Agostini Picture Library (tc); Popperfoto (cr). NASA: (cl, br); JPL (bl). Science Photo Library: NYPL / Science Source (tr). 131 Alamy Images: Mary Evans Picture Library (tr); World History Archive / Image Asset Management Ltd. (cl). Getty Images: Kean Collection / Archive Photos (cr). NASA: JPL-Caltech (b). Science Photo Library: Royal Astronomical Society (tc). 132 123RF.com: rtguest (l). NASA: JPL / GSFC (bc). 133 123RF.com: Eknarin Maphichai (cr). NASA: (bl). 134-135 NASA: JPL-Caltech / MSSS. 135 NASA: JPL-Caltech (cr). 136-137 Corbis: NASA / JPL-Caltech / Michael Benson / Kinetikon Pictures (t). NASA: JPL-Caltech / Cornell / ASU (c). 137 NASA: JPL-Caltech / MSSS (tr); JPL-Caltech / Cornell

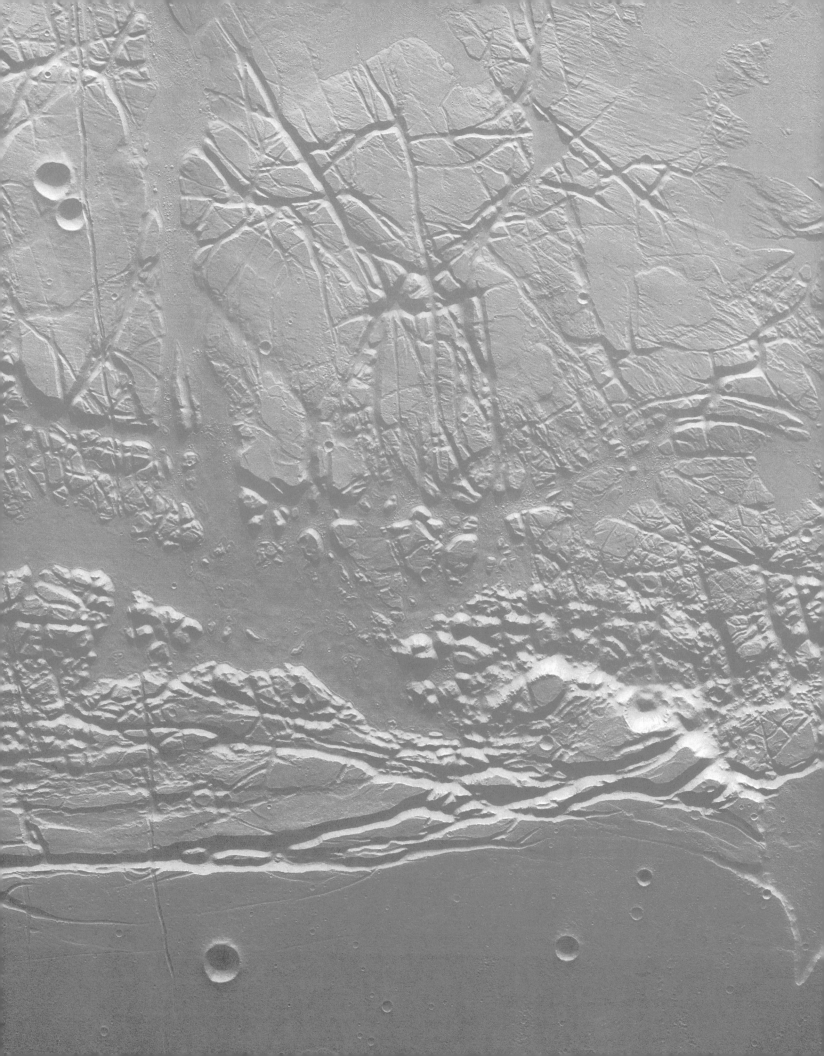